물고기는 수를 셀 수 있을까?

1판 1쇄 발행 2024년 6월 25일

글쓴이 브라이언 버터워스
옮긴이 고은영

펴낸이 이경민
펴낸곳 (주)동아엠앤비
편집 이억주
디자인 이재호
출판등록 2014년 3월 28일(제25100-2014-000025호)
주소 (03972) 서울특별시 마포구 월드컵북로22길 21 2층
전화 (편집) 02-392-6901 (마케팅) 02-392-6900
팩스 02-392-6902
전자우편 damnb0401@naver.com
SNS

ISBN 979-11-6363-856-8 (03400)

※책 가격은 뒤표지에 있습니다.
※잘못된 책은 구입한 곳에서 바꿔 드립니다.

물고기는 수를 셀 수 있을까?

놀라운 동물들의 수학 능력

브라이언 버터워스 지음 | 고은영 옮김

동아엠앤비

서문

현대 과학은 팀 스포츠입니다. 어떤 사람이 팀에 속하는 것은 어느 정도 운의 문제이며, 나는 몇 년 동안 함께 한 팀원들에게 특히 운이 좋았다고 생각합니다. 이 책을 쓸 수 없었을 뿐만 아니라 그에 대해 생각조차 못 했을 것입니다.

이러한 만남 중 하나는 이탈리아 파도바대학교의 심리학자이자 정신과 의사 및 뇌과학자인 카를로 세멘자와 진행된 회의에서 이루어졌습니다. 초기에는 언어 장애에 관한 협력을 이끌었지만, 나중에는 수학적 인식 및 그들의 장애에 관한 협력으로 이어졌습니다.

아마도 나의 학생이었던 리사 시폴로티의 초기 동기가 없었다면 수치 능력에 대해 진지하게 고민하기 시작하지 않았을 것입니다. 리사는 카를로의 뛰어난 학생 중 한 명으로, 런던에서 실어증aphasia에 대한 연구로 박사 학위 과정을 밟으려고 했지만 실제로는 실어증보다 아주 드물게 연구되고 있던 다른 장애에 관심을 가지기로 했습니다. 그래서 우리는 당시 거의 아무도 연구하지 않고 있던 수리 인식의 신경심리학 연구를 진행하기로 합의했습니다. 카를로와 그의 오스트리아 학생 마르가레트 히트마이어와 함께 우리는 런던국립신경학병원의 선구적인 신경심리학자 엘리자베스 워링턴과 협력하여 유럽 연합의 지원을 받아 수리 장애를 연구하기 위한 팀을 조직했습니다. 이는 파도바와 런던 간에 지속적인 연결을 만들어냈으며 현재까지 이어지고 있습니다.

신경학적 환자를 연구하는 과정에서 첫째로, 수 처리의 핵심 뇌 영역이 두정엽과 같은 작은 부분에 있다는 것을 밝혀냈습니다. 그리고 성인 뇌 네트워크는 다른 인지 과정과 독립적인 것처럼 보였습니다(이것은 새로운 발견은 아니었지만, 1920년대의 연구를 더 자세하게 재현한 것입니다.). 그러나 더 흥미로운 것은 뇌가 구별 가능한 요소로 구성되어 있어 일부 경우에 뇌 손상으로도 별도의 영향을 받을 수 있다는 것이었습니다. 이것은 성인 뇌였지만, 저는 이러한 구성 요소를 어떻게 개발하고 왜 특정 영역을 선택하는지에 대해 생각하기 시작했습니다. 우리는 환경에서 수에 대한 정보를 추출하기 위해 조직된 뇌를 상속받는 것일까요? 그렇다면, 이러한 뿌리가 진화 역사에서 얼마나 깊게 이어지는 것일까요? 이러한 상속이 색맹과 같이 잘못될 수 있을까요?

1989년 리사가 처음 나와 함께 일하기 시작했을 때, 수 인식에 관한 연구는 수치 인지의 각각 독립된 영역에 제한되어 있었습니다. 수리 장애의 신경심리학, 성인 인지심리학, 아동 발달, 동물 연구, 수학 교육, 수학철학 및 뇌 이미징의 초기 단계가 있었지만, 이러한 분야의 연구자들은 서로 거의 대화하지 않았습니다. 그러나 나와 몇몇 다른 연구자들은 이들이 대화한다면 전 분야가 발전할 것이라고 생각했습니다. 그런 다음 또 다른 행운이 찾아왔습니다. 내 친구인 팀 샬리스는 트리에스테의 국제고등연구학교에서 자금을 조달하여 1994년에 트리에스테에서 1주일 동안의 워크숍을 개최하게 되었는데, 그 워크숍을 통해 세계 최고의 과학자들과 일부 세계 최고의 학생들을 처음으로 모으고 서로 대화할 수 있는 기회를 제공할 수 있었습니다. 거의 즉각적인 결과로 나는 6개 연구소로 구성된 유럽 네트워크인 뉴로매스Neuromath를 조직하여 자금을 마련하게 되었고, 이후에 8개 연구소로 구성된 두 번째 네트워크인 넘브라Numbra를 구성하여 이러한 학제 간 접근을 공동으로 추구할 수 있었습니다. 트리에스테 회의와 네트워크를 통해 나는 영감을 주는 과학자들과 만나고 토론하며 협력할 수 있는 수많은 연구자와 소통할 수 있었습니다. 스타니슬라스 데한은 트리에스테 회의에 참석했으며 이 분야 전체를 형성하는 데 가장 중요한 역할을 해 왔습니다. 그의 기여가 나 자신의 사고에 중요한 역할을 했습니다. 높은 수준의 심포지엄은 철학자 없이 완전하지 않은데 UCL의 동료인 마커스 지아퀸토가 탁월한 수학 철학자이며, 특히 나를 철학적으로 올바른 길로 유지할 수 있게 했습니다.

마카오에 있었던 학생 중 공식적으로 트리에스테 회의에 참석하지는 않았지만 참가한 학생 중 한 명이 마르코 조르지였습니다. 그는 내 연구실에서 일부 혁신적인 작업을 했는데, 뇌 신경망을 사용하여 읽기 및 기본 산술 과정을 모델링 하는 작업이었습니다. 현재 파도바대학교의 조르지 교수는 수리 인지에 대한 세계에서 가장 혁신적인 연구실 중 하나를 운영하고 있습니다.

랜디 갈리스텔과 로셸 겔만도 회의에 참석했으며 거기서 우리는 친구가 되었고, 그 이후로도 세계 여러 국가에서 행복한 시간을 많이 보냈으며, 종종 아침 식사에서 토론을 시작해 인간 및 다른 동물의 수학적 능력의 본질에 관한 논쟁을 했습니다. 그들의 이러한 접근 방식은, 여러분이 보게 될 것처럼, 나에게 큰 영향을 미쳤습니다.

랜디는 이탈리아 트렌토대학교의 뛰어난 동물실험가인 조르지오 발로르티가라와 함께 2017년 영국 왕립학회에서 '수리 능력의 기원'에 관한 4일간의 멋진 회의를 조직했습니다. 이 회의에는 고고학부터 곤충까지 다양한 관점에서 주제를 다루는 놀라운 과학자 그룹이 모였습니다. 수에 관한 4일간의 시간 - 사실 5일, 이전 날에는 오펠리아 데로이가 런던 철학 연구소에서 수학 철학에 관한 국제 심포지엄을 개최했습니다. 수를 다룬 5일간 나는 천국에 있었습니다. 어느 면에서 이 책은 이러한 회의 내용을 일반 독자에게 제공하려는 시도입니다.

파도바대학교의 크리스천 아그릴로는 당시 학생이었는데, 그는 내가 물고기의 수리 능력에 관심을 가지도록 만들었습니다. 나는 현재 캐롤린 브렌넌, 조르지오와 함께 제브라피시의 산술 능력에 관한 유전학적 연구 프로젝트를 진행 중입니다. 마츠자와 데츠로는 뉴로매스 네트워크 여름 학교에서 처음 만났으며, 그의 침팬지들과의 환상적인 연구를 관찰하기 위해 나는 교토대학교를 초청 방문했습니다.

내 접근 방식 전반에는 오스트레일리아 아동들의 수리 능력 초기 발달에 대한 보브 리브와의 협업이 기본적으로 중요합니다. 여러 해 동안 나의 연구는 다양한 조직과 재단으로부터 지원받았습니다. 레버훌름 트러스트는 우리가 수행한 연구에 지원을 제공했으며, 이는 원주민 아동들과 브렌넌과 발로르티가라와 함께하는 현재 물고기 연구에도 지원이 됩니다. 오스트레일리아 연구 위원회는 리브와 나에게 수학적 발달의 종단 연구를 지원했습니다. 웰컴 트러스트는 아동, 성인 및 신경학적 환자와의 연구 중 많은 연구를 지원했습니다.

나의 저작권 대리인인 피터 탈랙(사이언스 팩토리)에게 감사의 말을 전합니다. 그는 몇 년 동안 나의 노력이 무산되던 이 프로젝트를 구체화하는 데 성공했습니다.

나는 10대 때 버트런드 러셀을 읽으면서 수학의 기초에 관심을 가졌으며 특히 '괴델의 정리'에 관심을 두게 되었습니다. 1967년 복싱데이 파티에 잠입하여 다이애나 로릴라드(수학과 철학을 공부한 학생)를 우연히 만나게 된 것이 행운 중의 하나였습니다. 경찰 공습이라는 짧은 방해가 있었음에도 그녀도 '괴델의 정리'에 관심이 있었습니다. 다른 행운은 다이애나가 나의 연구와 나 자신에게 관심을 계속 두고 있다는 점이었습니다. 지금까지도 교육 분야에서 과학적 증거를 실용적인 응용으로 어떻게 전환할지에 대해 함께 연구하고 있습니다. 그녀는 또한 인내심을 갖고 내 아이디어를 경청하고 고쳐주고 있습니다. 그래서 이 책의 일부 오류는 그녀의 면밀한 검토에서도 빠져나간 것 중 하나입니다.

차례

1장

우주의 언어

Can fish count?

갈릴레오 갈릴레이(1564~1642)는 "우주가 수학의 형태로 쓰여졌으며 그 언어에 익숙해지지 않는 한 우리는 우주를 읽을 수 없다"고 말했다. 그보다 800년 전에는 페르시아 수학자 알 콰리즈미(라틴어로 '알고리즈미')(780~850)는 '신은 모든 것을 수로 만들었다'고 썼다. 1960년 노벨 물리학상 수상자인 유진 위그너(1902~1995)는 1960년대 '자연과학에서 수학의 지나칠 정도의 효율성'이라는 제목으로 유명한 글을 썼다. 그는 "수학에는 물질적 세계에서 일어나는 현상을 예측하고 묘사하는 데 있어 신비로운 능력이 있다"라고 말했다. 수학이 그저 세계를 기술하는 도구라는 말이 아니라 대단히 수학적인 무엇인가가 있다는 암시다. 이것은 알 콰리즈미부터 만물의 근원이 수라고 주장한 피타고라스(기원전 570?~기원전 495?)보다도 이전으로 거슬러 올라가는 아이디어다.

어떤 의미에서 이것은 분명한 난센스이지만, 아마도 여기에는 더 깊은 진실이 있다. 피타고라스는 음높이의 수 구조를 관찰한 최초의 사람일 것이다. 그리고 우리는 여전히 조화평균, 조화수열과 같은 용어를 쓰고 있다. 그는 또한 수 사이의 관계를 도형으로 기록했으며 우리는 지금도 그의 용어를 쓰고 있다. 제곱(정사각형), 세제곱(정육면체), 삼각수 그리고 각뿔수 등이다. 일단 피타고라스학파를 이해하면, 세상이 이렇게 수로 정의된 사물들이 아니라 오히려 원자나 분자의 방식으로 세워졌다는 것을 생각해 볼 수 있다.

세상에서 수학적 구조를 찾는 것은 우리가 오늘날 과학자라고 불렀을, 그리고 갈릴레이와 알 콰리즈미와 피타고라스가 찾았던 사람들의 일이다. 또 남은 우주의 과학자들이 충분히 똑똑했다면 우주의 언어를 읽을 수 있었을 것이다. 만약 그들이 우리에게 자신들이 정말 똑똑했다는 것을 보여주고 싶었다면 그들은 수로 된 무언가를 널리 알렸을 것이다. 라디오로 우주인과 소통하려는 도전은 니콜라 테슬라(1856~1943)에 의해 열정적으로 진행되었는데, 그는 '또 다른, 미지의 멀리 떨어진 세상'에서 온 신호를 포착했다고 주장했다. 그것은 '하나… 둘… 셋…'이라는 수 세기로 시작된다.[1] 미국의 과학자 칼 세이건(1934~1996)의 SF 소설 『콘택트Contact』에서는 외계 생명체들이 일련의 소수prime number를 보낸다.

네덜란드 수학자 한스 프로이덴탈(1905~1990)은 1960년 우리가 동등하게 발전한 문명임을 수취인 지능에게 증명하기 위해서 그의 『린코스 코드(Lingua Cosmica)』를 출판했는데, 이는 맥박의 수를 이용해서 수만이 아니라 수 사이의 관계, 즉 무엇과 무엇이 같거나 무엇이 무엇보다 크다 등을 암호화했다.[1] 1997년 영화 '콘택트'에서 SETI(외계 생명체 탐색) 담당 우주과학자들이 우주에서 온 라디오파를 수신하는데, 그 메시지에는 린코스 코드와 유사한 사전이 내장돼 있다.

그러나 당신이 우주의 언어를 조금 이해하기 위해서 정말로 진보한 문명이 되거나 심지어 아주 똑똑해져야 하는가? 우리 세계에서 상대적으로 다소 지능이 떨어져도 우주의 언어, 적어도 린코스 코드에 제시된 글자 타입이나 0, 1, 2, 3과 같은 숫자 그리고 숫자 사이의 관계들을 읽을 수 있지 않은가?

물리적 세상에서 모든 수는 기초적이다. 물 분자 한 개는 수소 두 개와 산소 한 개에서 온 원자 세 개를 갖는다. 일산화질소 NO(심혈관에서 중요한 신호를 보내는 분자)는 질소와 산소로부터 온 원자 두 개를 갖는다. 아산화질소 N_2O는 마취제로 질소 두 개와 산소 한 개로부터 온 원자 세 개를 갖는다. 이산화질소 NO_2는 위험한 오염물질로, 질소 한 개와 산소 두 개를 갖는다. 우리는 팔다리 네 개를, 곤충은 여섯 개를, 거미와 문어는 여덟 개를 갖는다. 우리는 눈이 두 개이지만 몇몇 거미는 눈이 여덟 개다.

이것들은 실제 세계의 진짜 성질들이다. 이 수들이 변한다면, 예를 들어 우리의 팔이 세 개이고 눈이 세 개라면 상황은 아주 달라질 것이다. 세계의 수학적 구조는 과학자로서 우리에게 매우 중요한데, 다른 생명체에게도 마찬가지로 중요할 것이다. 현실 세계에서 다음에 오는 수들을 생각해 보라.

나는 잘 익은 과일을 저 나무에서 세 개, 이 나무에서 다섯 개를 찾을 수 있다. 나는 내 영토에 침략자 다섯 명이 있다고 들었는데 여기에는 오직 우리 셋뿐이다. 저기에 나를 닮은 작은 물고기 세 마리가 있는데 여기에 다섯 마리가 있다. 나는 저기서 다섯이 개골거리고 수련

잎 근처에서 여섯이 개골거리는 소리를 들은 것 같다. 나는 집과 식량 공급원 사이에서 큰 나무 세 그루를 지나쳤다.

이 모든 수는 진화론적 의의가 있다. 그리고 만약 생명체가 수들을 인식할 수 있다면 적합한 장점을 갖추게 될 것이다. 약탈하려는 생명체는 열매가 세 개 달린 나무보다 다섯 개 달린 나무를 선택함으로써 이득을 취한다. 그리고 암컷 개구리는 한숨에 겨우 다섯 번 개골거리는 수컷보다 여섯 번 개골거릴 수 있는 수컷과 짝이 됨으로써 이득을 얻는다(8장 참고). 사자는 그들이 침입자보다 수적으로 우세할 때에만 적을 공격함으로써 생존하고 번식하기 쉽다(5장 참고).

이 아이디어들은 이 책의 시발점이다. 우리의 고유한 수학적 능력은 진화론적 기반을 갖추고 있는가? 어떻게 언어를 모르는 생명체가 이 우주의 수적 구조에 응답할 수 있다고 말할 수 있는가?

사실, 세계의 수학적 구조를 읽는 동물의 능력에 관한 연구는 100년이나 이어져 왔다. 오늘날 그들의 능력이 존재한다고 해서 그들이 우리의 진화적 조상이라는 것을 의미하지는 않는다. 그것은 우리와 그들 사이의 유전적 관련성을 요구할 것이다.

힌트로 볼 수 있는 예시가 하나 있다. 우리는 곤충, 거미 등의 무척추동물 계통이 어류, 파충류, 포유류 등 척추동물 계통에서 분리되기 이전부터 6억 년 넘게 보존되고 있는 시간 유전자들을 알고 있다. 유전자들은 CLOCK(시계), PER(주기), TIM(매일의 생체 리듬 시간을 결정)을 구분하는 데 도움이 된다. 우리는 노랑초파리에게서 이 유전자들을, 그리고 공통 조상에게서 내려온 후손 유전자들을 인류에게서 발견할 수 있다. 지속 시간이 숫자로 표현되기 때문에 타이밍은 세상의 수학적 속성이다. 그러므로 타이밍 유전자들과 동반하는 수적 능력에 관여하는 유전자들을 찾을 것이다.

◈ 수란 무엇이고, 센다는 것은 무엇인가?

더 깊이 파고들기 전에 수 그리고 센다는 것이 무엇을 의미하는지 분명히 하는 것이 좋을 것 같다. 이 책의 모든 독자는 '수'가 무엇인지 알고 있다고 생각한다. 그들은 하나, 둘, 셋 등의 단어나 1, 2, 3과 같은 기호를 떠올릴 것이다. 우리가 셈하는 문화 속에서 자랐고 세는 단어로 세는 방법을 배웠기 때문에, 우리는 센다는 것을 필연적으로 '하나, 둘, 셋…'하고 죽 나열하는 것이라고 습관적으로 생각할 것이다. 과학자들은 더 구체적이어야 한다.

물론 자연수라 불리는 모든 양수, 음수를 포함하는 정수, 분수, 실수(소수), 허수(i, -1의 제곱근) 그리고 작고한 존 콘웨이의 초현실수 등 다양한 수가 있다. 수 중에는 책의 쪽수나 길거리의 주택 번호와 같이 정렬된 수열에 대한 '서수'들도 있는데, 이들은 직접적으로 크기를 의미하지는 않는다. 그래서 우리 집은 44번지이지만, 이웃집인 42번지나 46번지와 넓이는 같다. 이 페이지는 다음 페이지와 같은 크기다. 텔레비전 채널이나 휴대전화 번호에도 숫자로 된 딱지들이 붙어있다. 이들은 크기도 순서도 나타내지 않는다. 그리고 내 전화번호가 네 전화번호보다 큰지 또는 작은지, 내 번호가 네 번호보다 앞에 오는지 뒤에 오는지 물어보는 것도 말이 되지 않는다. 크기를 의미하는 수 형태는 '기

수'이다. 이들은 한 세트의 크기를 의미한다.[2]

기수의 바탕이 되는 집합의 개념은 설명이 좀 더 필요하다. 세 가지 물건의 집합을 떠올려보라. 예를 들어, 분수 속 동전 세 개가 있다. 집합들과 그것의 크기는 물건의 종류와 상관이 없다. 물질적인 동전 세 개여도 되고, 문을 두드리는 세 번의 노크 소리 또는 세 가지 소원일 수도 있다. 중요한 것은 이 집합들이 셋이라는 것 외에 공통점이 없다는 점이다.

책의 나머지 부분에서 내가 수를 이야기할 때는 다른 것을 지정하지 않는 한 기수를 의미할 것이다. 그러나 나는 논리적이고 수학적인 용어인 기수보다는 집합의 크기를 의미하는 새로운 용어 '수numerosity'를 도입하고 싶다. 우리가 논리나 수학보다는 동물의 두뇌 속에서 일어나는 일에 관해 이야기할 것이기 때문이다.

나는 동물 또는 인간이 실제로 두뇌 속에서 수를 나타낼 수 있는지는 이 연구로 저명한 학자 랜디 갈리스텔을 따른다.[3] 그는 두 가지 기준을 제시한다.

> (a) 수는 집합을 구성하는 요소들의 속성에 상관없는, 집합의 특정한 속성인가?

이것은 내가 설명했던 것과 정확하게 일치한다.

이것은 수를 표현하기에는 충분하지 않다. 당신은 또한 그것으로 무엇인가를 할 수 있어야 한다. 계산이나 갈리스텔이 특정 유형의 '조합 연산'이라고 부른 것을 할 수 있어야 한다.

(b) 수 시스템(=, <, >, + , - , ×, ÷)을 정의하는 산술 연산과 동등한 조합 연산을 수라는 개념으로 수행할 수 있는가?

그러므로 우리는 동물이 어떻게든 두 집합의 크기가 같거나(=), 집합 A가 집합 B보다 크거나(A>B) 집합 A와 B의 합이 집합 C와 같다(A+B=C)는 것을 인지할 수 있는지 물을 수 있다. 나눗셈과 곱셈은 당신이 생각할 때 훨씬 어려울 수 있지만, 동물에게 있어 얼마나 자주 먹이 또는 천적이 나타나는지 계산하는 것은 나눗셈의 문제이다(예를 들어 하루에 3회 등장=24시간/8시간 주기). 항법(항해 용어로는 '추측 항법dead reckoning'이라고 함)에 관해서 말하자면, 이는 꽤 복잡한 계산을 포함한다.

이제 이것들은 상당히 까다로운 기준이다. 그러나 나는 (a)를 발전시켜 동물이 특정 집합에서 어느 정도까지 새로운 집합을 이끌어 낼 수 있는지 물을 것이다. 다시 말해서, 그들은 다른 타입의 사물로 구성된 집합들이 크기가 같은지 또는 다른지 평가할 수 있을까? 예를 들어, 동물은 소리의 집합이 음식물의 집합과 크기가 같음을 알아챌 수 있을까? 다른 종, 실제로 몇몇 인간은 아마 수를 어떤 종류의, 누군가의 삶에는 필수적이지만 다른 것들에게는 그렇지 않은 사물에만 적용할 수 있을지도 모른다. 잠시 뒤에 설명하겠지만, 그들은 한 가지 타입의 사물로 이루어진 집합, 예를 들어 꽃 한 송이의 꽃잎들이 다른 타입의 사물로 이루어진 집합(예를 들어 랜드마크)과 같은 수를 가졌는지 말할 수 없을 수도 있다.

갈리스텔의 두 가지 기준은 수학의 토대에 관한 최근의 철학적 생각을 반영한다.[2] 또한 전 세계에서 통상 어떻게 산술이 교육되는지도 보여준다. 사물 집합의 일대일 계산은 계산이 사물의 특성에 의존하지 않음을 분명히 하고, 집합에 대한 연산의 산술적 결과 - 비교하기, 결합하기, 더하기, 집합 분리하기, 빼기 등 - 에서도 마찬가지다.

• 센다는 것은 무엇인가?

이 책 대부분의 독자는 이왕 세기에 대해 생각한다면 그것을 의도적이고 목적이 있고 의식적인, 보통 세는 단어를 쓰는 하나의 활동으로 여길 것이다. 그리고 이 활동의 의도와 목적은 집합 하나의 '수'를 밝히는 것이다. 이런 묘사는 모든 인간 외 동물의 수 세기는 물론 다음 장에서 보게 될 일부 인간의 수 세기를 제외한다. 다른 어떤 생명체도 세는 단어를 갖지 않는다. 새에 관한 6장에서 볼 앵무새 알렉스를 제외하고 말이다. 그리고 의도나 목적, 의식을 비인간의 몫으로 돌리는 것은 간단히 말해서 논란의 여지가 있다. 우리는 기꺼이 그것들을 고등 유인원 또는 반려견 몫으로 돌릴 것인데, 물고기나 곤충에게는? 말도 안 된다.

당신이 탁자 위의 인형을 세어야 한다고 가정하자. 그리고 셀 때 크게 하나, 둘, 셋이라고 외친다고 하자. 이는 탁자 위의 인형 세트의 크기가 셋임을 밝혀준다. 로켈 젤먼과 랜디 갈리스텔은 그들의 신기원을 이룬 책 『아동의 수 이해』(1978)에서 인간의 수 세기를 특징짓는 '세기 원리'를 나열했다.[4] '기수의 원리'는 세기 과정의 마지막으로 센 수를 그 세트의 기수로 산출한다는 것인데, 물론 모든 사물(개체)이 카운트되고 각 개체는 단 한 번씩만 셈해질 때 해당된다(일대일 대응의 원리).

즉, 세는 단어와 집합 속 개체 사이에는 엄격한 일대일 대응 관계가 성립한다. 그들은 또한 집합의 크기를 감 잡기 위해서 어느 개체부터 세는지는 중요하지 않음을 언급한다. 크기는 어떤 경우에나 같을 것이다. 그러니 A, B, C로 구성된 집합에서 A부터 셀지 B나 C부터 셀지는 중요하지 않고, 항상 3이라는 크기를 얻게 될 것이다. 그들은 이를 '순서 무관의 원리'라고 부른다. 마지막으로 그들은 집합들은 무엇의 집합이든, 인형 세 개든, 종소리 세 번이든, 소원 세 개든 될 수 있다고 말한다. 이는 그들이 '추상화의 원리'라고 부르는 것이다. 이 원리들은 세는 표현을 써서 능숙하게 세는 사람이 되려는 인간에게 요구된다. 이들은 세는 표현이라는 문화적 도구와 집합의 크기 개념을 동시에 가져온다. 다음 장에서는 아이들이 어떻게 세는 표현을 써서 세는 방법을 배우는지 이야기할 것이다.

이제 세는 표현을 쓸 필요 없이, '탤리 카운터'라 불리는 아주 단순하고 저렴한 도구를 써서 집합의 원소를 세는 방법을 생각해 보자(〈그림 1〉을 보라). 각 개체를 셀 때마다 맨 위의 버튼을 한 번씩 누른다. 일대일 대응의 원리와 같다. 카운트의 총계는 버튼을 마지막으로 눌러서 나오는 값이다(기수의 원리). 셀 수 있는 무엇이든 세어진다(추상화의 원리). 그리고 집합을 이루는 어떤 것부터 세든지 상관없다(순서 무관의 원리).

탤리 카운터를 쓰기 위해서 사람도 분명 중요할 것이다. 이게 어려운 부분이다. 당신을 양은 세지만 염소는 세지 않는 셰퍼드 개라고 가정하자. 당신은 뭐가 뭔지 결정할 수 있어야 한다. 당신이 염소보다 양이 더 많은지 결정해야 한다고 가정하자. 염소는 또 다른 탤리 카운터로 세야 할 것이고, 양의 수보다 더 많은지 그 결과를 봐야 한다. 탤리

▲ 〈그림 1〉 탤리 카운터(tally-counter)

카운터는 개체를 센 결과인 숫자를 보여준다. 물론, 당신은 같은 탤리 카운터를 한 번은 양에, 한 번은 염소에 총 두 번을 쓸 수도 있다. 반대로, 양을 세고, 카운터의 숫자를 0으로 돌린 다음 다시 염소를 셀 수도 있다. 어느 경우든 당신은 비교를 수행하기 위한 메커니즘도 필요하다. 이것이 어떻게 작동하는지 바로 보여주겠다.

영국의 철학자 존 로크(1632~1704)는 『인간지성론』(1690)에서 일찍이 탤리 카운터를 앞지르는 방식으로 수와 세기의 특징을 나타내려 시도했다. 그는 가장 단순한 아이디어는 '하나'라고 했다. 버튼 누르기를 반복하듯 '추가함으로써' 하나씩 반복된다. 우리는 더 큰 수라는 복잡한 아이디어에 도달한다. '이렇게 하나에 하나를 더함으로써 우리

는 한 쌍이라는 복잡한 아이디어를 얻는다'.[5]

이것은 스스로 그것을 다시 하라고 요청하는 과정 또는 함수인 '귀납'의 예다. 로크는 1을 더해서 마지막 항목(꼬리)을 생성한 다음 다른 하나를 더해서 이 과정을 한 번 더 수행하게 하는, '꼬리 재귀tail recursion'라고 불리는 특정 형태의 재귀를 제안했다.

세는 표현에 대해서 로크는 각각의 복잡한 아이디어에 이름이나 신호를 부여해서 그로부터 전후에 그 아이디어를 알 수 있게 해야 한다고 주장했다. 탤리 카운터는 로크의 제안을 구현한 도구로 여길 수도 있다. 각 버튼은 어떤 하나의 반복이고, 버튼 누르기의 총합은 '기호'로 나타나는데, 이 경우 디지털 형식의 판독 값이다.

다른 이슈는 수와 셈에 관한 추상성의 정도이다. 빅벤의 종소리는 다섯 시에 다섯 번 울리고 우리 손가락은 각 손에 다섯 개씩 있지만, 종소리와 손가락에 다른 공통점은 없다. 그렇다면 우리의 작은 두뇌는 어떻게 그런 추상적인 아이디어들을 활용하고 또 우리는 어떻게 두뇌가 그런 일을 한다고 말할 수 있을까? 인간에게는 큰소리로 세어보라고 한다든지 손가락의 개수와 종소리 횟수가 같은지 말해달라고 할 수 있지만, 물고기에게 그런 부탁을 할 수는 없다. 다른 생명체들은 어느 정도로 한 형태(예. 소리)의 수를 다른 형태(예. 시각적 사물, 행동 등)의 수로 보편화할 수 있을까? 이것은 세는 도구보다는 선택하는 사람의 문제일 것이다. 내가 이 요소에 특별한 이름을 부여하더라도 그것은 실제로 인지과학이나 신경과학에서 널리 퍼진 아이디어에 기반을 둔 것이다. 그것은 한 개체나 사건에 집중하거나 주의하는 방법이다. 선택과정은 특별히 의식하거나 심지어는 의도적일 필요가 없는데, 인간이 아닌 동물에게 적용하기에는 논란이 있는 개념이다. 이것은 단순히 다음 행동을 위해 환경에서 하나 또는 그 이상의 개체를 뽑는 것이다.[6] 우리는 그것이 두 개의 메모리 위치에 접근할 수 있는 한 종소리를 세려고 탤리 카운터 한 개 또는 손가락을 쓸 수 있다.

• 셈에 관여하는 신경 메커니즘

물론 우리가 말 그대로 탤리 카운터들을 머릿속에 넣고 다니는 것은 아니지만, 동등한 신경 종류를 가지고 있을까? 탤리 카운터는 기억장치를 지닌 순차적 계산 기기다. 즉, 이 계산 기기의 결과물은 개체의 개수와 정확하게 비례한다. 우리 두뇌가 이런 메커니즘을 가지고 있다는 것은 사실 동물 관련 연구에서 온 오래된 아이디어다. 같은 계산기 메커니즘 또한 동물들이 사건의 속도(비율)나 빈도를 계산할 때 필요한 지속 시간을 측정할 수 있다.[7]

이 계산기 메커니즘에는 네 가지 요소가 있다.

• 내부 발전기. 진동기나 심박 조율기와 같이 두뇌 안에 많이 있고, 계산기에 규칙적인 간격으로 맥박/리듬을 보낸다.

• 모든 개체와 사건을 동등하게 처리하는 표준화 과정

• 발전기와 계산기 사이의 맥박 변환을 조절하는 문. 선택된 개체나 사건을 세면 문이 열리고 확정된 맥박 수를 계산기로 보낸다.

• 맥박을 일시적으로 저장하는 계산기

이 요소들과 더불어, 누산 덧셈 시스템accumulator counting system은 현재까지 셈한 결과를 저장하는 '작업 기억'과 나중의 쓸모를 위한 '참조 기억'을 필요로 한다. 셰퍼드 이야기로 돌아가서, 양의 마릿수는 참조 기억으로 변환되고 현재까지 센 염소는 작업 기억으로 변환된다. 〈그림 2〉는 누산기accumulator를 나타내는 한 가지 방법이다.

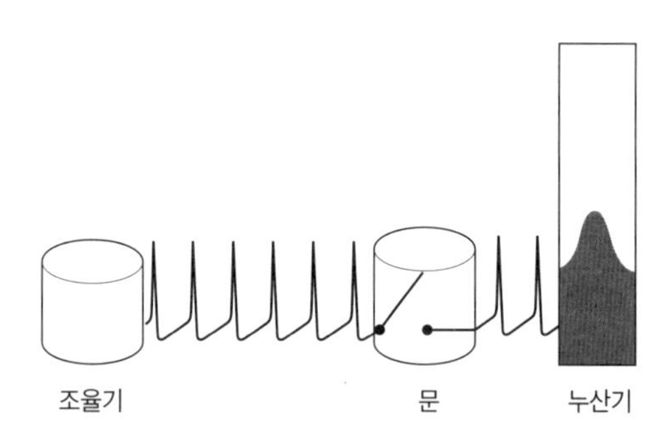

▲ 〈그림 2〉 이것은 동물 심리학자 워렌 메크와 러셀 처치[7]가 만든 최초의 모델이다. 그들은 '조율기pacemaker'라는 용어를 썼으며, '문gate'은 개체나 사건을 표준화한다. 이는 누산기acuumulator를 거치는 각각의 개체 또는 사건마다 고정된 개수만큼의 리듬pulse을 갖게 함으로써 가능한 일이었다. 두 개의 리듬pulse으로써의 각 개체를 보자. 산수와 동등한 조합 연산combinatorial operation을 수행하기 위해서 일시적으로 누산기의 상태를 저장하는 '작업 기억'과 '참조 기억'이 필요할 텐데, 이로써 비교를 포함한 연산이 가능해진다.

거기에는 신경계와 관련해 훨씬 더 비싼 추가 요소가 있다. '선택자selector'다. 이는 세야 할 개체를 선택하는데, 마치 염소들 사이에서 양을 골라내는 것과 비슷하다. 또한, '조합 연산'을 수행하기 위한 하나의 메커니즘도 필요하다. 예를 들어, 양의 집합이 염소의 집합보다 큰지 아닌지를 결정하는 조합 연산자combinatorial operator라든지, 양과 염소를 더한 전체 마릿수 또는 양이 염소보다 정확히 얼마나 많거나 적은지가 해당된다.

메크와 처치는 같은 누산기accumulator의 메커니즘이 지속 시간을 측정하는 '연속적 모드continuous mode'에도 적용될 수 있다고 제안했다. 문gate은 사건의 지속 시간 동안 열려있어서 누산기의 내용물은 지속 시간과 직선 모양으로 비례한다.

그래서 수와 사건event은 누산기의 내용물과 같은 방식으로, 지속 시간과 같은 연속적인 양은 누산기의 결과level와 같은 방식으로 코딩된다. 왜냐하면, 수와 지속 시간은 이른바 '공동 통화common currency'의 형태로 코딩되기 때문에 누산기의 높이는 사건 발생 확률(지속 시간/개수)과 같이 유기적 조직체에 중요한 지표들을 추정할 수 있다.[8]

이 모델은 탤리 카운터tally-counter처럼 아주 단순한 장치로, 구현하기 위해서 신경이 거의 필요 없다. 뇌가 아주 작은 곤충이나 거미의 세기 능력에 대해 다룰 때 보겠지만, 우리 뇌에 850억 개 이상의 신경이 있는 반면에 곤충이나 거미의 뇌에는 신경이 100만 개 미만이다. 이 시스템의 가장 값비싼 요소는 양과 염소의 예에서 봤듯 선택자이다. 이 선택장치 역시 그것이 양(또는 염소)이 아닌 다른 것인지, 그것이 정말 하나짜리인지(예를 들어, 어미의 젖을 빠는 새끼 양은 아닌지)를 결정해야 한다.

이러한 선형 누산기linear accumulator에는 몇 가지 매력적인 특징이 있다. 겔만과 갈리스텔의 세 가지 산수 원칙three counting principle을 만족한다는 것인데, 추상화(선택자가 구별할 수 있는 무엇이든 셈해질 수 있다), 순서 무관성(어떤 개체를 몇 번째로 세는지는 상관없다), 기수(누산기의 마지막 결과level가 합계와 같다)를 의미한다.

누산기 모델은 수 표현에 있어서 갈리스텔이 만든 두 번째 기준 또한 만족한다. 이 기준은 누산기로 한 연산이나 결과물의 메모리상 연산이 산술적 연산과 동일하다는 것이다. 2개 이상의 누산기 결과를 비교하거나 참조 기억reference memory을 작업 기억working memory과 비교해보라. 결합은 누산기의 순차적 합계, 빼기는 하나의 누산기를 다른 것에서 뺀 순차적 결과이다. 나누기와 곱하기는 계산 속도 또는 확률과 관련해서 나오는데, 뒤에서 동물도 이를 할 수 있음을 볼 것이다.[9]

◈ 대안이 되는 관점

많은 과학자가 누산기 이론을 지지함에도 불구하고, 현재 인간을 포함한 동물들의 기초적인 수적 능력에 대한 과학 논문에서 가장 인기 있는 접근법은 두 가지 분리된 시스템을 전제로 한다. 하나는 4 이하의 작은 수일 때의 시스템, 다른 하나는 4보다 큰 수일 때의 시스템이다.[10]

두 가지 시스템을 설명할 때, 첫 번째 시스템은 '개체 추적 시스템(Object Tracking System, OTS)'이라고 이름 붙은, 개체를 추적하고 잠시 기억하도록 디자인된 지각 체계를 전제로 한다. 4개라는 한계는 한 번에 주의를 기울일 수 있는 개체의 수, 그리고 그에 해당하는 작업 기억에 부합한다. 개체 수의 제한은 세지 않고도 정확하고 빠르게 인식될 수 있다. 이 메커니즘은 이 작은 집합 속 개체들의 병렬적 개별화parallel individuation와 함께 작동한다고 가정한다. 즉, 개체의 배열을 순차적으로 스캔해서 임시 저장소에 추가하기보다는 모든 것을 한 번에 취한다. 이것은 때로 '순간적으로 파악하기subitizing('갑자기'를 뜻하는 라틴어 subitus에서 옴)'라고 불리며, 모든 집합의 1에서 4까지 수를 인식하는 것은 쉽고 빠름을 의미한다.[11]

4보다 큰 수에 관한 두 번째 시스템은 '아날로그 크기 체계analogue magnitude system' 또는 '대략적 수 체계(Approximate Number System, ANS)'라고 부른다. 이 시스템의 특징은 첫째, 수의 정신적 표현법은 대략적이라는 점인데 예를 들어 개체 다섯 개를 표현하는 것은 넷 또는 여섯을 표현하는 것이나 심지어는 더 작은 3과 7도 포함하기 때문이다. 둘째, 그 표현들은 수의 로그logarithm다. 〈그림 3〉을 보라.

이 대안적 접근은 그동안 다양한 방식으로 반박당했다. 두 가지 분리된 시스템이 있다는 가정이 자주 논쟁거리가 되었다. 예를 들어, 즉각 파악 가능한 범위subtizing range (≤4) 안에서 개체 수를 답하는 반응 시간은 사실 수에 달려있다. 그것은 1부터 4까지 수를 '갑자기' 인지하는 것이 아니다. 오히려 순간적으로 노출되는 무작위로 나열된 점의 개수를 인식하는 시간은 증가한다. 1에서 2까지는 30마이크로초, 2에서 3까지는 80마이크로초, 3에서 4는 200마이크로초, 그 후에는 개체마다 300마이크로초 이상 증가했다.[11] 이는 단일 메커니즘과 일치하는 단일 곡선에 반응 시간이 맞아떨어질 수 있다는 것을 의미한다.[12] 사실, 아주 작은 수부터 30까지 수의 연속성에 관한 증거는 원숭이(4장)와 인간에게서 찾을 수 있다.[13]

분리된 즉각적 인식 메커니즘separate subitizing mechanism을 반박하는 다른 근거는 아무도 뇌에서 분명하게 구별되는 활성화 장면을 발견하지 못했다는 것, 우리도 양측 두정엽에서 이것을 정말 열심히 찾아보았다는 것이다.[14] 그것은 20년 전의 일이었으나, 훨씬 정교하고 화질 좋은 스캔과 더 나은 분석 수단tool을 이용한 최근 연구는 1부터 9까지 모든 수에 대한 활성화 반응이 두정엽만이 아니라 시각(후두) 피질과 전두엽 피질을 포함한 같은 뇌 영역에 산재해 있음을 발견했다.[15] 이것은 신경적 차이가 없음을 의미하는 것이 아니라 그저 아직 인정되지 않았다는 뜻인데, 가장 강력한 이미징 수단도 여전히 이 차이를 찾아내기에는 역부족이어서 차이가 인정되기란 매우 어려울 것 같다.

대략적 수 체계에 대한 다른 중요한 주장은 내적 표현internal representation이 수의 '로그logarithm'라는 점이다. 엘리자베스 브랜넌과 더스틴 메릿은 이 두 모델이 '수를 정리order하는 과제에서 같은 행동적 특징들을 예측한다'는 점에 주목한다. 예를 들어 표현representation의 '변동성noisiness(variability)'이 비슷하기 때문에 더 큰 것 혹은 더 작은 것을 고른다. 그들은 '스칼라 분산 가설scalar variance hypothesis로 로그logarithmic인지 선형linear인지를 적절히 구별하기 위해서는 피험자subject가 연속체의 두 지점 사이의 차이에 근거를 두고 행동하도록 요구하는 실험과제를 활용할 필요가 있다'고 주장한다.[16]

브랜넌과 그녀의 동료는 비둘기를 활용한 연구에 이 이론을 적용했다. 그들의 발견은 선형적 내부 표상linear internal representation과 일치했다.[17] 슬라바 카롤리스, 테레사 이우쿨라노 그리고 나는 인간에 관한 연구에서 100까지 범위 내 수들 사이의 차이를 이용했고 선형적 내부 스케일linear internal scale을 지지하는 증거를 발견하기도 했다.[18]

물론 수의 로그에 관한 다른 문제는 logA+logB=logAB라서 진수표antilog table 없이는 단순한 선형 덧셈과 뺄셈을 하기 어렵다는 데 있다.

뒷장에서 보겠지만, 많은 동물이 더하고 뺄 수 있다는 분명한 증거가 있다. 우리를 포함한 동물들은 뇌 안에 진수표를 가지고 있는가?

이제 어른과 어린이, 특히 어린이는 로그식 내적 수직선logarithmic mental number line을 가진 것처럼 보인다는 것이 기정사실이다. 큰 수들은 과소평가되어 다 함께 압축되고 작은 수들은 더 퍼져있다는 이유로 과대평가되기 때문이다.[19] 그러나 이 압축이 곧 내적 스케일이 로그임을 의미하지는 않는다. 사실 로그식 내적 스케일 없이도 개체 종류에 상관없이 작은 값을 과대평가하고 큰 값을 과소평가하는 '중심 집중 경향(역자 주: 변수들의 값이 평균값에 가까워지는 경향)'이 알려진 지 100년도 넘었다.[20]

모든 것을 세기엔 시간이 부족할 정도로 정말 큰 수의 경우에는 어떨까? 조지 맨들러와 빌리 조 쉐보의 획기적인 즉각적 인지subtizing 연구는 대략 10개 이상에서는 완전히 다른 시스템이 사용됨을 암시했다(역자 주: 인지subtizing는 수나 개수를 세지 않고 한눈에 인식하는 것을 의미하며 즉각적 인지 또는 즉지, 직산 등으로 표현한다).[11]

후속 연구자들은 이러한 대규모 시각적 배열의 경우는 우리가 면적과 밀도에 기반한 '추정estimation' 기법을 쓴다고 제시했다. 즉, 점 등의 개체object가 넓은 면적을 차지하거나 촘촘하게 정렬되어 있다면 인간 또는 다른 동물 등 관찰자는 수를 추정하기 위해서 면적과 밀도를 곱하는 식의 행위를 한다. 이것은 정말 타당해 보인다. 이 추정은 누산기의 결과accumulator height 또는 내적 수직선internal number line 상의 위치와 같은 내적 표현에 나타날 수도 있으며, 그 결과 '대략 30' 또는 '약 100'이라는 값을 얻게 된다.

◈ 다른 종을 연구하는 방법론

인간 여부를 떠나 생명체가 하나의 집합 속 개체의 수를 표현할 수 있는지 테스트하는 방법에는 크게 두 가지가 있다. 첫 번째는 '자연스러운 일을 하기doing what comes naturally'이다. 이 방법은 연구실에서 탐색될 수도 있고 야생에서 관찰될 수도 있다. 예를 들어 생명체에게 먹이 두 조각과 세 조각을 주고 더 많은 쪽을 고르는지 보는 것이다. 이 방법은 생명체가 야생에서도 그리고 실험실의 통제된 조건에서도 그렇게 할 것이라고 가정하는 것이다. 두 번째 방법은 그것이 자연스럽게 하는 일은 아니더라도 수를 기반으로 선택하는 방법을 배울 수 있는지 테스트하는 것이다. 예를 들어, 점이 더 많은 쪽을 고르면 보상을 받을 수 있다는 것을 배우는 것이다. 이제 이 방법들을 적용하기 위한 기본 이론 몇몇 개요를 간단히 보자.

'영리한 한스 문제'라고 하는 유명한 동물 예시로 시작할 텐데, 이 동물은 겉으로 보기에는 셈하는 것처럼 보이지 않았던 '한스'라는 이름의 말horse이다. 그는 세기가 바뀔 무렵에 전성기를 맞았고 앞발로 두드려 산술 문제에 답할 수 있었다. 문제 중 일부는 고등학교 졸업생에게도 어려운 수준이었다. 그는 2/5나 1/2과 같은 분수를 더할 수 있었고, 분자 9와 분모 10을 따로 두드려서 답을 내놓을 수 있었다. 그는 약수를 찾을 수 있었는데, 예를 들어 28의 약수라고 하면 1, 2, 4, 7, 14, 28을 정확하게 앞발로 두드렸다. 그는 제곱근과 세제곱근을 내놓을 수 있었다. 기상천외하다. 분명 사람들은 사기성이 짙을 것으로 생각했다. 그는 심리학자와 동물 훈련사로 이루어진 패널에게 테스트를 받았는데, 아무도 사기의 흔적을 찾을 수 없었다. 아주 흥미로롭고 긴 이야기를 짧게 요약하면 한스는 실제로 영리했지만, 산수에서는 아니었다. 그는 조사에 동원된 패널과 사육사가 준 신호에 아주 민감했다. 한스는 실험자의 머리나 눈썹이 움직이거나 콧구멍이 넓어지면 자신이 맞는 숫자에 접근했음을 알아채고 발로 두드리기를 멈췄다. 후속 연구에서는 동물이 실험자를 볼 수 없게 가림으로써 이 문제점을 피하도록 했다.(이 문제에 대한 좋은 설명은 동물 행동 전문가 행크 데이비스의 연구 보고서를 참고하라[21]).

여러 동물 실험의 첫 번째 질문은, 동물이 다른 모든 것을 고려하면서 수의 차이에 응답 또는 차이를 알아챌 수 있는가이다. 사실상 개체 수를 바꾸면 수 아닌 다른 많은 특성이 바뀐다. '다른 모든 것'은 어떤 것의 총량을 포함할 것인데 검은 점인 경우 검은색의 양, 생선인 경우 생선다움의 정도와 같은 것이다. 또 검은 점의 크기는 어떤지 그리고 얼마나 조밀하게 배열되어 있는지도 포함한다.

여기 문제가 있다. 만약 관찰자가 검은 점 한 개에서 두 개로 변하는 것을 알아챘는지 알고 싶다면(단, 점의 크기는 모두 같다) 점이 두 개이므로 검은 정도가 두 배가 될 것이다. 이때 만약 당신이 검은 점 두 개에서 각각 크기를 절반으로 줄이려고 하면 관찰자는 인간이든 아니든 아마 점 크기의 변화 혹은 점을 이루는 테두리 길이의 변화를 알아챌 것이다. 불행히도 너무 많은 연구자가 이런 것들의 양을 조절하는 것이 효과가 있다고 생각한다. 그러나 그렇지 않다. 이것을 둘러싼 다양한 방법이 있다. 한 가지 방법은 시도를 거듭해서 크기, 면적, 밀도를 무작위로 바꾸는 것이다. 만약 순서가 아주 길 때 이 방법은 효과가 있다. 다른 접근법은 개체를 완전히 바꾸는 것인데, 예를 들어 점들을 사각형들로 바꾸는 것이다. 그러나 관찰자가 개체의 변화와 수의 변화 모두를 알아챌 것과 이를 통계적으로 분류하려면 상당히 오랜 실험이 필요하다는 것을 생각해야 한다.

세 번째 방법은 '매치 투 샘플'이라고 불리는 방법을 쓰는 것이다. 이 경우 실험 참가자에게 예컨대 점 두 개를 샘플로 제공하고, 점 두 개로 된 다른 세트를 찾으라고 하는 것이다. 그동안 실험자는 다시 한 번 동시에 일어나는 변화를 통제하도록 애써야 한다.

동물과 관련된 이 방법론의 기본 규칙은 새와 다른 종을 연구했던 독일의 생태학자 오토 코엘러(1889~1974)가 정했다. 그는 샘플과 선택지들을 아주 다르게 만들었다. 〈그림 3〉을 보라.

매치 투 샘플 방법은 인간에게는 거의 사용되지 않지만 많은 다른 많은 종에 사용됐다. 코엘러는 또한 다른 식으로 이 방법을 사용했다. 그는 새 또는 다람쥐(그는 모두에게 테스트했다)가 몇몇에는 미끼가 담긴 일련의 상자들을 보거나 만지게 했고, 그런 다음 상자 속 미끼의 수와 같은 수만큼 점이 찍힌 것을 찾게 했다. 즉, 동물은 n개의 미끼를 세고, 뚜껑에 n개의 점이 찍힌 다른 상자를 고름으로써 보상받는다. 이것은 〈그림 3〉에서와 같이 두 개의 뚜껑에 있는 점을 연결짓는 것보다 더 완전한 추상화이다.

예를 들어 소리의 횟수를 개체의 수 또는 행동의 횟수와 연결짓는 방식으로 이 방법을 더욱 확장할 수 있다. 호주 원주민 어린이에 관한 연구의 경우, 막대기 두 개를 함께 쳐서 나오는 소리의 횟수를 매트 위에서 카운터로 똑같이 세는 것이 과제였다(2장을 보라). 이런 종류의 교

▲ 〈그림 3〉 까마귀의 매치 투 샘플. 새는 샘플을 보고 나서 샘플과 수가 똑같은 개체, 여기서는 다양한 크기의 점으로 표시된 뚜껑이 어디에 있는지 찾으면 보상을 받는다.[22]

차 양상 정합cross-modal matching은 집합의 수를 나타내는 강력한 테스트이며 아주 추상적인 방식으로 이루어진다. 이 두 가지 기본 패러다임에 대한 변형은 추후 이야기하겠다.

베버의 법칙 그리고 베버 상수는 수를 처리하는 과정에 대한 논의에서 자주 등장하는 매우 중요한 법칙이다. 베버의 법칙은 주로 어떤 동물이 두 수의 차이를 알아차릴 수 있는지와 관련이 있다. 독일 내과 의사였던 하인리히 베버(1795~1878)는 아마 우리에게서 두 가지 양을 정확하게 구별할 수 있는 능력을 처음 발견한 사람일 것이다. 그는 무게에 차이를 주는 연구를 시작했는데, 그 차이는 두 무게 사이의 절대적인 차이가 아니라 둘 사이의 비례 또는 비율 차이였다. 즉, 10kg과 11kg 중 무거운 것을 고르는 것보다 1kg과 2kg 사이에서 무거운 것을 고르는 것이 더 쉽다. 밝은 햇빛 아래서 촛불을 알아보는 것보다 어두운 방에서 알아보는 것이 역시 쉽다. 나는 나이가 들면 한 해가 더 빨리 가는 것처럼 느끼는 것이 전체 생애에서 매해 추가되는 1년의 비율이 더 낮아지기 때문인지 궁금하다.

이러한 관찰을 통해 베버는 오늘날 자신의 이름이 붙은 법칙을 공식화했다. $\Delta I/I$는 상수이고, 이때 I는 무게의 기준값이며 ΔI는 무게의 차이이다. 따라서 숫자의 경우 3과 4 중 큰 것을 선택해야 한다면 절대적 차이absolute difference는 1이지만, 증가 비율의 차이incremental ratio difference는 1/4 또는 0.25다. 13과 14 중 더 큰 것을 골라야 한다면 절대적 차이는 1/14 또는 약 0.07로 훨씬 작아 더 어려운 결정이 된다. 상수의 값은 단순히 눈에 띄는 차이이기도 하지만 개인차를 포함한 여러 요인에 따라 달라진다. 몇몇 개인은 다른 이보다 더 나은 식별력을 가질 것이며 이것은 매우 중요한 것으로 판명될 것이다(인간에 대해서는 2장, 물고기에 대해서는 8장을 참고하라). 예를 들어, 수 비교를 위해 내 개인의 베버 상수가 약 0.20이라면, 점 1개와 4개(0.75) 또는 3개와 4개(0.25)를 구별하는 데 있어 문제가 없지만, 점 13개와 14개(약 0.07)를 구별할 때는 어려움이 있을 것이다.

이제 식별을 할 때 고려해야 할 다른 요소가 있다. 뇌는 시끄럽다. 무슨 말이냐면, 두 개의 무게 또는 두 개의 수, 객관적으로 A>B인 A와 B가 있는 경우에 당신은 A와 B 간의 비율 차이가 당신 눈에 보이는 차이와 크게 다르지 않다면 때때로 B〉A라고 판단할 수 있다.

실제로 변동성은 〈그림 3〉의 아래쪽 패널에서 볼 수 있듯이 크기에 따라 증가한다. 수가 클수록 곡선이 더 많이 퍼진다. 이러한 뇌 활동의 특징을 '스칼라 가변성scalar variability'이라고 한다. 즉, 수가 클수록 오류가 발생할 가능성이 크고 그 오류가 클 가능성도 커진다. 오류는 정확히 수의 크기에 비례하여 커진다. 좀 더 기술적으로 말하면 변동계수 또는 상대 표준 편차(표준 편차/N, 여기서 N은 수)는 상수이다(역자 주: 상대 표준 편차는 표준 편차를 평균으로 나눈 값이다).

◈ 수의 세계

나는 언젠가 스스로 피실험자가 되어 취미로 현대 세계에 수가 얼마나 스며들어 있는지 확인하곤 했다. 과학자로서, 특히 뇌가 수를 처리하는 방법을 연구하는 과학자로서 연구 과정에서 자연히 일반 시민보다 훨씬 더 많은 수를 경험할 것이었다. 그래서 토요일에 얼마나 많은 수를 경험할 것인지를 평가했다. 토요일은 일하지 않고 그저 신문을 읽고, 산책을 하고, 라디오를 듣고, 가벼운 쇼핑을 하는 날이기 때문이다. 길모퉁이마다 자동차 번호, 주차 표지판, 우편 번호zip code가 있고 버스와 버스 정류장에는 버스 번호가, 상점 창문에는 가격표가 있다. 물론 신문은 쪽 번호, 날짜, 금융 정보 그리고 내가 열렬히 읽었던 스포츠면의 많은 숫자 등 더 많은 것을 제공했다. 라디오 뉴스를 듣는 것은 날씨, 사망, 사업 및 스포츠에 대한 더 많은 숫자를 줬다. 나는 깨어있는 내내 약 1,000개의 숫자를 경험했다고 계산했다. 토요일에 1마일 갔다가 그만큼 돌아오는, 비슷한 쇼핑 경로로 이 번호를 다시 확인해야겠다고 생각했다.

또한 금요일에 《이코노미스트The Economist》를 받고 주로 토요일에 읽는다. 그 안에도 많은 숫자가 있다. COVID-19 대유행 동안 우리는 매일 감염, 사망, 예방 접종, 비용 등 훨씬 더 많은 숫자로 괴로웠다. 좋든 싫든 선거 기간에 그런 숫자 공격은 거의 압도적이다. 2020년 미국 대통령, 하원과 상원 선거에 대한 CNN의 보도를 생각해 보라. 각 경선에 대한 주별, 선거구별, 최종 결과가 투영된 카운트인 출구 조사별 숫자 등. 선거 전에는 더 많은 숫자가 있었다. 최종 결과 예측으로 이어지는 일일 투표 결과다.

잠깐 쇼핑하는 중에도 숫자를 피할 수는 없었다. 아마 2마일 내에 약 200대의 주차된 차량을 보았을 것이다. 좋다. 실제로 그것들을 세지는 않았지만 모든 연석 주차 공간이 가득 찼었다. 자동차 한 대당 큰 두 자리 숫자가 있으니 총 400자리 숫자가 있고 약 50대의 움직이는 차량을 더하면 또 다른 100자리가 있다. 각 모서리에는 우편 구역을 지정하는 숫자가 있다. 가는 길과 돌아오는 길에 주차 시간, 속도 제한 및 다양한 유형의 숫자 제한을 나타내는 도로 표지판이 있었다. 그런 다음 쇼핑을 했다. 딱 3개만 샀지만 모든 가게 바깥에는 전화번호와 기타 정보, 특가 상품을 알리는 안내문이 있었다. 걷다가 묘지에서 유명한 고인을 기리는 표지판을 지나쳤다. 죽어도 숫자에서 벗어날 수는 없었다.

전반적으로 나는 신문을 읽고 쇼핑하며 시간당 1,000개를 훌쩍 넘는 숫자를 경험했을 것이다. 남은 하루 동안 친구와 함께 편하게 점심을 먹으며 더 많은 숫자가 논의되었다. 내부에 걸린 눈에 잘 띄는 디지털 시계, 바깥의 온도계, 이것의 시간과 저것의 시간 등. 라디오와 TV는 채널의 로고 송, 현재 시각, 프로그램 시간, 에피소드 번호, 뉴스 등 더 많은 정보를 제공했다.

추측하건대 일하지 않는 동안에도 여전히 시간당 100여 개의 숫자를 접한다. 꿈속에서 본 숫자들과 과학자나 상점 계산원, 진열대를 정리하거나 은행원으로서 일하면서 본 숫자를 제외해도 깨어있는 동안 약 1만 6,000개, 1년간 600만 개다.

쇼핑 중에 접한 숫자 대부분은 물건을 살지 결정하는 것을 제외하곤 나와 전혀 상관이 없었다. 신문에서 본 숫자 대부분도 사소했다(미미한 관심거리였다). 그럼에도 불구하고 스쳐 가거나 심지어 무심결에 본 무관한 숫자들은 우리가 의식하지 못할지라도 뇌에 저장된다.[23] 이를 뒷받침하는 실험은 2장에서 이야기한다.

◈ 세기 좋아하는 사회에서 수는 중요하다

중요한 것은 숫자가 아니라 우리가 수를 이해하는 방식이다. 수에 대한 이해 부족은 개인에게는 심각한 핸디캡이며 국가에는 큰 비용이다. 그것은 개인의 고용을 줄이고, 성인기에 우울증의 위험을 만들고, 평생 소득을 크게 낮춘다.[24] 영국에서는 성인의 약 25%가 기능적 산술 능력functional numeracy을 제대로 갖추고 있지 않다. 즉, 1,500만 명의 성인이 11세 어린이에게 기대되는 수준 이하의 산술 능력을 가지고 있는 것으로 추정된다. 이 중 680만 명은 9세 수준 이하의 기술을 가지고 있다.[24] 이러한 문제는 성인이 되어서도 지속된다. 37세의 74%는 나눗셈에, 57%는 뺄셈에서 어려움을 겪고, 15%는 가계부를 관리할 수 없고 8%만이 어렵게나마 가계부를 관리할 수 있다.[25] 낮은 산술 능력은 빈약한 교육 결과, 낮은 소득 및 법률문제를 일으키고 정신 및 신체 건강에 영향을 미친다.[26] 그것은 고통, 낮은 자존감, 낙인 찍힘 및 수업 시간에 방해가 되는 행동의 원인이다.[27] 최근 보고서에 따르면 산술 능력이 낮은 성인으로 인한 비용을 수입 손실로 환산할 수 있다. 이들의 산술 능력이 향상된다면 250억 파운드가 사회 전체 급여에 추가될 것이다. 이는 1인당 연간 약 1,700파운드에 달한다.[28]

실제로 낮은 산술 능력은 삶과 죽음의 문제가 될 수 있다. 영국과 미국에서 성인 대장암을 대상으로 한 대규모 연구에서는 수리력이 낮은 사람들이 검진에 참여할 의향이 적고 암 정보를 얻는 데 방어적일 가능성이 커서 치료를 받지 않거나 너무 늦게 치료받을 가능성이 더 컸다.[29]

낮은 산술 능력은 또한 국가의 비용이다. 2009년 영국에서 산술 능력의 최하위 6%에서 연간 약 24억 파운드의 세금 손실이 일어난다고 계산했는데 이는 소득 감소, 실업률 증가와 범죄, 치안, 교육 및 건강 비용 증가가 원인이다.[25] 현재 물가 수준으로는 그 수치가 더 높을 것이다.

더 심각한 산술 능력 문제는 발달성 계산 곤란증으로 어린이의 4~7%에 영향을 미친다.[30] 아동과 성인 환자는 극도로 낮은 산술 능력을 가지며, PIN 번호나 시간표를 기억하는 일이나 시간 말하기 및 여정 계산과 같은 간단한 일에 어려움을 겪는다. 이 상태는 성인기까지 지속되며 전문가의 도움이 필요하다. 계산 곤란증은 위에서 설명한 낮은 산술 능력보다 개인에게 훨씬 더 심오한 영향을 미친다. 2008년 정부 주도 보고서는 다음과 같이 밝혔다.

> 발달성 계산 곤란증은 (중략) 평생 수입을 11만 4,000파운드까지 줄이고, 공적 시험에서 다섯 등급 혹은 그 이상을 올릴 확률을 7~20% 포인트 줄일 수 있다.[31]

말할 필요도 없이 영국 차기 보수당 정부는 이 보고서와 계산 곤란증 환자들의 어려움을 13년 동안 무시했다. 2020년에 정부의 수석 과학 고문은 보리스 존슨 총리에게 계산 곤란증 문제를 인정하고 개입해달라는 서한을 보냈다. 나는 기대하지 않는다.

영국에서 국가의 수학적 능력, 특히 기본적인 산술 능력에 대해 우려한 것은 적어도 19세기까지 거슬러 올라간다. 1982년 수학 교육에 관한 「콕크로프트 보고서」 서문에서 당시 교육과학부 장관이었던 키스 조셉 경은 '국가의 미래에 수학만큼 중요한 과목은 거의 없습니다'[32]라고 썼다. 콕크로프트 이후 두 가지 주요 보고서가 더 있었다. 이와 유사하게 미국 국립 연구 위원회National Research Council는 '21세기 국제 경쟁의 새로운 요구는 수학에 유능하고 능숙한 인력을 필요로 한다'고 언급했다.[33]

산술 능력과 경제 발전 사이의 연관성은 OECD 모델링 작업에서 명확하게 확립되었다. 이는 기본 산술 능력의 수준이 국가의 장기적 경제성장에 영향을 미치는 요인임을 보여줬다.[34]

따라서 숫자 사회에 사는 우리 인간이 숫자를 얼마나 잘 다루는지는 우리 자신과 공동체 모두에게 중요하다. 다음 장에서는 숫자가 없는 사회에 사는 인간도 적절한 테스트를 통해 밝혀질 수 있는 우주의 언어를 읽을 수 있는 메커니즘을 가지고 있음을 볼 것이다. 동물에 관해서는 인간 다음으로 언급할 것이다.

◈ 내다보기

이제 우리는 인간이든 아니든 동물이 수로 표현하고 계산할 수 있는지를 판단하는 기준을 가지고 있다. 이 기준은 집합들의 수를 나타내는 것, 그리고 이러한 표현에 대한 산술 연산을 수행하는 것이다. 그리고 동물이 해당 기준을 충족하는지, 어떤 제한 사항이 있는지 알아내는 두 가지 주요 방법에 대한 개요가 있다.

또한 '왜' 수가 동물에게 중요한지 설명하려고 노력할 것이다. 우리는 동물들이 충족시키고 싶은 다양한 '욕구'를 가졌다고 배웠다. 어떤 욕구가 우세한지는 현재 상황에 따라 다르다. 대부분의 동물 연구는 허기를 줄이려는 욕구에 관한 것인데, 이는 실험실에서 제어하기 가장 쉽기 때문이다. 9장에서 갑오징어의 행동이 배가 고픈지 아닌지에 따라 달라짐을 볼 것이다. 갑오징어는 배가 고프면 큰 새우 한 마리를 노리겠지만, 배가 부르면 작은 새우 두 마리를 먹을 것이다. 그러나 우리는 수의 역할을 위험 혹은 죽음을 피하려는 욕구와 짝짓기하려는 욕구에서 관찰할 수 있다.

이제 우리가 유아와 성인을 포함한 동물의 산술 능력에 대해 이전보다 훨씬 더 많이 알고 있지만, 지식에는 여전히 거대한 격차가 있다. 일부 동물 집단은 다른 집단보다 더 많이 조사되었다. 이탈리아 파도바대학교의 크리스티안 아그릴로와 안젤로 비사차는 산술 능력이 연구된 이래로 2017년까지, 가장 많이 조사된 집단과 가장 적게 조사된 집단에 대한 유용한 요약을 제공한다. 나는 그들의 수치를 2021년까지 업데이트했고 무척추동물을 포함시켰다(〈그림 4〉를 보라).

종 간의 차이에는 여러 가지 이유가 있다. 한 가지 이유는 특히 뛰어난 과학자가 어떤 종이나 동물 그룹을 연구하는 것이 얼마나 보람 있는 일인지 보여주었기 때문이다. 또 다른 이유는 어떤 종에 대해 더 많이 알려질수록 이러한 발견을 바탕으로 더 많은 새로운 연구가 구축될 수 있다는 것이다. 영장류가 우월한 것은 그들이 다른 종보다 우리와 더 밀접하게 관련되어 있고, 우리의 능력에 대해 더 많은 것을 말해줄 수 있다고 믿기 때문이다.

동물의 산술 능력에 대한 우리의 지식에는 또 다른 심각한 한계가 있다. 연구에서 정확한 계산의 최대 한계선을 탐구하는 경우는 거의 없다. 그리고 유기체가 할 수 있는 계산의 종류를 거의 탐구하지 않는다. 또 분명히 알 수 있듯이 동물이 임무에 썼을 수도 있는 다른 힌트를 모두 고려하지는 않는다. 모든 실험자가 결론을 도출하는 데 있어 엄격하게 코엘러를 따르는 것은 아니다.

마지막으로 내가 숫자를 포함해야 한다고 주장할 것이지만, 여전

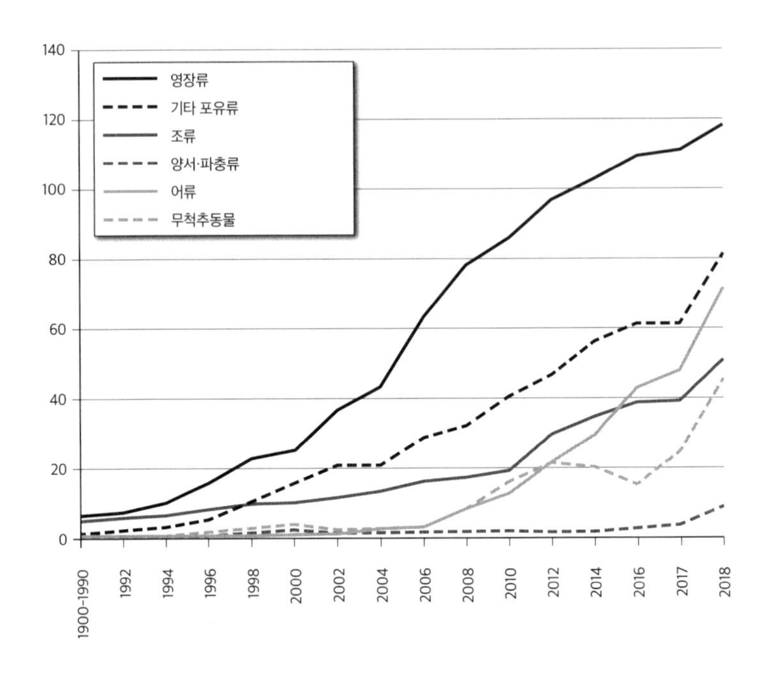

▲ 〈그림 4〉 그래프는 구글 스칼라에서 ('산술 능력' + 동물) 및 ('산술 역량' + 동물)을 검색했을 때 나온 결과의 개수를 보여준다.

히 잘 인정받지 못하는 계산의 놀라운 위업이 있는데 동물 탐색에서의 위업이다. 우리는 새, 고래, 거북, 물고기, 심지어 무척추동물까지 먹이를 찾는 곳과 번식지를 오가며 특별한 여행을 한다는 것을 알고 있다. 이것들은 근본적으로 적어도 지도와 나침반을 가지고 있는 이 생물들에 의존하지만, 그것은 또한 그들이 거리를 측정해서 스스로 어디에 있는지, 그리고 어떻게 최단 경로로 돌아가는지 안다는 것을 의미한다. 구글 지도가 지도 정보를 숫자 배열(궁극적으로 여러 개의 0과 1)로 인코딩하고 해당 숫자로 경로를 계산하는 방법을 생각해 보라. 이러한 동물 내비게이터animal navigator는 환경을 구현하고 경로를 계산하기 위해 구글 지도와 동등한 것을 가지고 있어야 한다.

우주의 수적 언어를 읽을 수 있는 능력은 생명, 죽음, 번식이 모두 이 능력에 달려 있기 때문에 비인간 동물에게 매우 중요하다. 그리고 우리 자신의 놀라운 산술 능력이 다른 많은 아니, 모든 생물과 공유하는 간단한 메커니즘에 기반을 둔다는 것을 이해하는 것이 중요하다.

2장

인간은 수를 셀 수 있을까?

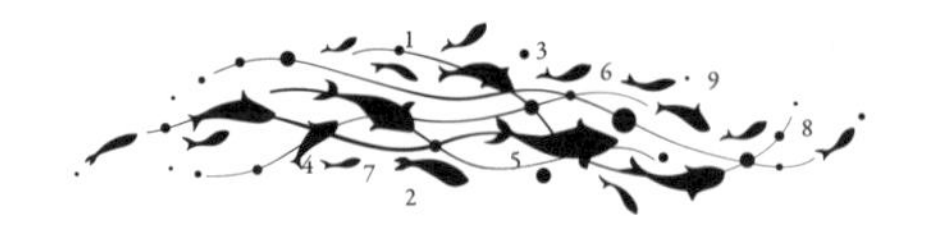

Can fish count?

우주의 언어는 수학적이며 이 언어를 읽을 수 있다는 것은 인간과 비인간 거주자 모두에게 유용하다. 나는 우리 그리고 다른 생명체가 개체 혹은 사건의 집합을 나열할 수 있는 매우 간단한 메커니즘인 누산기accumulator를 가지고 있다고 제안했다.

이러한 제안이 주어졌을 때 분명한 첫 번째 질문은 인간이 셀 수 있는가 하는 것이다. 《워싱턴 포스트》(1996년 8월 25일)의 데이브 배리에 따르면 모두는 아닐 수도 있다. '그들은 벌들이 랜드마크를 세어 먹이통을 찾고 있다는 것을 발견했습니다. 예! 꿀벌은 셀 수 있습니다! 이것은 꿀벌이 수학 능력 면에서 대부분의 미국 고등학교 졸업생보다 앞서 있다는 것을 의미합니다.' 《워싱턴 포스트》는 동료 평가peer-reviewed 과학 저널이 아니며 고등학교 졸업생의 데이터가 제공되지 않았고, 이는 미국 학생들에게 불공평하다. 당신과 나는 셀 수 있다. 당신이 아는 모든 사람은 셀 수 있다. 심지어 미국 학생도 셀 수 있다. 사실, 비범한 산술 기술을 가진 놀라운 인간 카운터human counter가 있다.

1장에서 나는 계산이란 셈한 결과가 산술 연산과 동형인 조합적combinatorial 과정에서 사용될 수 있을 때만 의미가 있고 말이 된다고 주장했다. 이것은 우리 인간에게 해당하며 나중에 보여주겠지만 다른 동물에게도 마찬가지이다. 그래서 우리가 인간이 셀 수 있는지 물을 때, 우리는 또한 인간이 세는 결과, 말하자면 산수로 무엇을 할 수 있는지 물을 것이다.

우리 대부분은 놀라운 산술 능력을 갖춘 사람들 대해 들어 본 적이 있을 것이다. 예를 들어 영화 〈레인맨〉에서 더스틴 호프만이 연기한 캐릭터의 모델인 킴 피크(1951~2009)를 들 수 있다. 다른 사람들은 TV 쇼에서 상을 받기 위해 20대에 매우 복잡한 거듭제곱이 들어간 수 계산을 독학하고 독일의 TV 쇼에서 우승한 뤼디거 감(1971~)의 놀라운 재주를 접했을 것이다. 그는 '68×76=?'와 같은 문제를 해결하는 데 5초도 걸리지 않는다. 내가 이것을 하려면 중간 결과 6개를 기억하거나 써 내려가면서 7단계를 거쳐야 결과를 힘들게 알아낼 것이다.(68^2과 같은 두 자리 수 제곱은 단순히 메모리에서 가져오면 되기 때문에 1초 조금 넘게 걸린다.)[1]

요즘은 암산 월드컵도 있다. 여기에는 6자리 수의 제곱근 찾기, 달력 계산('1649년 1월 3일은 무슨 요일이었나요?'), 8자리 수 두 개 곱하기 등이 포함된다(뤼디거 감은 참가했을 때 겨우 5위에 올랐다!).

사실, 뛰어난 산술 능력을 갖춘 사람들의 오랜 역사가 있다. 예외 없이 그들은 어릴 때부터 숫자와 일종의 친밀감을 발전시킨다. 뛰어난 계산가이자 당시 최고의 엔지니어였던 조지 비더(1806~1878)(기관차 엔지니어 로버트 스티븐슨의 공동 작업자)가 100까지 세는 법을 배웠을 때 "숫자 친구들이여, 나는 너희 모든 친구와 지인들을 알고 있다"고 말했다.[2] 다른 뛰어난 계산가인 윌럼 클라인(1912~1986)은 "숫자는 나의 친구입니다. 3,844. 당신에게 이 숫자는 단지 3과 8과 4와 4입니다. 하지만 저는 '안녕하세요, 62제곱'이네요"라고 말했다.

모든 뛰어난 계산가는 엄청난 양의 통계를 메모리에 저장한다. 뉴질랜드 수학자 알렉산더 에이트켄(1895~1967)을 예로 들어보자. 그에게 1961년은 곧 37×53년, 44^2+5^2년, 40^2+19^2년이었다. 그는 또한 π의 소수점 이하 첫 100자리까지 외울 수 있었다.[3] 왜 그는 이 모든 것들을 배웠을까? 에이트켄의 경우 선생님에게 인수분해를 써서 수를 제곱할 수 있다는 말을 들었다. $a^2=(a+b)(a-b)+b^2$. 당신이 47을 가지고 있고 이것을 a라고 가정해보자. 당신은 b를 3으로 취할 수 있다. 그러면 $47^2=(47+3)(47-3)+3^2$이 된다. 그래서 (a+b)는 50이고 (a-b)는 44인데, 둘을 곱해서 2200이 나온다. 그러면 b^2은 9이고, 47^2은 2209다. 어떤가! 어떤 빛이 보이지 않는가?[3]

잘 알려진 이야기지만, 저명한 영국의 수학자 고드프리트 해럴드 하디(1877~1947)는 스리니바사 라마누잔(1887~1920)을 병문안했는데, 하디는 그를 카를 프리드리히 가우스(1777~1855) 이후 가장 위대한 수학자라고 여겼다. 그는 자신이 타고 온 택시가 1729번으로 다소 지루한 번호라고 말했다. "아니, 하디! 매우 흥미로운 수입니다. 두 세제곱의 합으로 표현하는 방법이 두 가지인 가장 작은 수입니다."[4]

더 놀라운 것은 일본, 중국, 대만, 인도의 많은 어린이의 숫자 기술일 텐데, 일반적으로 방과 후 수업에서 광범위한 주판 훈련에 투입된 결과이다. 이 훈련에는 수년 및 수백 시간의 계획적인 연습이 포함될 수 있는데, 종종 대회에서 좋은 성적을 거두기 위한 것이기도 하다. 잠시 후 실제 물리적 주판은 더 이상 필요하지 않으며 실제로 핸디캡으로 작용한다. 전문가들은 정신적 주판을 사용한다. 경쟁의 한 유형은 '플래시 안잔flash anzan'이라고 불리며, 참가자는 엄청난 속도로 제시된 숫자들을 더해야 하는데 혼자서 기억하고 처리해야 한다. 여기 예가 있는데, 알렉스 벨로스의 책 『신기한 수학 나라의 알렉스』에서 가져온 것이다. 아이들은 화면을 보았다. 세 번의 경고음 후 나타나는 숫자가 너무 빨라 전문 수학자인 알렉스도 거의 읽을 수 없었다.

164

597

320

872

913

450

568

370

619

482

749

123

310

809

561

마지막 숫자가 깜박이는 순간 한 학생이 정답이 7,907이라고 말했다.

2012년 세계 암산 챔피언인 일본의 나오후미 오가사와라는 각각 0.4초 동안만 제시된 네 자리 숫자 15개를 정확하게 더할 수 있었다.[5] 이러한 놀라운 업적이 어떻게 달성되는지에 대한 과학적 연구는 내가 아는 한 인지 이론이나 뇌 기능 측면에서는 없었다.

정신적 주판을 사용하는 능력의 매력적인 특징 중 한 가지는 숫자를 포함하지 않는다면 다른 작업을 동시에 수행할 수 있다는 것이다. 알렉스의 유튜브 채널 클립에서 9세 소녀는 20초 동안 빠르게 제시되는 세 자리 숫자 30개의 나열을 덧셈하면서 어려운 언어 게임을 한다.[6] 이것은 계산이 인지의 다른 측면과 분리될 수 있는 정신적 과정임을 암시한다.

자, 여러분은 이러한 놀라운 산술적 재주가 타고난 능력, 예를 들어 지능이나 기억력에 달려 있다고 생각할 것이다. 라마누잔, 에이트켄, 비더는 실제로 특별하게 타고났다.

모든 위대한 계산가가 재능이 있거나 특히 지능적인 것은 아니다. 예를 들어 샤쿤탈라 데비(1929~2013)는 28초 만에 13자리 숫자를 두 개를 곱할 수 있어 기네스북에 등재되었다. 그녀는 지능 검사 전문가인 심리학자 아서 젠슨(1923~2012)에 의해 엄격한 테스트를 받았으며 평균 지능을 가진 것으로 밝혀졌다.

최초의 실용 지능 테스트를 개발한 알프레드 비네(1857~1911)는 전문 연극 계산가 두 명과 파리의 봉 마르쉐 백화점에서 14년 일한 경력이 있는 계산원들을 비교했다. 여기서 전문 연극 계산가는 연극 공연에서 계산 기술을 보여 생계를 유지하는 사람들이며, 백화점 계산원들이 일했던 1890년대에는 기계식 계산기가 없었음을 잊지 말고 고려해야 한다. 계산원들은 아마도 어릴 때 수학에 대한 특별한 재능을 보이지 않았을 터다. 이 비교에서 계산원들의 능력이 더 나은 것으로 나타났다.[7]

사실, 인지에 있어 전반적인 능력이 보통이거나 심지어 매우 낮은 것처럼 보이지만 비범한 산술 능력이 있는 사람들의 예가 많다. 위대한 수학자 카를 프리드리히 가우스를 위해 표 계산을 해준 자하리아스 다제(1824~1861)는 '수학의 첫 번째 요소를 이해할 수 없었다.' 달력 계산에 비범한 능력이 있는 쌍둥이 한 쌍은 IQ가 60대(평균 100)로 추정되었으며 간단한 산수에 큰 어려움을 겪었다.[8] 훌륭한 계산가에 관한 이 책에서 스티븐 스미스는 초기 보고서에서 두 명의 엄청난 계산가, 노예가 된 아프리카인 토머스 퓰러(1710?~1790)와 제데디아 벅스톤(1702~1772)에 주목했다. 이들은 '이론적이든 실제적이든 계산보다 더 복잡한 어떤 것도 거의 이해할 수 없을 정도로 제한된 지능을 가진 사람들이었다'.[2]

유명한 계산가인 앙리 몽듀(1826~1861)는 동시대인에 의해 산술 외에는 배운 적이 없는 것으로 묘사되었다. '사건, 날짜, 장소는 흔적도 없이 거울 앞에서처럼 그의 뇌를 스쳐간다.'[2]

제라 콜번(1804~1839)은 6세에 2000년이 몇 초인지(63,072,000,000)를 계산할 수 있었지만, 종이에 적힌 한 인물의 이름이나 속성을 읽을 수 없었고 무지했다.[9] 성인이 되어서도 그는 아무것도 배울 수 없었고, 평범한 지능으로 할 수 있는 활동이나 실제적인 응용을 할 수 없었다. 1891

년 계산 신동에 대한 리뷰에서 미국의 심리학자 에드워드 스크립처(1864~1945)는 '계산 능력이 그의 모든 정신 에너지를 흡수하는 것 같다'고 추론했다.

이러한 예들은 전문성을 달성하기 위해 권장되는 '1만 시간'보다 더 오래 계획적으로 연습해야 인간이 산술 작업에 놀랄 만큼 숙련될 수 있음을 보여준다. 또 뇌의 산술 메커니즘이 다른 인지 메커니즘들과 독립적임을 시사한다. 통계에 대한 기억 시스템조차도 그것들에 특화된 것 같다.

예를 들어 뤼디거 감은 11개의 음성 숫자를 정확하게 반복할 수 있었지만, 반면 실험 통제집단인 우리 대부분은 약 7개만 정확하게 반복할 수 있다. 숫자를 역순으로 반복하라는 주문을 받았을 때 그는 훨씬 더 놀라웠다. 나머지 우리가 5~6개 숫자를 해내는 반면, 그는 12개 숫자를 거꾸로 했다. 그러나 그에게 숫자 대신 글자로 똑같이 하라고 하면 매우 평범한 수준의 능력만 보여주었다. 그리고 우리가 본 것처럼, 일부 특수한 계산가들의 경우에 숫자가 아닌 정보에 대한 메모리는 매우 형편없었다. 이 모든 것은 숫자에 대해 적어도 부분적으로 분리된 인지 시스템이 있음을 지적한다.

실제로 이러한 기술은 일단 습득하면 무의식적으로 활용할 수 있으며, 수를 센 사람은 자신이 세었다는 사실을 인식하지 못한다. 그러나 우리 과학자들은 그들이 수를 셌음을 알고 있는데, 그들이 인지한 실험 과제에는 측정 가능한 결과가 있기 때문이다. 내 동료인 바하도르 바흐라미, 저레인트 리스와 나, 이렇게 이래즈머스 프로그램으로 유럽 연합에서 온 뛰어난 세 학생이 쓴 방법은 이것이 '안간 억제

interocular suppression'라고 알려진 현상을 이용한 경우임을 증명했다.[10] 억압 자극suppressing stimulus은 한쪽 눈에 제시된 밝은 색상의 추상적 패턴이며, 이때 다른 쪽 눈, 즉 억압된 눈에는 계수 대상들objects to be counted이 제시된다. 그러면 두 눈 모두 추상적 패턴을 수용하게 된다. 억제 자극과 계수 대상들 사이의 간격을 정확히 맞추는 것이 중요하다. 자극이 너무 길면 참가자가 계수 대상을 인식하게 되고, 너무 짧으면 정보가 뇌에 등록되지 않는다.[10]

분명 그들이 개체의 개수를 보고할 수 없다면 그들이 개체의 수를 세었는지 우리는 어떻게 알 수 있을까? 우리는 실험 참가자들에게 눈에 보이는 또 다른 유사한 개체 집합을 보여주고 그것들을 세어보라고 했다. 우리는 그 억압된 집합suppressed set이 눈에 보이는 집합visible set보다 작으면, 보이는 집합의 수가 더 빨리 계산되고, 보이는 집합보다 크면 보이는 집합의 수가 더 느리게 계산된다는 것을 발견했다. 즉, 억압된 집합의 수는 결정에 대비하거나 결정을 못 내리게 함으로써 보이는 집합을 뒤이어 열거하는 데 영향을 미친다. 이것은 수를 세는 과정이 의식적일 필요가 없음을 보여준다.

우리 중 많은 사람은 잠을 자면서 수를 세고 있다고 믿는다. 오늘날 국제 연구팀은 독창적인 실험으로 우리가 잠을 잘 때 수를 셀 뿐만 아니라 계산도 한다는 것을 보여준다.[11] 렘REM(Rapid Eye-Movement)수면에서 잠자는 사람은 꿈을 꾸고 외부 자극에 더 민감한 경향이 있다. 이 연구에서 피실험자들은 소리를 과제와 연결하고 일정 횟수만큼 눈을 좌우로 번갈아 움직여서 응답하도록 훈련받았다. 예를 들어, LR=1, LRLR=2, LRLRLR=3, LRLRLRLR=4를 의미한다. 렘수면 동안 간단한 덧셈과 뺄셈 문제가 제시되었다. 놀랍게도 피실험자 다수가 실험 중 몇 번은 올바르게 대답하는 데 성공했다.

◈ 단어와 기호로 숫자 세는 법 배우기

우리는 모두 하나, 둘, 셋 또는 1, 2, 3과 같은 세는 단어를 배웠지만, 이러한 단어와 기호로 세는 법을 배우는 것은 사실 사소한 일이 아니다. 카렌 푸손은 그것들을 완전히 마스터하는 데 수년이 걸릴 뿐만 아니라 세는 단어를 배우는 데에는 별개의 단계가 있다는 것을 보여줬다. 처음에는 세는 순서 '하나 둘 셋 넷'이 한 단어라고 생각하지만, 결국에는 더 긴 셈을 원래 순서대로도, 거꾸로도 할 수 있게 된다.[12]

우선 우리 인간은 수 단어들을 배워야 한다. 이 단어들은 수 세기, 어쩌면 수천 년에 걸쳐 발전해 온 문화적 도구이며(3장 참조) 일부 도구는 다른 도구보다 배우기가 더 어렵다. 예를 들어, 영어에는 'Trouble with teens'라는 말이 있다. 즉, 1one, 2two, 10ten, 3three을 안다고 어떻게 11eleven, 12twelve, 13thirteen, 20twenty, 30thirty을 이해할 수 있겠느냐 하는 것이다. 다른 유럽 언어도 사정은 마찬가지다. 프랑스어는 11onze, 12douze, 13treize, 14quatorze, 15quinze, 16seize이고, 스웨덴어에서 10은 tio인데 11은 elva, 12는 tolv, 13은 tretton이다. 중국어와 비교해보라. 1은 yī, 둘은 èr, 셋은 san, 10은 shí, 11은 shíyī, 12는 shíèr, 20은 èrshí, 21은 èrshíyī이다. 그렇다면 이제 13, 31, 32, 33이 뭔지 당신이 써볼 차례다.[13]

한국식과 일본식 수 세기의 기초이기도 한 중국식 체계는 10의 단위를 더 명확하게 한다.[14] 이제 세는 단어는 이름-값 체계로서 뒤에 언급되는 모든 언어가 이에 해당한다. 즉, 십, 백, 천, shí, bǎi, qiān와 같이 10년 또는 100년 단위로 특별한 이름이 있다. 그러나 이름과 수를 연결짓는 것은 유럽 언어보다 중국어, 한국어 또는 일본어에서 더 쉽다. 그리고 1학년 학생들은 미국의 영어권 어린이들보다 훨씬 일찍 10의 단위를 써서 생각한다.[15] 동아시아 아이들도 미국, 프랑스, 스웨덴 1학년 아이들보다 10진법을 더 잘 이해한다.[16]

세는 단어로 세기 위해서는 단어가 안정된 순서로 되어 있고, 최종적으로 올바른 순서로 되어 있다는 것을 알아야 한다. 푸손이 발견한 것처럼 어떤 아이들은 onetwothreefour가 한 단어라고 생각하기 시작한다. 다른 아이들은 올바른 순서로 된 단어 중 일부를 알고 있지만, 전부는 아니다. 다음은 로셸 겔만과 랜디 갤리스텔의 고전 논문인 「수에 대한 어린이의 이해The Child's Understanding of Number」(1978)에 나온 예시이다.

3년 6개월 난 아이가 8개의 물체를 세고 있었습니다.

"원, 투, 스리, 포, 에잇, 일레븐."

"아니에요, 다시 해 봐요."

"원, 투, 스리, 포, 파이브, 텐, 일레븐……. 원, 투, 스리, 포, 파이브, 식스, 세븐, 일레븐!"

"아휴!"[13]

사물을 세려면 아이들은 세는 단어 각각에 정확히 하나의 물체를 연결해야 한다. 겔만과 갤리스텔은 이것을 '일대일 대응 원리one-to-one correspondence principle'라고 부른다. 단어는 항상 같은 순서로 있어야 한다는 안정적인 순서 원칙the stable order principle이다. 1장에서 설명한 세 번째 원칙은 '기수의 원칙cardinal principle'이다. 개체의 수를 셀 때 마지막에 나온 단어는 집합 속 개체의 개수를 나타낸다. 예를 들어 '하나, 둘, 셋'이라고 개체를 세는 경우 개체의 개수는 3이다. 그래서 '일레븐' 처럼 틀린 단어를 써도 이 원칙이 적용된 것이다.

자, 올바른 순서로 단어 세기를 암송하는 것은 대부분 성인에게 매우 사소한 성취이다. 내가 신경심리학자로 일할 때 우리는 심각한 신경학적 손상을 입은 환자들이 이 암송을 할 수 있고 다른 것은 거의 할 수 없는 것을 보았다. 하지만 이 단어들이 세는 데 꼭 필요한가? 이 말이 필요하다는 증거가 실제로 있는가?

◈ 세는 단어들: 세는 데 필요한가?

어린이 인지 발달 역사의 핵심 인물인 스위스 심리학자 장 피아제(1896~1980)는 세는 단어를 습득하는 것이 한 집합 내 원소의 기수cardinal number 개념을 발달시키는 데 거의 또는 전혀 쓸모가 없다고 믿었다.[17] 중요한 아이디어는 어떻게 아이들이 '수 보존conservation of number'의 개념을 습득하게 됐는지였다. 즉, 개체(원소)를 추가하거나 제거하는 것과 달리 재배열과 같은 일부 작용은 집합의 크기에 영향을 미치지 않는다는 점이다. 그는 6세 정도의 어린이들과 함께 한 실험을 예로 들었다. 이 어린이들은 세는 단어들을 쓰지만 두 집합의 크기가 같음을 아는 데는 세는 표현을 안 쓰는 어린이와 비슷한 수준이었다.

그러나 피아제 시대 이후 많은 유력하고 저명한 연구자들은 인간은 세는 단어를 쓰지 않고는 정확히 4개 이상 셀 수 없다고 주장했다. 이른바 직산subitizing의 한계다. 즉, 차례로 세지 않고 쓱 보기만 해서는 정확히 셀 수 없는 원소의 개수이다. 4개를 넘어서면 우리는 정확한 수가 아니라 대략적인 수의 개념만 가지게 된다는 것이다. 우리가 세는 단어를 써 가며 수를 세면 5는 4보다 하나 더 많고 6보다 정확히 하나 적은 수임이 분명해진다.

그렇다면 우리는 어떻게 1장에서 설명한 '근사적(아날로그) 수 시스템' 접근 방식에서 출발해 14가 정확히 13보다 1 크고 15보다 1이 작다는 '정확한 수 개념'에 친숙해지게 되는 걸까? 이 접근 방식에서 셈과 계산을 위한 '초심자 키트'에는 작고 정확한 수 체계와 크고 대략적인 수 체계가 포함되어 있다. 하버드대학교의 심리학자 수전 캐리에 따르면, 이러한 더 큰 수의 정확한 정신적 표현을 해내려면 세는 단어의 목록을 배워야 하는데, 이 목록은 작은 수의 정신적 표현에서 정확하고 더 큰 수 표현으로 '스스로 나아갈 수 있도록' 해준다.[18]

초심자 키트에 내장된 누산기 시스템과 근사적 수 시스템 사이의 한 가지 중요한 차이점은 후자에서 수의 크기가 로그적으로 조정된다는 것이다. 이것은 간단한 계산인 더하기와 빼기를 복잡하게 만든다. 당신이 수의 로그를 더하고 뺄 수 있어야 한다고 해보자. 선형 누산기를 사용한 당신과 우리의 접근 방식은 이러한 계산이 간단하다는 것을 의미한다. 마지막 장에서 이 차이점에 대해 다시 설명할 것이다. 이렇게 서로 다른 접근 방식을 구별하기 위해 고안되었으며, 동물(이 경우에는 새)과 인간 모두에게 수적 크기의 내적 표현이 실제로 선형임을 보여주는 실험을 통해서 말이다.

샌디에이고에 있는 캘리포니아대학교의 수학자이자 인지과학자인 라파엘 누녜스는 초심자 키트에 대해서 더 극단적인 견해를 취하고 있다. 그는 오히려 스노보드처럼 수와 수적 능력이 완전히 문화에 기반을 둔다고 주장한다. 물론 스노보드, 이족보행 균형, 깊이 지각에는 '생물학적으로 진화된 전제 조건'이 있지만, 실제 연습은 문화적 인공물이다. 이와 비슷하게, 수를 배우기 위한 생물학적으로 진화된 전제 조건이 있을 것이다. 스노보드를 위해서는 특수한 문화적 도구인 스노보드가 필요하다. 수 감각에 있어 필요한 문화적 도구에는 수 세기 또는 친숙한 인도-아라비아 숫자 1, 2, 3이 포함된다. 당신은 수 세는 법을 배우기만 하면 된다.[19]

근사적 수 이야기나 '스노보드' 이야기가 공격받지 않은 것은 아니다. 고도로 연결된 오늘날에도 수를 나타내는 단어number word가 거의 없는 언어가 있으며, 단어가 있어도 계산에 사용되지 않으며 정확한 수를 나타내지 않는다. 이 언어는 아마존강 유역 및 호주 원주민 구역과 같은 외딴곳에서 살아남는다. 13개 어족을 대표하는 189개 호주 원주민 언어에 대한 최근 조사에 따르면 139개(74%)의 수 한계는 '3' 또는 '4'이고 추가 21개 언어(11%)는 '5'이다.[20] 겉으로 보기에 이러한 언어와 문화는 수를 세기 위해 세는 단어가 필요하다는 명백한 증거를 제공한다.

누녜스에 따르면, 이들 언어의 화자는 수의 개념을 가질 수 없으며, 근사적 수 접근 방식에 따르면 기껏해야 근사적으로 4 이상의 수에 대한 아이디어만 가질 수 있다. 반면, 우리가 가진 개념은 수 사이가 정확한 이산 단계로 나타난다는 것이다. 4에서 5까지는 한 단계이고, 14에서 15까지는 한 단계이다.

저명한 수학자 에이브러햄 세이덴버그(1916~1988)는 그의 논문 「계산의 의례적 기원The ritual origin of counting」에서 계산이 실제로 '발명되었다'고 주장했다.[21] 그뿐만 아니라 수천 년 전에 중동 어딘가의 한 장소에서 발명되었다는 것이다. 계산이 널리 사용된다는 사실이 그 기원을 나타내지는 않는다고 그는 지적한다. 그리고 계산이 '가장 단순한 수학적 장치인 것 같다'는 사실이 그것이 발견하기 쉬웠다거나 많은 사람이나 문화가 반복해서 그것을 발명했다는 것을 의미하지는 않는다는 것도.

비판적으로 그는 계산이 의식 및 종교적 신념과 광범위하게 연관되어 수에 신화적인 속성을 부여한다는 수많은 예를 든다. 예를 들어 피타고라스의 경우 홀수는 남성이고 짝수는 여성이다. 하나님은 하나이다. 수컷 한 마리와 암컷 한 마리가 둘씩 노아의 방주에 들어갔다.

세는 행위에 대한 많은 금기는 그 행위의 의식과 종교적 기원에 대한 또 다른 실마리이다. 한 아프리카 사회에서는 악령이 그녀의 말을 듣고 한 명을 죽음으로 앗아갈 경우를 대비하여 여성이 자녀의 수를 세는 것을 극도로 불행한 일로 간주한다. 비슷한 이유로 마사이족은 사람이나 동물을 세지 않는다. 정통 유대인들은 특정 의식을 위해 10명의 남성이 필요한데도 그들의 수를 세는 것을 허용하지 않는다. 대신 각 남성이 10단어로 된 문장 중 한 단어씩을 암송한다. '부화되기 전에 닭을 세지 말라'는 말은 잘 알려진 금기이다.

창조 신화와 관련된 특정 의식에서는 의식 행렬에 남성/여성, 왕/여왕, 빛/어둠 등의 쌍이 나타나야 한다. 세이덴버그는 이것이 언어가 하나, 둘, 둘+하나, 둘+둘, 둘+둘+하나 등으로 세는 것과 같이 제한된 수 어휘들number vocabularies을 가진 외딴 지역에서 여전히 실행되는 둘 세기two-counting를 촉발했다고 제안한다. 그는 이러한 방식으로 계산되는 호주, 아마조니아 및 남아프리카의 언어를 인용한다(호주의 왈피리어가 문서화된 예는 63~64쪽을 참고하라).

한 댓글이 내게 특히 흥미로웠다. 대부분 언어에는 5, 10 또는 20의 기본 시스템이 있으며 이는 분명히 손과 발의 수와 연결되어 있다. 그러나 우리는 손가락이나 발가락을 셀 필요가 없다. 그것이 얼마나 많은지 알기 때문이다. 세이덴버그에 따르면 우리는 의식이 더 길고 복잡해졌을 때 두 번 세는 것을 넘어서기 위해 이러한 기본 시스템을 사용하기 시작했다. 이것은 매혹적인 전환이지만 세이덴버그는 현대 고고학, 신경 과학 또는 인류학에 접근할 수 없었으며, 셈의 기원이 아니라 셈하는 관행의 기원에 관해 이야기하는 데 만족했을 것이다.

누네스, 캐리, 세이덴버그에게 도전하는 한 가지 방법은 언어에 세는 단어가 포함되지 않는 문화권에서 자란 어린이가 간단한 계산을 할 수 있고 수행할 수 있는지를 묻는 것이다.

그러한 언어와 문화에 대한 첫 번째 보고는 16세기 선교사 장 드 레리(1536~1613)의 「미국이라고도 알려진 브라질 땅으로의 여행 이야기Histoire d'un voyage fait en la terre de Brésil, autrement dite Amerique」(1578)에 나온다. 이후 1690년에 영국 철학자 존 로크가 인용했다. 로크의 말에 따르면, 브라질 열대우림의 부족인 투피남바는 5 이상의 수에 대한 이름이 없었다. 그러나 그들은 5 이상을 셀 수 있었는데 … 자신의 손가락과 그 자리에 있던 다른 사람들의 손가락을 보여줌으로써 가능했다.[22] 따라서 투피남바는 관련 단어 없이 5개 이상을 셀 수 있었다. 물론 이것은 동료 검토는 고사하고 제대로 통제된 연구가 아니며 드 레리가 틀렸을 수도 있다.

나는 드 레리의 보고서를 아마도 아마존강 유역에서 쓰는 언어의 가장 위대한 전문가인 호주 제임스쿡대학교의 알렉산드라 에이켄발트와 함께 확인했다. 그녀는 아래와 같이 썼다.

> 대부분의 아마존 사회에서 세는 행위는 문화적 관습이 아니었다. 세는 습관은 없었다. 오늘날 '하나', '둘', '다수'로 번역되는 형식은 열거에 사용되지 않았다. '하나'는 '혼자'를 의미하고, '둘'은 '쌍'을 의미하며, '셋'은 '소수 또는 다수'를 의미한다. (중략) [그러나] 세는 원리가 존재하기 때문에 그 차이를 메우는 것은 다소 사소한 문제다.[23]

이것이 스페인어 또는 포르투갈어로 된 셈 체계를 아마존 사람들이 즐겨 쓰는, 특히 돈의 사용이 중요한 상황에서 사용하는 이유다. 나는 드 레리의 설명에 대해 알렉산드라에게 구체적으로 물었다. 그녀는 내게 '드 레리가 정확할 확률이 높다!'고 편지를 보냈다.

널리 인용되는 한 연구에서는 세는 단어가 없는 투피족 언어 중 하나인 문두루쿠 사용자는 약 4 이상의 수를 오직 정신적으로만 표현할 수 있다고 주장했다.[24] 이것이 사실일까? 언급한 바와 같이 드 레리는 투피족 언어 사용자가 손가락을 사용하여 정확한 열거를 수행할 수 있다고 보고했다. 출판된 문두쿠루 연구에서 제공되는 사진들에서 한 노인이 발가락으로 세는 모습을 볼 수 있다. 비슷하게, 미국의 언어학자인 케네스 헤일(1934~2001)은 왈피리족과 같이 언어에 세는 단어가 포함되지 않은 호주 원주민이 필요할 때, 예컨대 소를 세는 목축인으로서 그리고 돈이 관련된 경우에[25] 영어로 된 세는 단어를 매우 빠르게 익힌다고 언급했다. 이는 세는 원리counting principle가 그것을 표현하는 편리한 방법 없이도 왈피리족의 머리에 있음을 암시한다.

이것이 맞는다면, 내가 이 책에서 주장하는 것처럼 인간은 선천적으로 셀 수 있는 능력을 가지고 있는데, 왜 이러한 언어에 세는 단어가 부족한지 분명하지 않다. 일부 외딴 문화에서는 특수한 단어 없이 셈하는 관행이 있다. 예를 들어, 뉴기니 고원의 외딴 계곡에 사는 많은 부족은 수를 세는 데 별도의 단어를 사용하지 않고 대신 특정 수를 나타내기 위해 신체 부위 이름을 사용한다. 예를 들어 엽노족은 신체를 이용해 33까지 센다. 왼쪽 새끼손가락 1부터 오른쪽 엄지손가락 10까지 세고, 좌우 콧구멍 26과 27, 좌우 고환과 남근[26]으로 31, 32, 33까지 센다. 연구자에 따르면 여성은 다른 사람들이 있는 데서는 세지 않는다.

뉴기니 집단에는 선물 교환 문화가 있다. 적절한 보답을 하려면 받은 돼지의 수를 기억해야 한다. 이러한 거래를 추적하기 위해 '정확한 컬렉션을 식별할 수 있는 이름이나 마크가 없으면 혼란의 늪에 빠지지 않을 수 없을 것이다. 존 로크가 『인간 이해에 관한 에세이』(1690)에서 언급한 것처럼 고유한 이름은 우리의 계산에 도움이 된다'. 그래서 엽노족과 다른 집단은 돼지의 수를 기억하기 위해 신체 부위의 이름을 사용했다.

우리 자신의 수 어휘의 대부분이 신체 부위 이름에서 파생된다는 것을 기억할 가치가 있다. '숫자digit'라는 단어는 손가락과 발가락을 모두 나타낸다. '다섯five'과 '주먹fist'이라는 단어는 역사적으로 같은 어근에서 파생되었다. 물론 대부분의 언어가 손가락 개수에 해당하는 기본 시스템 또는 손가락과 발가락을 합친 20vigisemal 시스템을 사용하는 것은 우연이 아니다. 이는 불어에 '80quatre-vingts', 성경의 영어에 '인생 70년three score years and ten'처럼 남아있다. 바스크어에는 완전한 20 기반의 시스템이 있다.

고대 호주인들이 광범위하고 먼 거리 무역을 했다는 많은 증거가 있지만, 그들은 얼굴을 맞대고 물물교환을 한 것으로 보인다. 저것을 주면 이것을 주겠다는 식이다. 이런 종류의 거래에는 세는 단어가 필요하지 않다. 수화는 부족 간의 의사소통에 널리 사용되었지만, 수에 대한 기호도 없는 것 같고 막대기, 뼈 또는 돌로 집계하지 않는 것 같다.[27]

사실 호주와 남아메리카의 수렵 채집 사회에서는 거의 모든 단일 어휘의 상한이 3이다. 셋을 넘으면 언어는 셋을 표현하기 위해서 '둘과 하나two and one'와 같은 합성어를 사용한다. 호주 원주민의 언어 가르와의 예를 보자.

2　kujarra

3　kujarra-yalkunyi　(2와 1)

4 kujarra-kujarra (2와 2)

5 kujarra baki kujarra yiŋamali (2와 2와 1)

6 kujarra baki kujarra baki kujarra (2와 2와 2)[28]

또 고대 호주인은 농업이 아니라 수렵채집을 했고,* 따라서 비옥한 초승달 지대나 뉴기니의 주민들과 달리 계절에 따라 거래할 잉여 식량이 없었다. 파트리샤 엡스와 그녀의 동료들은 남미와 호주에서 수렵채집인 그리고 약간의 농업을 더한 혼합적 생계방식을 기록했고, 두 유형과 세는 단어의 부족 간 연관성을 발견했다. 그러나 이 인과 관계는 추측이다. 호주와 많은 아마존 언어에서 세는 단어의 일반적인 보완 기능이 부족한 이유는 여전히 수수께끼이다. 최초의 파마늉아어(호주)의 초기 사용자들이 실제로 이러한 세는 단어를 가지고 있었지만 사용하지 않음으로써 사라진 것일까?(3장을 참고하라.)

◈ 세는 단어 없이 세고 계산하기

이러한 고려 사항을 염두에 두고 우리는 세는 표현이 없는 원주민 언어 두 가지를 사용하는 1개 언어 어린이 사용자 그룹을 테스트했다.

---

* 브루스 파스코는 저서 『다크 에뮤』(2018)에서 식민지 이전 시대와 초기 식민지 시대의 원주민 집단이 기민한 토지 관리자로서 참마와 같은 뿌리 및 식용 종자가 있는 풀을 심고, 물을 대고, 수확하고, 저장했다는 증거를 제시한다. 그러나 잉여 식량이 원거리에서 거래되었다는 증거는 없는 것 같다.

한 그룹은 왈피리어를 다른 그룹은 아닌딜야크와어를 사용했다(이 장의 끝에 언어에 대한 메모를 추가했다). 세는 단어가 없을 뿐만 아니라 전통적인 셈 관행, 신체 부위로 세기, 집계tallying도 없다. 그러나 우리는 호주 언어와 문화에 대한 광범위한 지식을 가진 로버트 딕슨이 문화적으로 적절한 시험을 통해 이 아이들이 셈과 산수 모두의 증거를 드러낼 수 있다고 제안함으로써 격려를 받았다. 위에서 언급했듯이 왈피리어 언어학 전문가 케네스 헤일은 다음과 같이 논평했다.

> 호주 원주민들은 영어로 된 수사 사용법을 배우는 데 어려움이 없다. 영어로 된 셈 체계는 돈이 사용되는 중요한 상황에서 왈피리인들에 의해 거의 즉시 마스터된다. … 이것은 호주 원주민의 지적 자질이 이들 언어의 수사 체계가 발전하지 못하게 방해한 것은 아니라는 충분한 증거이다.[25]

멜버른대학교의 아동 발달 전문가인 봅 리브와 나는 이 '지적 자질'의 한 가지 특정 측면인 능력, 즉 집합을 세고 연산을 수행하는 능력을 실험하기로 했다. 봅과 나는 실험을 설계했는데, 훌륭하고 헌신적인 두 연구원, 왈피리 어린이를 담당한 딜리스 로이드와 연구를 수행하기 위해 기꺼이 현장에 나가려는, 아닌딜야크와 담당의 피오나 레이놀즈가 있어서 운이 좋았다.[29]

왈피리 아이들은 도시 앨리스 스프링스에서 400km 떨어진 외딴 사막 정착지인 윌로라의 커뮤니티 출신이었다. 아닌딜야크와 아이들은 안헴 랜드의 북쪽 해안에서 떨어진 그루트 에이랜트에 있는 커뮤니티인 앵구루구 출신이었다. 우리가 실험에 착수했던 2002년에 이 장소들은 인터넷에 연결되어 있지 않았고, 통신은 우리 연구원이 통화 가능 시간에 있을 수도 있고 없을 수도 있는 지역 커뮤니티 센터나 학교의 월 1회 전화 통화에 의존했다. 또 원주민 생활은 매우 바쁘고 종종 한 번에 몇 주 동안 정착지에서 멀리 떨어져 수렵채집을 하는 일정을 포함하기 때문에 아이들을 모집하는 것도 상당히 어려웠다.

기본 설정에서는 실험자인 현지의 이중 언어 도우미와 피험자가 바닥에 앉았고, 실험 과제가 설명되었다. 세는 능력을 테스트하기 위해 우리는 두 가지 기본적인 과제를 사용했다. 실험자는 매트 위에 계수기counter를 하나씩 차례차례 놓고 매트를 커버로 덮은 다음 피험자에게 매트 위 상황을 똑같이 만들도록 요청했다. 그들의 언어에는 '수'라는 단어가 없었기 때문에 우리는 아이에게 같은 수의 계수기를 꺼내놓으라고 요청할 수 없었다. 그래서 작업을 보여줌으로써 설명해야 했다. 두 번째 셈 작업은 교차 양상 정합cross-modal matching이었다. 실험자는 막대기 두 개를 서로 부딪치고 아이는 부딪친 횟수만큼 계수기를 꺼내야 했다. 이 경우 아이는 횟수를 매치할 때 시각적 패턴을 쓸 수 없다.

정확한 추정을 위해 우리는 미국의 발달학자인 켈리 믹스, 제인-엘렌 허튼로커, 수전 레빈의 훌륭한 실험을 빌렸다. 기억 과제의 재료를 사용하여 실험자는 매트 위에 하나 이상의 계수기를 놓고 4초 후에 매트를 커버로 덮었다. 다음으로, 실험자는 매트 옆에 또 다른 계수기를 놓고 아이가 지켜보는 동안 추가 계수기를 커버 아래 매트 위로 슬며시 집어넣었다. 원주민인 실험 조교는 아이들에게 '너희 매트를 그녀의 매트처럼 만들어 달라'고 요청했다. 우리는 2+1, 3+1, 4+1, 1+2, 1+3, 1+4, 3+3, 4+2 및 5+3까지 9가지 셈을 테스트했다(〈그림 1〉을 참고하라).

우리는 이 두 커뮤니티의 아이들과 영어를 사용하는 멜버른의 동갑내기들의 성과를 비교했다. 우리가 시도한 어떤 실험에서도 멜버른 아이들이 원주민 아이들보다 낫지 않았다. 우리는 차이를 찾지 못했을 뿐만 아니라 정확한 통계를 수행함으로써 집단이 차이를 보일

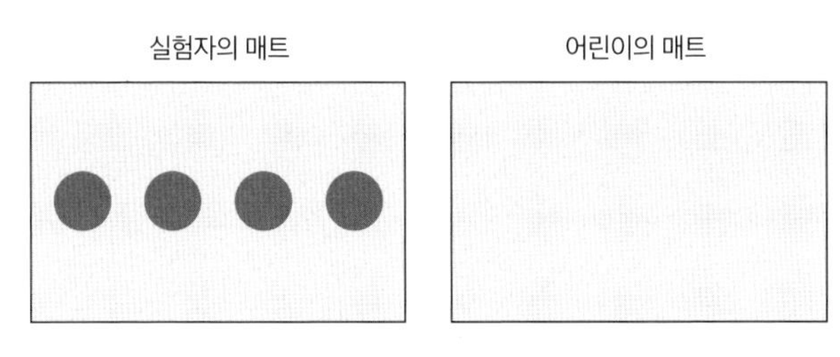

1A. 초기 세트업

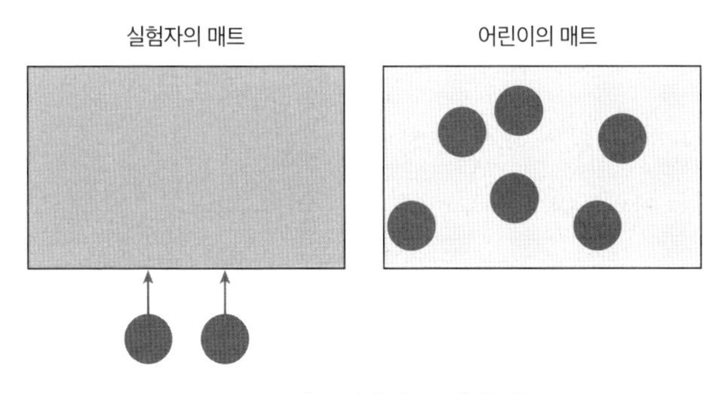

1B. 초기 세트업에서 두 개 추가

▲ 〈그림 1〉 비언어적 덧셈. 1A. 실험자는 계수기 4개를 매트 위에 하나씩 놓고 커버로 덮는다. 1B. 아이가 보는 동안 덮개 아래 실험자 매트에 계수기 두 개가 추가된다. 즉, 아이는 2에서 4를 더한 결과를 볼 수 없고, 셈한 결과를 자신의 매트 위에 올려놓아야 한다.

가능성보다는 비슷할 가능성이 더 크다는 것을 증명했다. 그래서 우리는 세는 단어의 이점을 경험하지 않은 아이들도 여전히 정확한 수의 개념을 가지고 있고 정확한 덧셈을 수행할 수 있다는 결론을 내렸다.

피오나는 정확한 계산 실험을 포함하여 그곳의 아이들에 대한 추가 검사를 수행하기 위해 앵구루구로 돌아갔다. 여기에서 우리는 원주민 어린이들에게 수와 공간 사이의 연관성이 있는지에 관심이 있었다. 우리 문화에 그러한 연관성이 있는 것처럼 말이다. 그것이 우리에게 그러하듯이 그들에게도 전제 조건일까? 이를 위해 우리는 이름에서 알 수 있듯이 공간에서 물체의 위치를 대략 기억하는 능력인 '공간 작업 기억spatial working memory'이라는 능력을 테스트했다. 우리는 우리 문화에서 이 능력의 개인차가 산수 능력의 개인차와 관련이 있다는 것을 알고 있다.[30]

우리가 사용한 검사는 창시자인 필립 코르시의 이름을 따서 '코르시 블록 테스트'로 알려져 있다. 검사는 9개의 블록이 포함된 보드를 보여준다. 블록은 한 번에 하나씩 건드리며 참가자는 동일한 순서로 블록을 건드리려고 시도한다. 기억 범위memory span는 오류 없이 건드린 블록 수에 따라 결정된다. 우리는 또한 레이븐의 원색판 점진 행렬 검사Raven's Colored Progressive Matrix로 알려진, '문화와 상관없는' 비언어적 지능 테스트로도 아이들을 검사했다.

우리는 아닌디야크와 어린이와 멜버른 어린이의 능력 차이가 이 요인으로 인한 것이 아닌지 확인하고 싶었다. 물론 우리는 문화와 무관한 테스트가 실제로는 문화와 무관하지 않다는 것을 알고 있기는 하지만 말이다. 멜버른 아이들은 같은 덧셈 문제를 받았지만 '2+1=?' 등의 일반적인 기호 방식으로 받았다.[31]

두 어린이 그룹 모두에서 코르시 블록 테스트는 개인차를 잘 예측할 수 있는 좋은 예측 변수였고, 숫자와 공간 사이의 연결 관계가 비산술적non-numerate 문화에도 적용됨을 시사한다. 그런데 나를 놀라게 한 결과가 하나 있었다. 아닌딜야크와 어린이와 멜버른 어린이의 IQ에는 상당한 차이가 있었다. 전자가 후자보다 15점 더 높았다. 이것은 연구의 대상이 아니어서 보고서에 언급하지 않았지만 두 가지 가능성이 있는 것 같았다.

첫 번째는 테스트가 실제로 지능 테스트가 아니라 공간 능력 테스트에 가까운데, 그것이 행렬을 포함하기 때문이다. 그리고 실제로 우리는 코르시 블록 테스트와 레이븐 테스트 사이의 상관관계를 발견했다. 원주민 어린이와 원주민 성인은 공간 능력 테스트에서 호주의 비원주민보다 더 높은 점수를 받는다는 것이 수년 전부터 밝혀졌다.[32]

두 번째는 아닌딜야크와 어린이들이 정말로 최소 그만큼 똑똑하거나 혹은 더 똑똑하다는 것이다. 진화론의 공동창시자인 알프레드 러셀 월리스(1823~1913)는 지역 부족들과 함께 세계의 오지에서 오랜 시간을 보냈고, '미개한 사람들을 보면 볼수록 인간의 본성을 전반적으로 더 잘 생각하게 되고, 문명인과 야만인의 본질적인 차이가 사라지는 것 같다'고 썼다. 실제로 재레드 다이아몬드는 뉴기니의 수렵 채집인들이 지혜에 기반해 살아야 했고, 번식 성공을 일으킨 주요 요인은 지능인 반면, 우리가 사육하는 동물과의 긴밀한 접촉 때문에 발생하는 전염병에 대한 저항성이 정착된 농업 사회나 산업 사회를 만든 주

요 요인이라고 제안했다.[33]

이 연구는 세는 단어도 없고 전통적인 문화적 관습이 없더라도, 고도로 산술적인 멜버른에서 자라며 영어를 사용하는 어린이만큼 어린이들이 간단한 계산을 할 수 있고 셀 수 있음을 보여준다.

◈ 셈하는 아주 어린 아이들

아이들이 문화적, 언어적 환경과 관계없이 수에 있어 동일한 인지 능력을 갖고 자라는 것이 맞는다면, 나는 이 능력을 매우 일찍, 어쩌면 유아기 극초반에도 감지할 수 있을 것으로 생각한다.

1장에서 나는 개인(인간이든 다른 동물이든)이 집합의 크기를 나타낼 수 있는지를 테스트하는 유용한 방법을 설명했다. 그 방법은 '샘플 매칭 match-to-sample'이라고 부른다. 인간에게는 거의 사용되지 않는데, 아마도 수를 묻는 것이 더 쉽기 때문일 것이다.

다음은 듀크대학교의 엘리자베스 브랜넌 연구실에서 가져온 샘플 매칭의 아주 좋은 예다.[34] 3~4세 사이의 어린이들을 데리고 그들이 두 가지 선택지 중에서 샘플의 수와 일치하는 한 가지 선택지를 골라낼 수 있는지 테스트했다.

색상, 모양 및 크기가 다양한 선택지를 둬서 동일한 수를 가진 것을 선택해야만 올바른 선택이 되도록 했다(〈그림 2〉를 참고하라). 물론, 이 어린이 중 일부는 이 작업에 도움이 될 수 있는 방식으로 단어를 써서 세는 방법을 이미 알고 있을 수도 있다.

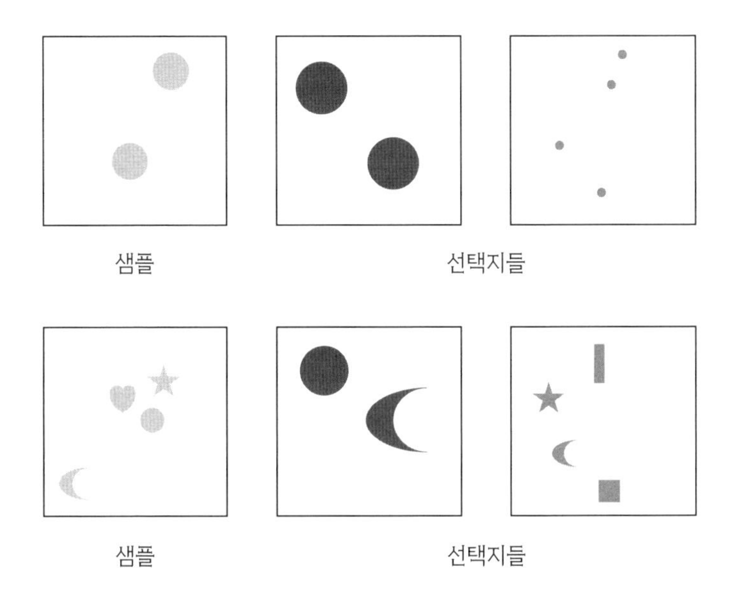

▲ 〈그림 2〉 이 실험에서 3~4세 어린이에게 컴퓨터 화면에 샘플 패널을 보여주었다. 그들이 샘플을 건드렸을 때, 두 개의 새로운 패널이 나타나고 그들은 수가 일치하는 하나를 선택해야 했다. 패널에서 색상, 모양 및 크기를 다양화했다.[34]

◈ 유아도 셀 수 있다

원주민 어린이에 관한 우리 연구의 의미는 셈하는 문화적 관행이 없이도 그들이 여전히 셈하고 몇 가지 산술 과정을 수행할 수 있다는 것이다. 이것은 내가 볼 때 우리 인간이 1장에서 설명한 누산기 시스템인 셈 메커니즘을 타고났음을 암시하며 이에 관해 훨씬 더 많은 증거를 보게 될 것이다.

만약 그렇다면, 우리는 인간이 문화로부터 무엇인가를 얻을 기회를 갖기 전에 인간에게서 그것을 볼 수 있을 것이다. 40년 동안의 연구 결과에 따르면 영아는 생후 첫 주에도 환경의 산술적 변화에 민감하다. 물론, 우리는 이러한 피험자로부터 구두 보고서를 얻을 수도, 그들에게 산술적 과제를 줄 수도 없다. 우리가 할 수 있는 것은 그들이 수에 어떻게 반응하는지 관찰하는 것이다. 이를 위해 우리는 그들이 반응하는 것이 환경의 다른 특징이 아니라 실제로 수라는 것을 확실히 해야 한다.

이것은 우리가 언어를 사용할 수 없는 생명체의 산술적 능력을 조사하기 위해 특별한 방법론을 사용해야 한다는 것을 의미한다. 이를 입증하는 한 가지 방법은 유아가 전시된 사물의 개수가 변화함을 알아채는지 확인하는 것이다.

물론, 예를 들어 인형의 수가 증가하면 전시되는 인형의 총량, 인형들이 시야에서 차지하는 면적 등과 같은 다른 시각적 속성도 증가한다. 유아는 인형을 다른 인형으로 바꾸면 더 오래 바라보지만, 인형의 개수가 바뀌면 심지어 더 강하게 반응하는 것으로 나타났다.

이것은 유아는 A 집합이 B 집합보다 크거나 작다고 말할 수 있다(산술 연산 < 또는 >)는 갈리스텔의 두 번째 조건(1장 참고) 일부를 만족한다. 그러나 그들은 예를 들어 덧셈과 뺄셈과 같은 산술과 동형인 다른 정신 작업을 수행할 수 있을까? 이것을 당시 애리조나대학교의 발달심리학자였던 카렌 윈이 4개월에서 5개월 된 영아를 대상으로 한 독창적인 일련의 실험에서 테스트했다.

그녀는 로셸 겔만의 '마술 실험magic experiment'을 변형했다.[13] 아이가 산술적인 예상을 할 수 있다면, 예상치 못한 결과를 낳는 '마법' 책

략으로 테스트할 수 있다. 이 실험에서는 작은 무대와 그것을 가릴 수 있는 스크린이 있었다. 하나 이상의 인형이 무대에 등장한 후 스크린이 내려와 더 이상 인형이 보이지 않게 했다. 큰 손이 스크린 뒤에 또 다른 인형을 두는 모습이 보인다. 이제 유아는 무대 위에 뭐가 있는지 볼 수는 없지만, 스크린이 내려오기 전에 무엇이 있었는지, 스크린 뒤에서 또 다른 인형이 놓이면 무슨 일이 일어나는지만 기억할 수 있다는 점을 잊지 말라. 따라서 모든 산수 작업은 유아의 머릿속에서 수행된다. 유아는 이제 덧셈의 결과에 대해 산술적으로 예상할 수 있을까?

만약 그렇다면 산술적으로 예상한 결과와 예상하지 못한 결과 사이에 관찰 시간이 달라야 한다. 윈은 세 가지 조건을 사용했다. 1+1=2, 1+1=1, 1+1=3. 예상된 결과를 보게 될 때보다 마치 '마법처럼' 인형의 수가 예상보다 하나 더 많아지거나 하나 적어지는 뜻밖의 결과에서 유아는 훨씬 더 오래 관찰했다.

그녀는 또한 뺄셈과 동형인 정신 작용을 수행하는 유아의 능력을 테스트했다. 여기에서 그녀는 두 개의 인형을 보여주었다. 그다음 스크린이 내려오며 인형 하나가 제거되었다. 스크린을 올리면 유아는 올바른 뺄셈인 인형 1개를 보거나 잘못된 뺄셈인 인형 2개를 보게 된다. 유아는 잘못된 빼기를 더 오래 관찰했다.[35]

현재는 예일대학교에 있는 윈과 그녀의 동료인 콜린 맥크링크는 9개월 된 더 큰 유아들을 데리고 더 큰 수인 5와 10으로 연구를 계속했다. 아기들은 이번에도 덧셈과 뺄셈과 같은 정신적 작용을 수행할 수 있었을까? 이번에는 인형, 무대, 스크린과 손 대신 컴퓨터 화면에 직

사각형과 막대를 보여줬다. 추가된 상황은 다음과 같다. 유아에게 5개의 물체를 보여준 뒤 가리개로 가린다. 가리개 뒤로 물체 5개가 추가로 움직이는 것도 보여준다. 가리개를 치웠을 때 횟수 절반은 물체 5개가 남아있도록 했고 나머지 횟수 동안은 10개가 남아있도록 했다. 유아들은 산술적으로 예상치 못한 결과인 5개를 예상한 결과인 10개보다 더 오래 바라보았다. 다시 말하지만, 가리개를 치우기 전에 유아가 머릿속으로 숫자를 처리해야 한다는 점을 기억하라.[36]

뺄셈의 경우, 유아에게 컴퓨터 화면상으로 10개의 물체를 보여준 다음 이것들을 가리개로 가린다. 그다음 5개의 물체가 가리개 뒤에서 제거되는 것을 보여줌으로써 산술 10-5와 같은 상황을 만든다. 가리개를 치우면 화면에 남은 것은 물체 10개 또는 5개다. 유아는 이제 올바른 결과인 5개의 물체보다 10개의 물체를 더 오래 본다. 물론 윈과 맥크링크는 유아가 선천적으로 선호할 배열을 하고 그들이 화면상 물건의 총량을 추적하는지를 적절하게 관리했다.[36]

윈과 맥크링크는 이러한 결과가 멕과 처치가 1983년에 제안한 누산기 메커니즘과 같은 크기 기반 추정 시스템magnitude-based estimation system의 존재를 지지한다고 결론지었다. 몇몇 연구자들은 이와 동일한 메커니즘이 유아의 산술 능력의 기반이 된다고 제안했다. 생후 6개월이 되면 유아의 숫자 감각은 이미 매우 추상적인데 세 가지 목소리의 청각적 표현을 시각적 표현과 일치시킬 것이라는 점에서 그렇다. 두 얼굴이 아닌 세 얼굴, 그리고 두 목소리를 세 얼굴이 아닌 두 얼굴에 연결한다.[37] 사실 생후 첫 주에도 아기는 소리의 개수와 전시된 물체의 개수 사이를 연결 관계를 알아챌 것이다.[38]

따라서 유아들이 지도, 언어 또는 학습 없이도 주위에 있는 물체의 개수에 반응하고 산술 연산을 수행할 수 있는 메커니즘을 타고난다고 제안하는 것은 이상한 일이 아니다.

◈ 숫자로 세상 보기

이탈리아 피사에서 일하는 호주의 시각과학자 데이비드 버에 따르면, 우리는 숫자 대한 시각적 감각을 가지고 있다. 즉, 우리는 색상을 보는 것처럼 세상에서 수를 본다. 그것은 자동적이며 우리가 주의를 기울이지 않을 때도 우리 행동에 영향을 미친다. 버와 그의 동료인 존 로스는 우리의 시각 시스템이 수에 자동으로 '적응'한다는 첫 번째 증거를 찾았다.

다시 말해 당신이 얼마나 많은 물체를 보고 있다고 생각하느냐는 부분적으로는 방금 본 물체의 개수에 달려 있다. 이것은 폭포 착시에서처럼 움직임에 대한 적응과 같다. 당신이 폭포처럼 한 방향으로만 움직이는 것에서 시선을 돌리면 가만히 있던 물체가 반대 방향으로 움직이는 것처럼 보인다. 버와 로스는 '인식된 수는 적응에 민감하다'는 것을 보여준다. 움직임처럼 말이다. '명백한 수는 많은 개수의 점에 적응함으로써 감소하고 적은 개수의 점에 적응함으로써 증가하며, 그 효과는 점의 개수에 의존한다'는 것을 보여줬다.[39]

나는 우리 중 대부분은 세상을 색깔로 보는 반면, 일부는 세상을 수의 형태로 보지 않을 수도 있다는 점을 덧붙이고 싶다. 이것은 숫자와 산술을 배우는 데 필요한 초심자 키트에 관해서 특히 중요하다. 유전 가능성에 대해서는 아래를 참고하라.

◈ 초심자 키트

나는 누산기와 같은 셈 메커니즘이 학교에서나 가정에서, 또는 다른 방식으로 산술을 배울 수 있는 인간 초심자 키트의 필수 구성 요소라고 주장한다. 이것은 어떻게 작동할까?

산술 문화에서 아이가 배워야 할 첫 번째 일은 세는 단어의 의미일 것이다. 내가 말했듯이 이것은 실제로 들리는 것보다 더 복잡하며 완전히 마스터하는 데 몇 년이 걸릴 수 있다. 위에서 본 3세 A. B.의 예와 같이, 세는 단어의 순서를 배우는 과정은 단계적으로 일어난다. 아이가 onetwothree가 아니라 각각의 세는 단어 one, two, three임을 인식하는 단계가 있다. 그런 다음 아이가 단어가 반드시 고정된 순서로 있어야 함을 깨닫는 단계가 있을 것이다(고정된 순서 원칙stable order principle). 마지막으로 10까지 모든 단어를 알되 올바른 순서로 아는 단계가 있다.

물론, 단어와 집합의 원소 사이의 일대일 대응 원칙과 순서 무관련성, 추상화와 기수 원칙을 기반으로 아이는 개체를 세는 단어 사용법을 배워야 한다. 이것은 부모나 보호자로부터 셈할 때의 상황을 인식함을 의미한다.

그런데 누산기는 이러한 문화적 관행을 습득하는 것과 어떤 관련이 있을까? 누산기의 메모리는 개수를 센 개체의 개수에 선형적으로 비례한다. 그것을 기둥이라고 생각하면 기둥이 높을수록 더 많은 개체를 센다는 뜻이다. 그러면 문제는 세는 단어 각각을 기둥의 특정한 높이에 연결하는 것이다(〈그림 3〉을 참고하라). 이제 기둥에 눈금을 매기고 각 단어가 적합한 높이에 연결되어 있는지 확인한다. 여기에 시간이 걸릴 수도 있다. 물론 뇌는 부산스러워서 기둥 높이가 정확하지 않을

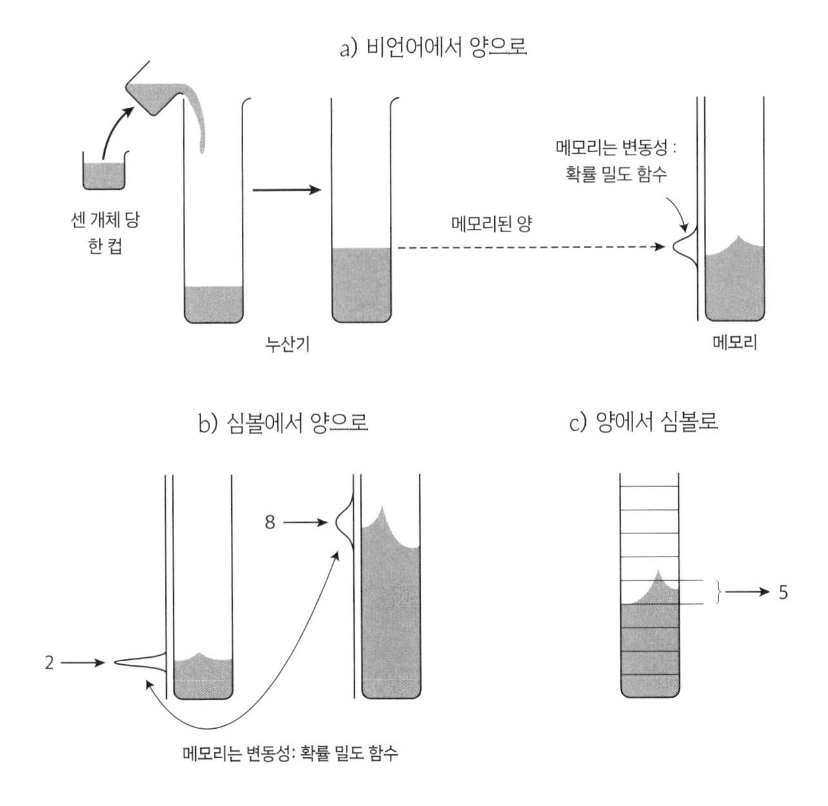

▲ 〈그림 3〉 누산기 모델을 기반으로 세는 단어를 학습하는 모델이다(1장 참조). 개수를 센 각 개체 또는 사건은 누산기의 내용물을 고정된 양만큼 증가시킨다(여기서는 그 양을 한 컵으로 표시했다). 개체나 사건의 성질은 컵의 내용물에 영향을 미치지 않는다. 이 시스템 안에는 수의 크기에 비례하는 변동성이 있다. 수가 클수록 변동성이 더 많다('스칼라 가변성', 즉 표준 편차/수 상수임). 아이는 세는 단어를 누산기의 높이에 연결하는 방법을 배운다.[40]

것이다. 이것은 모든 종류의 신경 기능에서 관찰되는 잘 알려진 효과이며, '스칼라 가변성scalar variability'이라고 한다. 즉, 변동성(노이즈)은 최종 카운트의 함수가 된다.

1장 〈그림 1〉의 탤리 카운터는 메모리가 있는 선형 누산기다. 우리의 뇌가 그러한 메커니즘을 가지고 있다는 것은 사실 동물 연구에서 나온 오래된 생각이다.

선형 누산기에는 몇 가지 매력적인 기능이 있다. 위에서 설명한 겔만과 갈리스텔의 세 가지 셈의 원칙을 충족한다. 선택기selector가 식별할 수 있는 모든 항목을 셀 수 있다는 '추상화 원칙', 어떤 물체를 첫 번째, 두 번째 등으로 세는지는 중요하지 않다는 '순서 무관련성 원칙', 셈한 마지막 수는 집합의 크기를 나타내며, 누산기의 최종 높이는 셈의 합계라는 '기수의 원칙'이 그것이다.

겔만 및 갈리스텔과 함께 델라웨어대학교의 존 웨일렌이 수행한 기발한 실험은 올바른 조건에서 성인 인간은 정확하게 누산기 모델이 예측한 방식으로 셈한다는 것을 보여준다. 다음은 5장에서 볼 수 있듯이 매우 계획적이며 조심스럽게 설치류에 적용되는 방법을 기반으로 그들이 사용한 실험 과제다. 참가자들은 키key를 특정 횟수만큼 가능한 한 빨리 눌러야 했다. 성인은 120밀리초 당 한 번 키를 누를 수 있었고, 소리 내어 세는 속도는 그 절반인 단어당 240밀리초가 걸렸다. 한 조건에서 그들은 7에서 25 사이의 목표 개수만큼 도달하기 위해 가능한 한 빨리 키를 눌러야 했다. 모든 참가자는 상당히 정확했고 모두 스칼라 변동성을 보였다. 즉 목표의 크기에 비례하여 오류가 증가했다. 많은 분석과 보고서는 참가자가 세고 있는지를 확인하려고 했다. 많은 사람이 '세려고 하면 내가 셀 수 있는 속도보다 더 빠르게 버튼을 눌러서 계속해서 놓치게 되었다'면서 세려고 했으나 실패했다고 했다.

새러 코즈와 함께 연구팀은 이 실험을 간단히 변형해서 수행했는데, 피험자들은 키를 누른 상태에서 'the'라는 단어를 반복해야 했다.[41] 이것은 실제로 말로 세기를 방해하는데, 여러분이 직접 확인할 수 있다. 다시 말하지만, 이 조건에서 피험자들은 정확하게 누산기 모델과 일치하는 스칼라 변동성을 보였다. 즉, 익숙한 세는 단어를 억누르면서 사용하지 않고 키를 n번 누르면서 셀 수 있다.

사실, 참가자들이 구두로 세는 것을 허용하면 그들은 상당히 다른 패턴을 보인다. 그들의 오류는 스칼라 변동성을 보여주지 않는다. 천천히 세면 정확한 셈을 해낼 가능성이 크다. 개체를 누락하거나 이중으로 계산하면 오류가 발생한다. 이는 변동성이 스칼라가 아니라 이항임을 의미한다. 즉, 변동성은 숫자 크기에 따라 더 천천히 증가한다. 이것이 바로 코즈와 팀이 발견한 것이다.

◈ 무한과 그 너머로

인간은 아주 어린 인간일지라도 상당히 큰 수까지 셀 수 있다. 예를 들어, 패트리스 하트넷과 로셸 겔먼이 펜실베이니아에서 인종적, 경제적으로 다양한 유치원생들을 대상으로 수행한 한 연구에서 절반은 101에서 125까지 정확하게 셀 수 있었고, 그런 다음 그들은 그 아이가 더 셀 수 있는지 조사했다.[42] 그러나 이 연구의 목적은 아이들이 얼마나 큰 수를 셀 수 있는지를 보는 것이 아니라, 이 연령대의 아이들과 1~2학년에게 무한대 개념이 있는지 알아보는 것이었다.

1장에서 나는 가장 단순한 아이디어는 '하나one'라고 말한 존 로크의 입장을 소개했다. 하나는 반복할 수 있고, 하나에 하나를 더함으로써 우리는 쌍이라는 복잡한 개념을 갖게 되는 식이다. 수는 우리에게 무한대에 대한 가장 명확한 개념을 제공하며, 무한대는 이전 수에 단위의 결합을 더하는 힘에만, 누군가 원하는 만큼 오랫동안 존재한다. 비슷한 것들은 또한 무한한 공간과 지속되는 시간 안에 존재하며, 힘은 이것들을 끝없이 더하려는 정신의 공간에 항상 남겨 둔다.[22]

사람, 심지어 어린아이도 정말 이렇게 생각할까? 그들은 정말로 끝없이 계속 더하는 것이 가능하다고 생각할까? 이것이 바로 하트넷과 겔만이 발견하고자 했던 것이다. 그들은 아이들에게 다음과 같은 질문을 함으로써 이것을 탐구했다.

- 사람들이 언제나 덧셈을 통해 더 큰 수를 만들 수 있나요? 아니면 너무 커서 더 이상 크게 만들 수 없는 수가 있나요?
- 세고 또 세다 보면 언젠가 수의 끝에 도달하게 될까요?
- 속임수를 써서 하나부터 시작하는 대신 정말 큰 수부터 세기 시작하면 어떻게 될까요? 그럼 수의 끝에 도달할 수 있을까요?
- 마지막 수라는 것이 있나요?

다음은 그들이 '이해한 자'로 분류한 7세 어린이의 예다.

정말 큰 수가 생각나면 언제나 더해서 더 큰 수를 얻을 수 있을까요? 아니면 더 이상 더할 수 없을 정도로 큰 수가 있을까요? 이제 멈춰야 할까요? 선생님은 항상 더 큰 수를 만들고 거기에 수들을 더할 수 있어요. 내가 세고, 세고, 세면 수의 끝에 도달할 수 있을까요? 아뇨. 왜 안 돼요? 그런 건 없으니까요. 수에 끝이 없나요? 없어요. 수에 어떻게 끝이 없을 수 있나요? 선생님은 사람들이 수를 계속 만드는 것을 볼 수 있기 때문이에요. 계속 만들게 하면 수는 점점 커지고 커져요… 계속해서 글자를 만들어내고 거기에 하나를 추가하면 돼요.

다음은 그들이 '이해하지 못한 자'로 분류한 6세 어린이의 예다.

왜 그만 세야 할까요? 아침이랑 저녁을 먹어야 하니까요. 그래요. 하지만 먹은 후에 다시 시작할 수 있어요. 어디까지 했는지 잊어버렸어요. 그 수[이 아이의 가장 큰 수]에 도달했는데 어쨌든 하나를 더하려고 하면 어떻게 될까요? 무슨 일이 일어날까요? 선생님은 늙었을 것 같아요, 아주 많이요. 끝에 다다른 걸 어떻게 알게 될까요? 음, 선생님은 선생님이 원하면 언제든지 그만할 수 있어요.

여기에는 일관성 없는 답변을 내놓는 '결정 못 하는 타입'들도 있었다.

'이해한 자'로 분류된 모든 표본 어린이의 약 40%가 100 이상을 정확하게 셀 수 있을 가능성이 큰 것으로 나타났다. 2학년 아동의 최대 67%와 유치원생의 15%가 이해한 자로 분류되었다. 따라서 무한대는 결국 그렇게 어려운 개념이 아닐 수 있다.

세는 단어 목록을 숙달한 아이들은 점점 더 큰 수를 만드는 언어적 절차가 있다고 추측할 수 있을 것이고, 이는 셈을 잘하는 아이일수록 이해한 자일 가능성이 더 큰 발견과 분명히 일치한다. 그게 아니면 아이들은 세는 단어가 개체의 집합을 나타내는 방식에 대해 감을 잡을 수 있다. 데이비드 바너와 그의 동료들의 최근 연구에 따르면, 마지막에 나온 세는 단어가 곧 개수를 센 집합의 크기라는 기수의 법칙을 이해한 어린이가 '이해한 자'가 될 가능성이 더 크다.[43] 하지만 나는 당신에게 기수의 법칙이 정말로 필요한지 궁금하다.

이 분야에서 내가 가장 좋아하는 실험 중 하나는 바버라 사네카와 수전 겔만의 실험인데, 이는 훨씬 더 어린아이들인 2세 5개월에서 3세 6개월 사이의 아이들을 대상으로 했음에도 더 깊은 설명을 제시한다.[44] 설정은 다음과 같다.

아이는 실험자가 '달'을 한 번에 하나씩 상자에 넣으면서 큰 소리로 '하나, 둘, 셋, 넷, 다섯, 여섯'을 세는 모습을 관찰한다. 그런 다음 그녀는 '상자에 몇 개의 달이 있어요?'라고 질문함으로써 아이가 무슨 일이 일어났는지 이해하고 기억했는지를 확인한다. 아이가 '6'이라고 답해야만 셈의 마지막 단어에 집중하고 있었고 그것을 기억하고 있다는 것이 분명해져 실험의 다음 부분으로 넘어간다. 이제 닫혀 있는 상자를 힘차게 흔들고 나서 아이에게 '상자 안에 달이 몇 개 있니?'라고 묻는다. 아이는 압도적으로 '6'이라고 대답한다.

두 번째 조건에서는 아이가 보는 동안 상자에 달이 추가되거나 또는 제거된다. 다시 상자에 몇 개의 달이 있는지 질문한다. 아이는 압도적으로 6이 아닌 수 단어를 내놓았다. 더 크거나 작은 수를 가리키는 수 단어일 것이다.

여기에 정말 흥미로운 부분이 있다. 아주 어린 이 아이들은 최대 6개의 물체에 수를 부여하는 과제에서 모든 수를 정확하게 줄 수 없었는데, 예를 들어 '원숭이에게 사과 5개를 줄 수 있나요? 다섯 개만 가져다가 여기 원숭이 앞에 있는 탁자 위에 놓으세요'라고 한다.

그다음엔 정확한 의미를 알고 있는 가장 큰 숫자 단어가 뭔지에 따라 아이들을 그룹 지었다. 그들 대부분은 1과 2까지는 정확하게 수행할 수 있었지만, 더 큰 수에 대해서는 그렇지 못했다. 6개를 해낸 아이들도 종종 더 낮은 수에서 실패했다. 그러나 결정적으로, 이 아이들이 정말 알고 있었던 것은 수의 단어가 특정 개수의 물체를 가리킨다는 것이었다. 심지어 세는 단어가 정확히 무엇을 의미하는지 몰랐을 때도 말이다. 상자에 있는 집합에서 개체를 더하거나 빼서 개수가 바뀌면 그들은 수의 단어가 변경되어야 한다는 것을 알았다. 상자를 흔들어서 집합을 재정렬했을 때 그들은 그 수가, 피아제의 용어로는 '보존'된다는 것을 알았다. 로크가 오래전에 지적했듯이 하나를 추가하면 수도 바뀌어야 한다고 인식된다. 설령 그 수를 어떤 이름으로 불러야 할지 모르더라도 말이다.

1장에서 시작된 이론의 관점에서, 아이들은 집합이 특정한 수를 가지며, 이러한 집합에 본 연구에서처럼 상자를 흔들어 재배열하는 것과 같이 산술 연산과 동형이 아닌 다른 것이 적용되면 수를 변화시키지 않는 반면에 산술 연산과 동형인 특정 연산이 적용되면 수를 변화시킬 수 있음을 이해한다.

◈ 인간 두뇌에 누산기가 있다?

나는 누산기accumulator가 매우 간단한 메커니즘이지만 선택기selector는 그렇지 않다고 주장한다. 오늘날 인간의 뇌에는 850억 개 이상의 뉴런(뇌 세포)과 뉴런 간 수조 개의 연결이 포함되어 있어 작은 메커니즘을 찾는 것은 매우 큰 건초 더미에서 아주 작은 바늘을 찾는 것과 같다.

건초 더미에서 바늘을 찾는 현재 방법은 신경 영상neuroimaging과 뇌 손상의 영향이며, 이것들은 기껏해야 바늘이 어디에 있는지를 대략 알려줄 뿐이다. 예를 들어 건초 더미의 왼쪽 위 어딘가에 있다는 식이다. 이는 현재 사용 가능한 신경 영상 기법이 뇌의 밀리미터 입방체이자 각각 50만 개 이상의 뉴런, 200만 개 이상의 신경 아교 세포 및 엄청난 수의 연결을 포함하는 '복셀voxel'을 측정하기 때문이다. 그리고 신경 영상 연구는 단일 복셀 활동을 식별할 수 없고, 관심 있는 인지 기능과 관련된 복셀 묶음의 활동만 식별할 수 있다. 종종 혈류(뇌졸중) 또는 종양의 큰 변화로 인해 발생하는 뇌 손상에는 수백 개의 복셀이 관련되어 있다. 그럼에도 우리는 몇 가지 유용한 증거를 발견했다.

첫째, 우리는 모든 종류의 수 처리를 위한 특별한 두뇌 연결망이 있다는 것을 100년 전부터 알고 있었다. 이것은 스웨덴의 신경학자이자 '계산 불능증(독일어로 akakulia)'이라는 용어를 최초로 쓴 인물인 살로몬 헨셴(1847~1930) 덕분이다. 그는 자신의 환자들과 문헌에 기술된 환자들로부터 계산 불능증이 언어 능력과는 상당 부분 별개인 산술 능력의 선택적 결손이라는 것을 발견했다. 그는 왼쪽 두정엽을 조사했다(영장류에 관한 4장에서 두정엽에 대해 더 많이 듣게 될 것이다). 또한 성인의 뇌에는 뇌에서 분리할 수 있는 수학적 능력의 하위 구성 요소가 있음을 발견했다. 첫 번째는 입력 프로세스와 출력, 모터, 프로세스 사이다. 그는 또한 둘 다 '수'라는 뜻의 Zahlen과 Ziffern을 구별했다. 헨셴은 '독서 불능증(alexia)' 환자 122명의 사례를 인용했는데, 71명은 여전히 숫자를 읽을 수 있는 반면 51명은 글자도 숫자도 읽을 수 없었다. 이 사례들은 왼쪽 두정엽이 손상된 결과였다. 그는 또한 우리가 현재 브로카 영역 Broca's area이라고 부르는 세 번째 왼쪽 전두엽 회선이 손상되면 말로 하는 셈 능력이 손상된다는 사실을 관찰했다. 그의 독창적인 관찰은 두정엽 손상 여부와 관계없이 개별 환자를 대상으로 이루어진 좀 더 최근의 매우 상세한 연구로 광범위하게 뒷받침되었다.

한 가지 좋은 예는 이탈리아 파도바대학교의 신경학자 프란코 데네스의 환자이자 당시 제 학생이었던 리사 치폴로티가 연구한 시뇨라 G이다. 시뇨라 G는 두정엽을 포함하여 광범위한 좌반구 손상을 남긴 뇌졸중을 겪었다. 그녀는 뇌졸중에 걸리기 전에 가족이 운영하는 호텔의 장부를 관리했으며 산술적으로 매우 유능했다. 이제 유감스럽게도 그녀는 말로 넷 이상 셀 수 없었다. 그래서 리사가 그녀에게 물건 5개를 세달라고 했을 때 그녀는 4개를 정확히 세었지만 5번째에 도달했을 때 "내 수학은 여기까지다"라고 말했다. 그녀는 두 자리 수 중 더 큰 수도, 4보다 큰 두 수 중 더 큰 수도 고를 수 없었다. 물체의 개수가 4개까지, 즉 즉각 계산 가능한 범위에 있을 때 그녀는 그 수를 즉시 인식하지 못하고 셌다. 동시에 그녀의 추론, 많은 이탈리아 정당의 로고와 같이 숫자가 아닌 기호에 대한 지식 및 기억력은 손상되지 않았다.[45] 헨셴이 발견한 것처럼 좌반구 어딘가에서 그녀의 셈 체계가 손상된 것이다.

현대 인지 신경심리학의 창시자 중 한 명인 엘리자베스 워링턴은 런던국립신경외과병원에서 동료 멀 제임스와 함께 좌뇌 또는 우뇌 손상 환자들의 사례들을 수집했다. 한 실험에서 그녀는 그들에게 순간노출기tachistoscope 상에서(컴퓨터를 쉽게 구할 수 없던 시절의 일이다) 100밀리초로 아주 잠깐 카드에 표시되는 3개에서 7개 사이의 점과 대시 기호(-)의 개수를 추정해달라고 주문했다. 그들은 점들이 반대쪽 시야, 즉 왼쪽 시야에 제시될 때 이 점들이 주로 오른쪽 반구로 투사된 덕분에 오른쪽 정수리 손상을 입은 환자들이 수를 추정하는 데 크게 문제가 있음을 발견했다. 그리고 이것은 그들이 일부 점을 놓쳤기 때문은 아닌데, 오류 대부분은 수를 과대평가하는 식이었기 때문이다.[46] 왼쪽 정수리에 손상을 입은 사람들은 대조군보다 크게 나쁘지 않았다.

신경 영상 연구에서 우리는 작은 수 나열과 관련된 오른쪽 반구 영역도 발견했다.[47] 그러나 거의 모든 신경 영상 연구에서 수 처리에 관한 어떤 과제든 왼쪽 및 오른쪽 두정엽 모두를 많든 적든 활성화한다고 할 수 있다.[48]

앞서 언급했듯이 누산기는 선택기selector가 선택하는 모든 항목을 셀 수 있어야 한다. 탁자의 다리 개수는 한 번에 모두 보든 한 번에 하나씩 세든 4개다. 나는 동료인 풀비아 카스텔리, 다니엘 글레이저와 함께 fMRI(기능적 자기 공명 영상)를 사용해서 이것이 실제로 사실인지 알아보는 영상 실험을 설계했다.[49] 탁자 다리 대신 우리는 파란색과 녹색 사각형을 한 줄로 한 번에 보여주거나 별도의 조건에서 한 번에 하나씩 제시했다. 실험은 매우 간단했다. 녹색이 더 많은지, 아니면 파란색이 더 많은지 물었다. 수에 대해서는 언급조차 하지 않았는데, 동시 제시와 순차 제시라는 두 가지 조건에서 뇌가 자동으로 반응하는지 알아보고 싶었기 때문이었다. 우리는 또한 파란색과 녹색의 양이 실험군과 일치하는 대조군을 가지고 있었지만, 측정된 뇌 활성화가 파란색과 녹색의 총 양이 아니라 파란색과 녹색 개체의 집합 때문에 일어난 건지 확인하고 싶었기 때문에 별도의 개체는 없었다. 우리는 이렇게 연속적인 수량 조건에서 일어난 활성화를 측정했고, 별도의 개체가 있는 조건에서 개체를 뺐다. 물론 뇌가 파란색과 녹색의 양에만 반응했다면 뺄셈은 아무것도 산출하지 못했을 것이다. 그러나 별도의 개체에 반응하는 활성화가 독특한 패턴을 보였고, 왼쪽과 오른쪽 두정엽에 두 조건 모두에서 활성화하는 두정내구intraparietal sulcus라고 불리는 작은 영역이 있었다. 게다가 비교가 어려울수록 활성화 정도가 더 높았기 때문에 5개의 파란색에 15개의 녹색 사각형이 있는 경우보다 9개의 파란 사각형에 11개의 녹색 사각형이 있는 경우에 더 활성화되었다. 실제로 활성화는 파란색과 녹색 사각형의 비율에 따라 감소 없이 계속 증가했다(1장의 베버 법칙 섹션을 참고). 집합 크기의 주요 특징은 그것이 추상적이라는 점이다. 물론 선택기selector가 개체를 선택할 수 있다면 개체가 한 번에 전부 표시되든 한 번에 하나씩 표시되든 그 방식은 중요하지 않다. 여기에서 우리는 제시 방식과 관계없이 동일한 영역이 수에 반응한다는 것을 보여주었다. 〈그림 4〉를 보자.

나는 또한 물체가 시각적으로 제시되든 청각적으로 제시되든 간에 같은 뇌 영역이 물체를 세는 데에 관여하는지 궁금했다. 만약 그렇다면, 이것은 두 양상 모두에 동일한 계수기counter가 사용되고 있다는 증거가 될 터였다. 이 연구에서 내 학생인 마누엘라 피아자와 함께 fMRI를 사용하여 일련의 사각형에 대한 뇌 반응을 측정했다. 피험자는 나열 끝에 빨간 사각형이 더 많은지 아니면 녹색 사각형이 더 많은지 말해야 한다. 또 피험자에게 빨간색에서 녹색으로 전환되는 횟수를 세도록 했다. 이 피험자들은 또한 일련의 사각형 때와 동일한 시간 패턴으로 높은 톤과 낮은 톤의 나열을 듣고 이번에는 높은 톤이 더 많았는지 낮은 톤이 더 많았는지 결정해야 했다. 그리고 전환되는 횟수도 세야 했다. 자극이 시각적으로 제공되든 청각적으로 제공되든 동일한 작은 영역인 왼쪽 두정내구가 활성화된다.[50]

따라서 인간의 뇌는 수를 집합의 속성처럼 추상적인 것으로 취급하며, 그러므로 순차적인 또는 동시적인 표시 방식과 독립적이었던 것과 마찬가지로 동일한 뇌의 작은 영역은 대상이 청각적이든 시각적이든 반응한다.

이러한 발견은 왼쪽 반구 손상만 셈에 영향을 미친다는 점에서 문제가 된다. 따라서 적어도 수를 계산할 수 있는 성인의 뇌에서 오른쪽 두정엽이 무엇을 하는지는 미스터리로 남아있다. 일종의 백업 역할을 하는 것일까? 왼쪽 반구가 기본적인 작업 및 더 복잡한 작업 모두를 수행하는 동안 오른쪽 반구는 매우 기본적인 작업만 수행하는 것일까?

성인의 셈이 누산기 메커니즘을 기반으로 한다면 그것은 뇌의 어디에 위치할까? 벨기에 헨트대학교의 세프 산텐스, 샹탈 로게만, 빔 피아스 그리고 톰 베르구츠의 매우 독창적인 연구가 있는데, 그들은 '합산 부호화summation coding'라고 부르는 누산기 비슷한 것이 왼쪽 및 오른쪽 반구의 두정내구 가까이에 있는 후두정엽 피질에 위치한다는 것을 보여준다.[51] 작은 영역의 반응은 1에서 5 범위 내 점의 개수에 따라 더 강해졌다. 즉, 수가 클수록 이러한 영역에서만 더 잘 활성화됐다. 그들의 실험에서 참가자들은 점의 개수에 주의를 집중해서 방금 본 점의 개수와 일치하는 숫자를 고르라는 질문에 답해야 했다. 나머지 시간에는 질문이 없었다. 이것은 두뇌가 전시된 점의 개수에 자동으로 반응함을 의미했다. 물론 숫자가 아닌 점이라는 매개 변수를 신중하고 정교하게 제어했다. 현재 후두정엽 피질은 측면 두정내 영역lateral intraparietal area이라는 원숭이 뇌의 한 영역과 동일하며, 이것은 4장에서 설명하는 것과 유사한 누산 역할을 수행한다.[52]

일찍이 언급된 엄청난 계산기calculator에 대한 연구는 거의 없다. 그들의 뛰어난 능력은 당신과 나의 것과 동일한 두뇌 신경망brain network을 기반으로 한다는 것이 밝혀졌다. 뤼디거 감의 뇌에 관한 연구에서 벨기에 루뱅가톨릭대학교의 마우로 페센티와 동료들은 뤼디거 감의 계산 과정calculation process이 단순 계산과 복잡한 계산 모두에서 이전에 관찰된 것과 동일한 신경망, 그리고 작업 기억을 확장하는 뇌 시스템을 쓴다는 사실을 발견했다.[53] 일반적으로 전문 수학자의 뇌는 동일한 전두엽-두정엽 신경망, 특히 두정엽을 사용한다.[54]

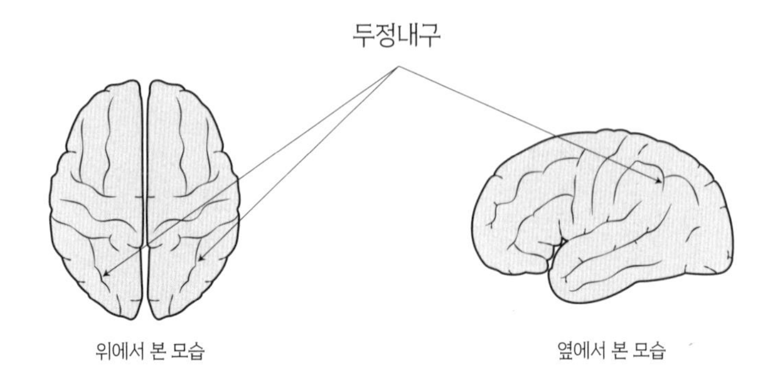

▲ 〈그림 4〉 인간의 뇌가 산술 작업을 수행할 때 거의 항상 활성화되는 두 영역을 보여주는 두정내구. 왼쪽은 위에서 본 모습이고, 오른쪽은 옆에서 본 모습이다.[49]

나는 눈이 보이는 인간에 초점을 맞추었지만, 초기 맹인의 뇌는 산술 작업에서[58] 동일한 전두정엽 네트워크를 활성화하는데, 이것은 인간이 사물의 집합을 보면서 하는 학습에 의존하지 않는 수 처리를 할 수 있도록 특수한 신경 구조를 타고났다는 아이디어를 뒷받침한다.

물론 성인 인간의 산술 능력, 특히 산술 문화권에서의 산술 능력은 위에서 언급한 것처럼 광범위하고 다양하며 많은 뇌 영역이 관여하지만, 핵심은 두정엽에 있다.

◈ 유전 가능성

이러한 산술적 능력은 우리가 물려받은 인지적 자질의 일부일까? 나는 『수학적 두뇌The Mathematical Brain』(1999)에서 인간이 '숫자 모듈number module'을 물려받는다고 주장했다. '모듈'이라는 단어는 철학자

제리 포더의 권위 있는 정의에 따른다. 그것은 선천적이고 영역에 따라 다르며 수에만 적용되었다. 즉, 그것의 처리는 강제적이며 자동적이었다. 다시 말해 이 환경에서 수를 보지 않을 수가 없다. 그것은 특수 신경 장치에서 구현되었다. 이것은 버와 로스의 실험 훨씬 전의 일이었다. 산술 능력의 유전을 살펴보는 쌍둥이에 관한 연구는 단 한 건뿐이었고[55], 신경 영상neuroimaging은 매우 드물고 다소 원시적인 단계에 있었다. 유아 연구는 초기 단계였다고 말할 수 있다. 그 당시 나는 모듈이 어떻게 작동하는지에 대해 약간 막연했었다. 이제 나는 이 책에서 주장하듯이 인간의 숫자 모듈의 중심 메커니즘은 인간의 두정엽 어딘가에 있는 누산기 시스템이라고 말하고 싶다.

그렇다면 내가 당시 주장했듯 우리는 부모로부터 숫자 모듈을 물려받을까?

이것을 조사하는 한 가지 방법은 쌍둥이를 살피는 것이다. 일란성 쌍둥이monozygote는 유전자가 동일한 반면, 이란성 쌍둥이dizygote는 평균적으로 서로의 유전자를 절반만 공유한다. 따라서 산술 능력과 같은 형질의 유전 가능성을 평가하려면 일란성 쌍둥이가 이란성 쌍둥이보다 서로 더 유사(일치concordant)해야 한다. 런던대학교 골드스미스의 율리아 코바스와 동료들이 7세 아동을 대상으로 한 거대 규모의 연구에서 7세 아동의 유전적 변이의 1/3이 수학에서만 나타난다는 것을 발견했다.[56] 코바스 팀 이후의 연구에서는 기초적인 산술 처리를 판단하는 한 가지 척도인 점 비교dot comparison(예컨대, 노란색 점이 더 많나요, 파란색 점이 더 많나요?)가 16세 아이들에게 어느 정도는 유전된다는 사실이 발견됐다.[57]

이러한 기초적인 수 처리 능력이 유전된다면, 경우에 따라 유전이 실패하는 유전적 변칙이 있을 수 있다.

색각에 대해 생각해 보자. 일부를 제외한 우리는 세상을 색깔로 보는 능력을 물려받았다. 이것은 우리의 지능, 기억력 또는 사회적 배경과는 아무런 관련이 없다. 가끔은 망막이나 시신경 질환으로 인해 발생하기도 하지만 일반적으로 유전된다.

숫자에 해당하는 것(일종의 '숫자맹')도 있을까? 만약 그렇다면 그것은 유전될까?

첫째, 산술 장애가 색맹, 즉 색상을 인식하지 못하거나 다른 색상과 구별되지 않는(빨간색과 녹색 또는 노란색과 파란색 구분하기) 것이 정말 비슷한지 명확하지 않다.* 소수의 난독증 환자는 정상적인 방식으로 단어를 보는 데 문제가 있는 난독증 환자도 소수 있고, 난독증 환자가 실제로 단어를 눈으로 볼 수는 있지만, 단어를 해석하거나 발음하는 데 어려움을 겪는다는 점을 제외하고 이것은 '단어 실명word blindness'이라고도 하는 난독증과 더 비슷하다.[58]

약 5%의 사람들이 '발달성 계산 곤란증'이라는 증상을 가지고 태어난다. 이들은 물체의 개수를 추정하는 데 매우 서툴다. 한 번에 하나의 물체를 세거나 혹은 다른 사람들보다 훨씬 자주 오류가 발생하

---

* 적록 색맹(색각 이상)은 23번째 X 염색체(성염색체)에서 모계에서 아들로 유전되는 유전자의 변화로 인해 발생한다. 남성 XY에는 X 염색체가 하나만 있고 여성에게는 X 염색체가 2개 있으며 각각 XX라는 복제본이 있기 때문에 이러한 종류의 색맹은 여성보다 남성에게 더 자주 발생한다. 청황 색맹은 다른 방식으로 유전된다. 즉, 다른 변경된 유전자의 하나의 복사본만으로도 증상을 유발하기에 충분하다.

기 쉬워서 매우 느리다. 그들은 두 집합 중 원소가 더 많은 집합을 선택하는 데도 서툴다. 즉, 베버의 분수값이 훨씬 더 크다. 집합 간에 더 큰 비례차proportional difference가 있어야 올바른 선택을 안정적으로 수행할 수 있다는 얘기다.[59]

따라서 유전 가능성에 대한 한 가지 단서는 발달성 계산 곤란증이 유전되는지 여부이다.

초기 쌍둥이를 데리고 한 열악한 산술 능력에 관한 연구에서 40명의 일란성 쌍둥이와 23명의 동성 이란성 쌍둥이 중 적어도 한 쌍둥이는 산술 어려움을 겪었다. 일란성 쌍둥이가 일치할 가능성이 더 큰 것으로 나타났는데, 다시 말하면 둘 다 산술에 어려움이 있었다. 이제 그들은 숫자맹과 같은 것을 직접 테스트하지 않고 오히려 산술을 테스트할 것이다.[55]

우리는 최근에 평균 연령이 11.7세인 일란성 104명과 이란성 56명의 샘플을 연구했다. 왼쪽 두정엽의 결정적 부위에서 점을 열거하는 효율, 그리고 회백질 밀도 감소 등의 기형에 있어 이란성 쌍둥이보다 일란성 쌍둥이 사이에서 더 많이 일치되었다.[60] 그러나 두정엽의 발달에 영향을 미치는 모든 것이 요인이 될 수 있으며 몇 가지 유전되지 않는 요인이 이것을 유발할 수 있다. 바로 임신 중에 산모가 술을 너무 많이 마시는 태아 알코올 증후군이 그것이다.[61] 출생 시 매우 가벼운 체중은 두정엽의 결정적 부위 발달과 산술 처리 역량 모두에 영향을 미칠 수 있다.[62]

또 다른 원인은 터너증후군Turner syndrome으로, 여성의 X 염색체 하나에 영향을 미치지만, 일반적으로 영향을 받은 여성은 불임이기 때문에 유전되지 않는다. 이것은 단지 불운이다. 이 증상은 두정엽에 영향을 미치며, 적절하게 테스트 되고 보고된 거의 모든 터너 증후군 여성의 매우 기초적인 산술 처리에도 영향을 미친다는 것이 알려져 있다.[63]

유전되는 또 다른 X 염색체 상태는 '취약 X 증후군fragile X syndrome'이다. 암컷의 경우 관련 유전자를 FMR1이라고 한다. FMR1 유전자의 한 영역에는 'CGG 트리뉴클레오타이드 반복CGG trinucleotide repeat'이라고 알려진 특정 DNA 조각이 포함되어 있는데, 블록(뉴클레오타이드)을 만들어내는 3개의 DNA 조각이 유전자 내에서 여러 번 반복되기 때문에 그렇게 불린다. 대부분의 사람에게서 CGG 반복 횟수는 5회에서 55회 정도이지만 55회 이상이 되면 증상이 나타날 수 있고 200회 이상 반복되면 매우 심각한 '취약 X 증후군'이 된다.

파도바대학교의 카를로 세멘자와 그의 동료가 시행한 한 공개 연구는 CGG 반복이 55회 이상이지만 '취약 X 증후군'을 나타내지 않은 여성들을 조사했다. 모두 정상적인 지능을 가진 18명의 여성 피험자들은 기초적인 산술 과제부터 복잡한 산술에 이르기까지 매우 광범위한 수학 테스트 묶음을 수행했다. 그들은 여러 자리 숫자 두 개 중에서 더 큰 숫자를 선택하기와 0에서 100까지 수직선 상에서 두 자리 수의 위치를 세 가지 선택지 중에서 고르기와 같은 수 이해력 과제, 그리고 점의 개수 세기와 같은 매우 간단한 수 과제에서 대조군보다 훨씬 더 못했다. 그러나 보다 복잡한 계산에서는 대조군과 같은 결과를 보였고, 이는 X 염색체에 간단한 기초 산술 능력을 구축하는 데 중요한 무언가가 있음을 시사한다.[64]

이것은 산술 능력과 관련된 유전자 혹은 유전자들이 X 염색체에서만 발견된다는 것을 의미할까? 한 전장 유전체 연관 분석 GWAS(genome-wide association study)는 3번 염색체에서 변이를 발견했을 수도 있다.

독일 GWAS에서는 22번 염색체에서 두정내구의 이상과 함께 부족한 산술 능력과 관련된 유전자 변이를 발견했다. 스코틀랜드의 세인트앤드루스대학교의 실비아 파라치니가 이끄는 또 다른 대규모 GWAS는 유망해 보였지만, 영국 집단(코호트)에서 이 발견을 재현하는 데 실패했다. 그래서 우리는 여전히 유전자 사냥gene hunting을 하고 있다. 나는 현재 어떤 유전자가 계산 곤란증과 결정적으로 연관되어 있는지 테스트하기 위해 게놈을 조작할 수 있는 동물 모델에 접근하고 있다. 물고기에 대해서는 8장을 참고하라![65]

우리는 인간이 정말로 셀 수 있고, 셈한 결과로 여러 가지 일을 할 수 있음을 보았다. 일부 인간은 이례적으로 높은 수준까지도 해낸다. 이 수준에 도달하려면 훈련과 헌신이 필요하지만, 우리는 이 능력의 기반이 학습되는 건 아니라는 것도 보았다. 이 능력이 셈하는 관행이나 세는 단어 없이도 여러 문화에서 관찰되며 심지어는 유아에게서도 나타나기 때문이다.

하나 또는 어쩌면 다수의 누산기를 내장한 것으로 보이는 인간 두뇌의 두정엽에는 셈과 계산을 가능하게 하는 특수한 뇌 신경망이 있다. 우리는 셀 수 있게 태어났지만, 그 능력을 타고나게 한 유전적 기반은 아직 확립되지 않았다. 마치 색맹처럼 어떤 사람들은 단순한 계산을 하는 것조차 어려운 상태로 태어나는 듯하다.

◈ 왈피리 및 아닌딜야크와 언어에 대한 참고 사항[29]

왈피리는 파마늉아어족에 속한다. 세는 단어에 세 가지 분류사 classifier가 있는 언어로, 단수형(jinta), 이중 복수형(-jarra, jirrama) 및 이중 복수형보다 큰 형태(jirrama manu jinta, marnkurrpa, wirrkardu, panu)이 있다. 아마도 다른 호주 언어와 관련이 없는 아닌딜야크와는 그루트 에이랜트 섬에서 사용되는 원주민 주요 언어다(이웃 섬과 인근 동 안헴 핸드 해안의 일부 소규모 커뮤니티에서도 사용된다).

왈피리와 마찬가지로 아닌딜야크와는 9개의 명사 집합과 4개의 가능한 수 범주(단수형, 이중형, 삼중형(실제로는 4개를 포함할 수 있음) 및 복수형(3개 이상))가 있는 분류사 언어다. 아닌딜야크와는 5진수 체계를 가지고 있는데, 약 17세기부터 그루트 에이랜트를 포함한 호주 북부 해안을 방문했던 마카사르 상인들로부터 차용했다.

5진수 시스템은 수상자에게 거북 알을 배포하는 것과 같이 문화적으로 특별한 나열 행사를 위해 자리 잡은 경우로 보인다. 아닌딜야크와에서 수는 형용사이며 자격을 갖춘 명사와 일치해야 한다. 9개의 명사 집단이 있기 때문에 아닌딜야크와에서 열거하기란 복잡한 일이다. 그러나 수 이름은 1(awilyaba), 2(ambilyuma 또는 ambambuwa), 3(abiyakarbiya), 4(abiyarbuwa), 5(amangbala), 10(ememberrkwa), 15(amaburrkwakbala) 및 20(wurrakiriyabulangwa)이다.

20을 나타내는 단어는 변하지 않는다. 즉, 다른 문법적 맥락에서 형태가 바뀌지 않는다. 아닌딜야크와인의 수 체계는 청소년기에 도달한 커뮤니티 구성원에게 비로소 공식적으로 소개된다.

아닌딜야크와, 그리고 그루트 생활의 선구적인 기록자인 주디스 스톡스는 “전통적인 원주민 사회에서는 정상적인 일상 경험 이외의 것은 아무것도 셈하지 않았다. 옛날에 무슨 목적으로 세었느냐고 물으면, 수 이름을 아는 할머니들은 거북 알을 세었다고 힘주어 말한다”고 말했다. 이러한 언어에는 ‘소수’, ‘다수’, ‘많이’, ‘여러’ 등과 같은 수량사가 포함되어 있지만 정확한 수를 나타내지 않기 때문에 적절한 수 단어가 아니다. ‘첫 번째’, ‘두 번째’, ‘세 번째’와 같은 서수는 더 문제가 된다. 그러나 이러한 단어는 왈피리어나 아닌딜야크와어에 존재하지 않는다.

3장

뼈, 돌 그리고 초기의 세는 단어들

Can fish count?

우리는 6,000년 전, 가장 오래된 역사적 기록에서 인간이 이미 셈을 하고 있었고 상당히 복잡한 계산을 수행 가능하다는 증거를 찾을 수 있었다.

문자가 있기 전인 선사시대, 1만 년도 더 전 석기시대에 인류는 뼈, 돌, 동굴 벽에 대고 셈을 했고 세는 단어도 사용했다. 앞서 2장에서 세는 단어가 필요 없는 산술 과제를 줬을 때, 세는 단어가 없는 언어로만 말하는 호주 원주민 어린이들이 영어를 사용하는 어린이들만큼 수행함을 언급한 바 있다. 이 증거, 그리고 언어를 배우기 전 유아의 행동을 토대로 나는 우리가 뇌에 누산기accumulator라는 셈 메커니즘을 가지고 태어난다고 주장했다. 이것은 글을 쓰지 않아도 인간과 사람속genus homo의 다른 구성원이 셀 수 있고, 셈을 기반으로 계산할 수 있음을 시사한다.

이 장에서 내가 던지는 질문은 다음과 같다. 사람속은 언제 최초로 셈하는 기술counting technology을 발명했으며, 그 이유는 무엇일까? 이러한 발명은 해부학적으로 현대인인 호모 사피엔스에게만 국한된 것이 아니라, 6만 년 전의 호모 네안데르탈렌시스 또는 더 고대인 약 200만 년 전의 호모 에렉투스 같은 다른 사람종*Homo species*도 세었다는 증거가 있다.

◈ 셈의 역사

사람들이 이미 문자 체계를 가지고 있었던 먼 역사시대에 우리 조상들은 숫자를 기록하고 때로는 매우 정교한 계산도 수행했다. 예를 들어, 대영 박물관에 있는 6m 길이의 린드 수학 파피루스Rhind Mathematical Papyrus에서 기원전 1550년경 고대 이집트인들이 세고 계산하는 방법을 가르치는 매뉴얼을 가지고 있었다는 것을 알 수 있다. 대영 박물관 관장인 닐 맥그리거는 다음과 같이 설명했다.

> 이집트 국가에서 주요 역할을 하고 싶다면 당신은 산술적이어야 한다. 이처럼 복잡한 사회에는 건축 작업을 감독하고, 체계적으로 비용을 지불하고, 식량 공급을 관리하고, 군대 이동을 계획하고, 나일강의 홍수 수위를 계산하는 등 많은 일을 할 수 있는 사람들이 아주 많이 필요했다. 파라오의 공무원인 서기관이 되려면 수학적 능력을 입증해야 했다. 한 동시대의 작가가 말했듯이, 당신이 보고를 하고 옥수수를 실은 배 한 척에서 곡식 창고 입구

> 로 물건을 옮기고, 축제일에 신에게 바칠 제물을 측정하기 위해서
> 라면 그래야 했다.

파피루스는 상형 문자보다 쓰기 쉬운 신관 문자로 작성되어서 신성한 문서가 아니라 실용적인 문서임을 시사한다. 불행히도 이집트의 수학적 파피루스가 남아있는 경우는 거의 없다.

이전에 바빌론 사람들은 깨지기 쉬운 파피루스보다 훨씬 더 오래 갈 수 있는 쐐기 문자를 점토에 남겼다. 그들은 두 가지 기호만 사용했는데, 1을 뜻하는 𒁹 그리고 10을 뜻하는 𒌋이었다.

𒁹 이것은 하나를 의미하거나 다른 위치에서는 1과 진수의 곱을 의미했던 것 같다. 𒁹𒁹 이것은 진수의 두 배일 것이다. 우리의 숫자와 마찬가지로 바빌로니아 숫자는 위치에 따라 달라졌다. 우리 시스템에서 '1'은 하나를 의미할 것이다. 다음 위치에서는 10진법과 같이 10의 1배 또는 102의 1배 등을 의미한다. 그러나 바빌로니아의 진법은 우리 시계의 초와 분의 기원인 60이었다. 더 큰 숫자는 오른쪽에서 왼쪽으로 그 위치에 달렸는데, 그래서 두 번째 위치에 놓인 하나의 𒁹은 1×60을, 두 번째 자리의 𒁹은 10×60을, 세 번째 자리의 𒌋은 1×60^2(3600)을 의미하는 식이었다.

숫자를 쓰는 이 체계에는 분명하고 실용적인 목적이 있었다. 바빌로니아 회계사는 재고를 정리하고 직원에게 급여를 지급하고 무역을 관리하기 위해 숫자를 기록했다. 바빌로니아인들은 또한 건축과 천문학을 위해 계산하고 기록할 필요가 있었다.

더 일찍, 지금의 이라크 지역인 비옥한 초승달 지대의 주민들은 약

1A

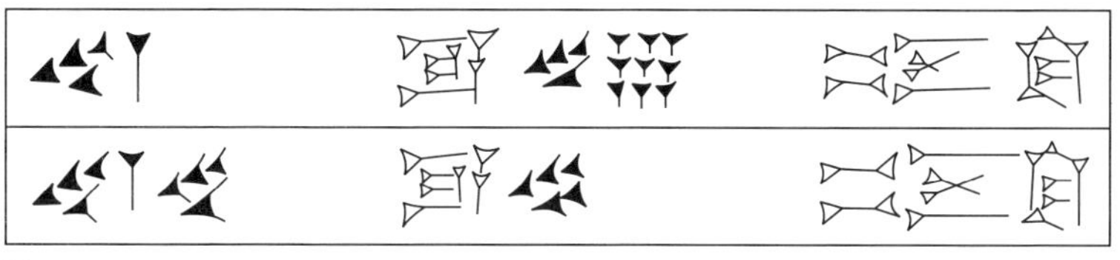

▲ 〈그림 1〉 1A. 1과 10에 대한 쐐기 문자 기호. 이것은 1을 뜻하는 기호가 바빌로니아 진수 60을 의미할 수도 있는 위치 표기법이다. 1B. 1855년에 헨리 롤린슨 경이 발견한 제곱근과 제곱근표의 예. 왼쪽 밑수(60)부터 오른쪽 밑수(1)까지 적혀 있고 쐐기 문자는 49^2과 50^2에 해당한다.[1]

1만 2,000년 전에 정착 농업을 생활화하기 시작했다. 이로 인해 해마다 다양한 유형의 농산물 수량을 기록해야 했다. 처음에 수메르 주민인 농부 또는 회계사는 다양한 제품의 수량을 표시하기 위해 점토 토큰clay token시스템을 발명했다.

약 5,000년 전 문자가 발명되기 이전부터 현재의 이라크에 해당하는 메소포타미아 도시 우루크Uruk와 현대 이란에 해당하는 수사Susa에서 이러한 토큰이 광범위한 고고학적 퇴적물로 발견되었다. 예시와 수치는 〈그림 2A〉에 나와 있다. 일부 농산물은 매우 광범위하게 거래되었지만, 생산자들이 항상 상품을 가지고 돌아다닐 수는 없었으므로, 발송된 상품이 수령인에게 도착하여 대금을 지불하기까지를 확인할 수 있는 시스템이 필요했다. 이를 위해서는 선하 증권bill of lading, 즉 선적 화물을 받았음을 확인하기 위해 운송인이 발행한 문서, 수취인에게 발송된 내용과 지급해야 할 비용을 알려주는 송장이 필요했다. 그래서 〈그림 2A〉의 토큰을 먼저 '불라bulla'라는 점토 봉투에 넣었다.

물론 운송 회사는 악의적인 경우 봉투를 열고 한두 개의 토큰을 빼고 그만큼 판매할 상품의 양을 자체적으로 빼돌릴 수 있다. 그러면 수령인은 남은 상품에 대해서만 대금을 지급할 것이고 발송인은 정당한 지급금을 빼앗길 것이다. 이 문제를 해결하기 위해 점토 봉투에는 포함된 토큰을 나타내는 기호가 표시되었다. 이렇게 한 뒤로는 토큰이 실제로 필요하지 않으며 점토 문서에 각인된 기호만으로 송장이 됨을 깨달았다. 실제로, 복잡한 거래는 거래되는 물건이 무엇인지, 누구와 거래하는지, 거래 품목의 양은 어느 정도인지를 표시한 점토판으로 이루어졌다(《그림 2》).

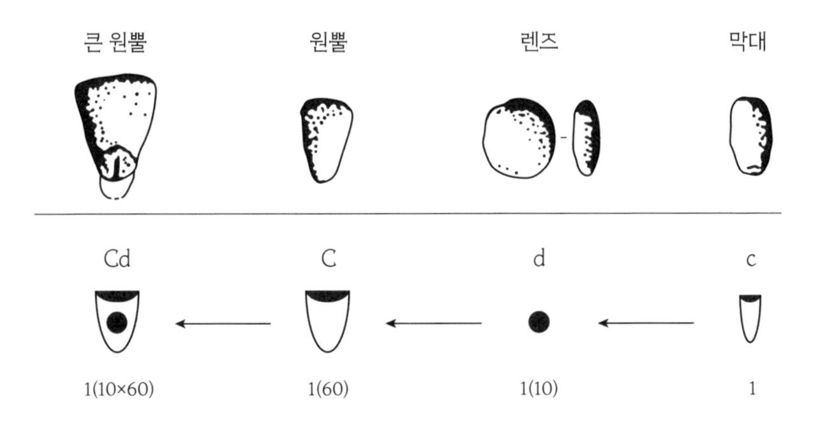

▲ 〈그림 2〉 아마도 1만 년 전에 수메르에서 쓰인 최초의 숫자. 원시 쐐기 문자/원시 엘람 문자로 쓴 거래에 사용된 토큰의 수치는 1, 10, 60이다. 가장 왼쪽 토큰의 60 기호 안에 있는 10 기호는 10 × 60을 나타낸다. 60의 거듭제곱에 대한 기호들도 있었다.[2]

많은 양의 부기book-keeping 정보를 작은 점토판에 담을 수 있다. 한 원시 쐐기 문자 서판의 한쪽에는 4명의 관리에게 보리를 분배했음을,

다른 쪽에는 관련 관리의 직함을 기록했다.[3]

수메르 회계사가 60진수를 사용한 이유는 불가사의다. 기원전 4세기 알렉산드리아의 테온Theon of Alexandria은 60이 2, 3, 10, 12를 약수로 가진 수 중 가장 작은 수라고 제안했다. 이것은 1년이 (대략) 360일인 것, 따라서 360°와 관련이 있을 수도 있다. 수학 역사가 조르주 이프라는 이것을 손 하나에 있는 뼈phalanx on a hand의 개수인 12개와 연관시키며, 그러므로 각 손가락은 12의 배수인 12, 24, 36, 48 및 60을 나타낸다.[4] 60진수는 우리에게 매우 유용한 것으로 밝혀졌다.

수 세기 후 수천 마일의 바다를 가로질러 서로 다른 지역인 마야와 잉카에서 두 개의 다른 셈 체계가 독립적으로 개발되었다. 마야는 정교한 숫자를 돌에 새겼고, 잉카 제국은 '키푸quipu'라고 하는 매듭에 중요한 산술 자료를 기록했다.

마야와 잉카는 둘 다 큰 제국이었다. 잉카의 경우, 북쪽의 콜롬비아에서 남쪽의 칠레까지 뻗어 있었고, 페루의 수도인 쿠스코에 왕이 있었다. 이것은 세금과 군대를 늘리는 것을 의미했고, 다시 중앙 정부에 지방의 연간 작물 수확량과 세금에 대한 목록을, 그리고 사회 계층 및 출생, 결혼, 사망 별 인구 조사 및 전투에 적합한 남성 인구 조사를 제공하는 것을 의미했다. 동시대의 한 스페인 정복자와 잉카 공주의 아들인 가르실라소 데 라 베가(1539~1616)는 다음과 같이 말했다.

> 왕The Inca은 각 지방의 주민뿐만 아니라 이 지방에서 매년 생산되는 모든 종류의 상품을 조사했다. 이것은 그의 신하들이 기근이나 흉작에 시달리게 되면 그들을 위해 어떤 대비가 필요한

지, 그리고 그들을 입히는 데 양모와 면화가 얼마나 필요한지 알기 위한 것이었다.[5]

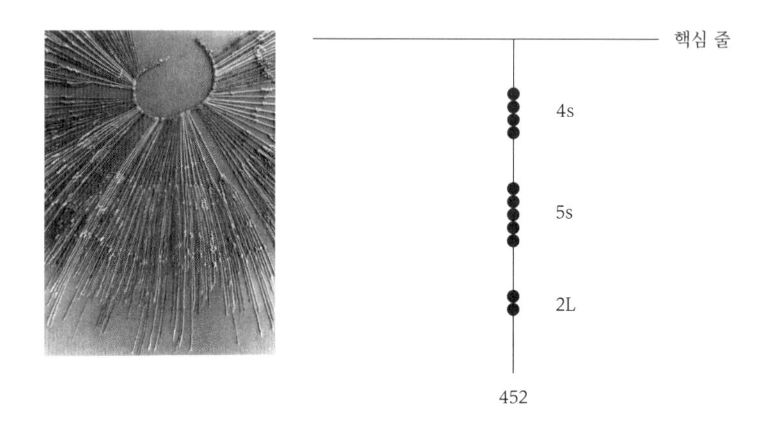

▲ 〈그림 3〉 잉카 키푸. 페루 리마에 있는 국립 인류학 및 고고학 박물관 소장품의 예다. 이것은 시장 거래 기록이다. 기본 원리는 중심 매듭에 가장 가까운 자리에 10의 최고 거듭제곱이 있는 10진법 체계다.

중앙 정부는 '매듭 관리인'이라는 뜻의 키푸카마요크quipuca mayoc 2명을 지정했는데, 이들은 키푸(quipus, 때로는 khipus라고 쓰기도 함)를 읽고 쓸 수 있는 전문가였다. 한 명은 수익 계정을 보내는 일을, 나머지는 주민들 기록을 담당했다. 쿠스코의 잉카는 케추아어Quechua로 말했지만, 제국에는 여러 언어를 사용하는 사람들이 있었고 키푸는 우리의 아라비아 숫자처럼 언어와 독립적이었다.

키푸의 의미가 어떻게 발견되었는지는 그 자체로 매혹적인 이야기이며, 그 암호는 선형문자 B만큼 난해한 것으로 추정됐다. 선형문자 B는 50년 이상 다재다능한 사람들이 매달렸고 마침내 마이클 벤트리스(1922~1956)가 해독하는 데 성공했다. 키푸 암호는 1920년대에 미국 학자 리랜드 로크(1875~1943)가 키푸의 산술적 내용을 해독하면서 풀렸다. 현대 학자들이 키푸를 해독하는 데 어려움을 겪고 있는 것은 여기에 사용된 암호가 실제로는 상당히 복잡하고 배우기 어려웠음을 시사한다.

키푸의 암호는 매우 복잡할 것이다. 예를 들어 핵심 줄main cord 위의 줄들은 총계와 전후 상황을 나타낸다. 아래의 줄은 숫자뿐만 아니라 실제 품목 가격, 납부한 세금 및 변경 사항까지 기록할 수 있다. 키푸에 대한 완전한 분석은 3D로 제공된다.[6]

처음 로크가 생각했던 것보다 암호가 훨씬 더 정교하고 절묘하다는 것이 밝혀졌다. 페루의 모든 것을 연구하는 세인트앤드루스대학교의 사빈 하일랜드는 줄이 꼬인 방식이 그 전체 집합을 암호화한다는 사실을 발견했다. 따라서 S 플라이(시계 방향)는 한 집합에 해당하고 Z 플라이(시계 반대 방향)는 다른 집합에 해당한다.[7]

오래된 글과 이에 상응하는 키푸를 사용해서 하일랜드는 '끝이 Z 플라이로 꼬인 첫 번째 줄에 나타낸 60마리의 젖소는 건조하다(젖을 짜지 않은 것을 의미함), 그리고 끝이 Z 플라이로 꼬인 다른 줄에 나타낸 170마리의 젖소는 젖을 매일 짜지 않는다 - 끝이 S 플라이로 꼬인 줄의 85마리의 젖소는 매일 젖을 짠다'는 키푸 기록을 발견했다. 이 키푸의 줄에서 플라이의 방향은 젖소의 성별보다는 착유 상태에 해당한다. 끝이 S 플라이이면 젖을 짰다는 얘기다.[8] 실제로 잉카 시대의 스페인 목격자들은 키푸로 이야기를 암호화해서 편지로 보냈다고 말했고, 실제로 현대의 안데스 원주민들은 그들의 키푸가 전쟁을 설명하는 신성한 서한이라고 주장한다.

로마와 그리스 알파벳으로 된 숫자와 마찬가지로 키푸는 쉽게 계산할 수 없다. 하이랜드는 다음 내용을 발견했다.

> 키푸에서 경제 또는 공물 데이터를 '읽을' 때, 계산은 20세기까지 바닥에 '유파나yupana'로 알려진 격자판을 두고 조약돌이나 옥수수 알갱이를 배열하는 식으로 이루어졌다. 식민지 시대에 이것에 관한 많이 언급되었다. 페루 기록 보관소에서 나는 인류학자가 1935년에 키푸 전문가와 나눈 대화에 대한 미공개 필사본을 발견했다. 전문가는 그들이 키푸로 수지 결산을 할 때 여전히 땅에 있는 낟알로 계산한다고 언급했다.(〈그림 4〉를 보라)

▲ 〈그림 4〉 키푸를 든 키푸카마요크와 셈판(yupana). 케추아 귀족인 펠리페 구아만 데 아얄라(1535?~1616?)가 쓴 『첫 번째 새 연대기와 좋은 정부(Nueva corónica y buen gobierno)』에서 발췌했다.

그럼에도 가르실라소 데 라 베가에 따르면 '잉카인들은 또한 산술에 대한 지식이 뛰어났고, 그들이 계산하는 방식은 상당히 놀라웠다. [그들은] 작은 조약돌과 옥수수 알갱이를 쓰되 실수가 있을 수 없는 방식으로 계산했다.[5]

잉카 관리자는 이전 시스템을 채택한 것 같다. 하이랜드는 나에게 잉카 키푸의 원형을 알려줬다.

> 서기 600년경부터 서기 1100년경까지 지속된 와리 제국은 키푸를 소유한 것으로 알려진 최초의 안데스 문명으로, 그 구조는 잉카 키푸와는 다르다. 대부분의 와리 키푸는 우리가 '고리와 분기loop and branch' 구조라고 부르는 것을 가지고 있는 것 같다. 와리 키푸의 주요 특징 중 하나는 펜던트 줄이 일련의 색상으로 감겨 있다는 것이다. (중략) [하지만] 대부분의 와리 키푸에는 암호화된 숫자가 없는 것처럼 보이는데, 암호화된 경우가 일부 있을 수 있다(개인적인 대화에서 발췌).

그런데도 키푸를 읽고 쓰는 기술이 얼마나 널리 퍼졌는지는 분명하지 않아도 키푸 읽기와 쓰기에 대한 훈련이 있는 것 같았다. 하일랜드가 나에게 다음과 같이 말했다.

> 쿠스코에는 잉카인들이 키푸를 읽고 쓰는 법을 배우는 학교가 있었다. 지역 지도자의 아들들은 이 학교에 다니도록 요구받았고, 그들은 그들이 배운 것을 그들의 고향 공동체에 다시 전파했

을 것이다. 잉카 정부는 제국 전역에 키푸 전문가들을 보냈지만, 학자 대부분은 정부가 인구, 공물 등에 대해 필요한 정보를 수집하기 위함이었다고 생각한다. 그러나 그들도 키푸로 읽기와 쓰기를 가르쳤을 것이다.

하버드대학교의 제프리 퀼터는 최근 페루 해안에서 잃어버린 언어 속 초창기 10진수 체계에 대해 매우 흥미로울 만한 단서를 찾았다고 했다.

막달레나 데 카오 비에호Magdalena de Cao Viejo에 있는 무너진 교회 아래에서 퀼터와 그의 동료들은 뒷면에 스페인어로 '잃어버린 언어의 흔적이 적힌' 편지를 발견했다. 이 편지를 작성한 사람은 '숫자 1~3의 스페인 이름을 한 열에 쓰고, 아라비아 숫자로 바꿔서 페이지 왼쪽에 쓴다'고 했다.

> 우리는 모국어 형태의 똑같은 숫자로 해석한다. 숫자 10 이후에는 21, 30, 100, 200으로 일련의 숫자가 계속된다. 간략한 목록의 형식과 내용 모두 작성자가 문제의 숫자 체계를 이해하기 위해 숫자를 기록했을 수 있음을 시사한다. 아마도 현지 정보원과의 인터뷰 중이나 인터뷰 직후의 기록일 것이다.[9]

여기서 우리는 잉카 시대 이전에 안데스산맥에, 누군가 그것을 기록할 생각을 하기 전에 널리 퍼졌을 10진수 기반 셈 체계에 대한 실마리를 얻었다.

잉카 문명보다 더 일찍, 인더스 계곡 문명이 그들의 기호를 발명하여 13세기에 그것을 유럽으로 수출하기 수백 년 전에 중앙아메리카의 마야인들은 글로 쓰는 셈 체계를 쓰고 있었다. 이 서면 셈 체계는 무zero를 나타내는 기호를 포함했다. 마야 시스템도 위치에 따라 뜻이 달라지는 식이었고, 5진수를 수평선으로 표시했다. 그러므로 열아홉은 위에 점 4개와 아래 3개의 다섯이 있는 로 표기되었다. 19 이상에서는 여러 개의 1, 20, 20^2 등을 수직선으로 대신하는 위치 시스템의 형태로 20진수를 사용했다(〈그림 5〉 참조).

사실, Maya에는 숫자를 기록하는 두 가지 시스템이 있었다. 〈그림 5〉에 표시된 첫 번째는 상거래를 추적하는 것이었고 상인들은 계수기counter 또는 카카오 콩을 적절한 위치에 배치함으로써 계산했다. 두 번째는 360일을 기준으로 한 달력 계산이었다. 20일=1위날, 18위날=1툰(360일), 20툰=1카툰(7,200일), 최대 20킨칠툰=1알라우툰(23,040,000,000일)이었다.

> 마야 달력은 우리 달력보다 훨씬 더 복잡했는데, 옥수수 심는 시간을 결정하는 등 실용적인 목적과 점성술의 신비를 파헤친다는 심오한 목적 등 다양하게 사용되었기 때문이다… 마야는 천상의 신들(태양, 달, 행성 중 금성이 가장 두드러짐)의 움직임을 기반으로 되풀이되는 시간을 기록했다 … 고대 마야에서 가장 자주 사용된 세 가지 주기 계산법(260일 신성한 책력sacred almanac, 365일 애매한 연도vague year, 52년 달력calendar round)은 모든 메소아메리카 민족이 공유하는 매우 오래된 개념이다.[10]

5A

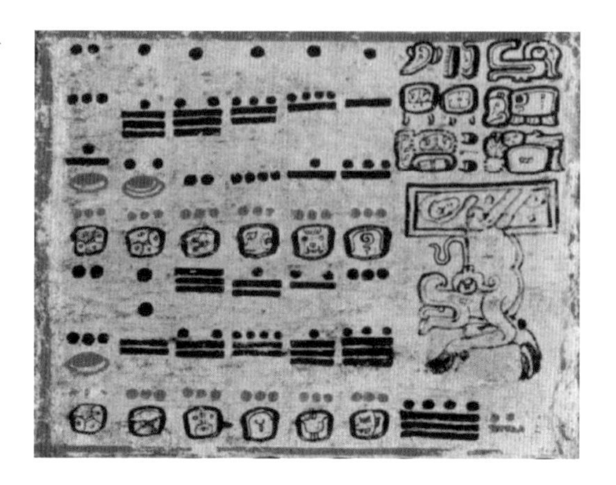

5B

0	1	2	3	4
5	6	7	8	9
10	11	12	13	14
15	16	17	18	19

5C

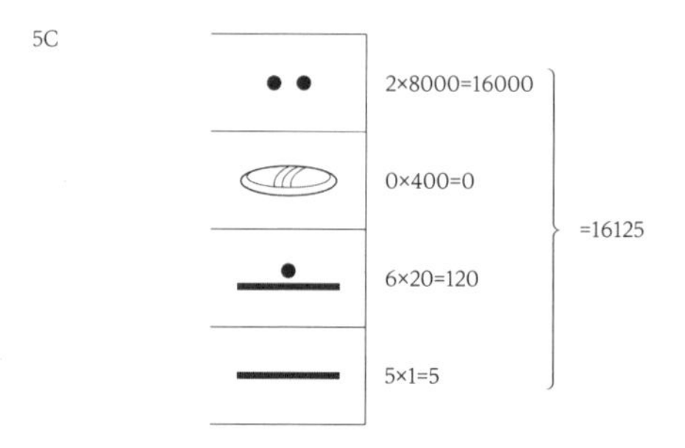

▲ 〈그림 5〉 마야의 셈과 계산. 5A는 13세기 또는 14세기로 거슬러 올라가 아메리카 대륙에서 가장 오래된 문서인 드레스덴 코덱스의 한 페이지로, 독일 드레스덴에서 재발견되어 책의 현재 이름이 되었다. 그것은 셈과 숫자의 많은 예를 보여준다. 5B는 마야 숫자가 0을 나타내는 껍데기와 20진수(손가락과 발가락)를 사용함을 보여준다. 이것 또한 위치에 따라 달라지지만, 수평이 아닌 수직으로 구성된다.[11]

14세기 잉카 키푸와 훨씬 더 오래된 마야 시스템 사이에는 절묘한 유사점이 있다. 첫째, 둘 다 진수를 사용하는데, 키푸는 우리에게 친숙한 10진수 체계를 쓰고 마야는 20진수 체계를 사용한다. 둘째, 두 체계 모두 위치에 따라 뜻이 달라지게 구성됐다. 놀랍지는 않은데, 우리가 본 바와 같이 수메르인의 60진법 체계도 위치에 따라 뜻이 다르게 설계되었기 때문이다. 그러나 진법 체계가 위치 의존적일 필요는 없음을 깨닫는 것이 중요하다.

우리의 10진법 수 이름 체계는 위치 의존적이지 않다. 중국 시스템과 마찬가지로 10의 거듭제곱에 고유한 이름을 부여한다.- 10^1 shí, 10^2 bǎi , 10^3 qiān, 10^4 wàn …… 셋째, 아마도 가장 흥미로운 점은 우리 시스템의 인도-아라비아 원형은 수평으로 조직되어 왼쪽에서 오른쪽으로 읽는 반면, 위치가 수직적으로 설계되었다는 데 있다. 마야 시스템에서는 진수는 아래쪽으로 증가하고 키푸에서는 가장 높은 진수가 핵심 줄에 가장 가까이 있다. 즉, 진수가 위쪽으로 증가한다.

이전 마야 시스템이 초기에 산술적 키푸를 발명한 사람에게 영향을 미쳤을까? 나는 이렇다는 증거를 찾을 수 없었지만, 잉카 왕국과 중앙아메리카 사이에서는 대서양 쪽 바다와 태평양 쪽 육지를 통해 무역이 이루어졌다. 그러나 페루의 '잃어버린 언어'를 발견한 사람이자 잉카 문명 이전의 페루 전문가인 제프리 퀼터는 이러한 추측에 동의하지 않는다.

마야와 잉카의 접촉에 대한 주요 쟁점은 문자와 수 체계가 가장 정교했던 고전 마야 문화가 서기 250년에서 700년경인 반면,

정치 세력으로서의 잉카는 약 1300년에서 1500년까지 왕성했다는 점이다. 잉카가 권력을 잡았을 때 멕시코와 중앙아메리카에 고전 시대 이후의 마야가 있었고, 그들이 글을 썼지만 당신이 생각하는 사원이나 조각에서 볼 수 있는 마야 글쓰기의 정점은 모두 고전 시대의 것이다.(개인적 대화에서 발췌)

유사하게, 하이랜드는 키푸가 다른 땋기 기술에서 파생된 것으로 보고 말하길, '나는 키푸가 슬링sling에서 파생되었을 수 있다고 생각한다. 안데스 슬링은 구조와 땋기 측면에서 볼 때 세계에서 가장 복잡한 것으로 간주된다.(개인적 대화에서 발췌).

수메르 토큰, 쐐기 문자, 이집트 및 마야 문자, 키푸 등의 표기법은 모두 상징적이다. 명백한 질문은 기호화하려는 개념이 없는데 이러한 문화들이 왜 기호를 발명했었어야 했는지다. 우리는 그들이 이미 이러한 기호와 연결된 단어를 가졌음을 알고 있다. 세는 단어가 존재하지 않았을 때 셈한 결과를 표기하려 했던 이전의 시도는 무엇인가? 이것은 이러한 문화가 그들이 이미 소유한 개념을 표기하려고 했음을 시사한다.

◈ 선사시대

문자가 없던 1만 5,000년 전 석기시대에 해부학적으로 그들의 선조인 현생인류는 셈의 결과를 기록하려 했을까? 그들은 셈한 결과를 기록하기 위해 고고학자 프란체스코 데리코가 '인공 기억 시스템artificial memory system'이라고 부르는 것을 창조했을까?[12] 그들이 그것을 만들었다면, 이것은 그들이 집합 내 물체의 개수 개념과 셈에 대한 개념을 이미 가지고 있다는 암시가 될 것이다. 아마도 인공 기억 시스템에 기록된 셈을 처음 가르친 교사의 추종자들은 그 개념을 이해하지 못한 채로 교육 절차를 밟았을 것이다. 마치 내가 요리책의 레시피를 따르긴 하지만 고기를 썰고 상에 차리기 전에 왜 고기를 10분 동안 그대로 두어야 하는지 이해하지 못한 것과 같다.

◈ 뼈와 돌: 일대일 대응

모든 셈의 기본 아이디어는 각 물체를 한 번만 세어서 열거하는 것이다. 셈한 기록을 만드는 가장 간단한 방법은 물체마다 표시를 남기는 것이다. 이것은 집합과 집합의 수에 대한 이해를 뒷받침하며 말로 하는 셈을 습득하는 기반이 된다. 일대일 대응으로 두 집합이 연결되면 두 집합은 동일한 크기를 갖게 된다(2장에서 겔만과 갈리스텔의 '셈 원칙counting principle'을 참고하라). 이것이 집계tally의 뒤에 숨은 아이디어이며 기록 관리의 발전에 있어 거의 보편적인 것으로 밝혀졌다.

인간이 기호 표기법을 발명했을 때에도 처음 몇 개의 숫자는 단순히 집계였다. 우리가 본 것처럼 고대 수메르인들은 최대 10개까지 기록된 물체마다 하나의 표시를 남겼고 쐐기 문자에서도 유사하게 하나의 기호가 10개까지 단순하게 반복된다. 중국어와 일본어조차도 정교한 셈 단어 시스템을 사용해서 3개 표시로 최대 3이라는 수까지 표현했다. 우리의 시계는 1에서 3까지 표시들로 3시까지 표시한다. 현존하는 사람들의 기억하는 한 태평양 섬 주민들과 스위스 목동들은 집계를 사용했다.[13] 집계는 복잡하고 위치에 따라 뜻이 달라진다. 예를 들어, 로마 시대에 널리 사용되었고 여전히 학교에서 사용되는 계수판counting board에서는 1의 자리와 10의 자리, 100의 자리의 총계를 분리된 열에서 수행한다.

잉글랜드 은행조차도 1783년 법령에 의해 그 관행이 폐지될 때까지 집계 스틱tally stick을 사용했다. 그러나 그것들은 매우 유용해서 적어도 1825년까지 계속 사용되었다. 화폐 역사가인 C.R. 조셋에 따르면, 그레이엄 플레그가 다음과 같이 인용했다.[13]

> 집계 중 일부는 정부 부처에 한 지불을 나타낸다 … 이 중 하나는 … 길이가 8피트 6인치이며 집계 하나의 최대 금액인 5만 파운드를 나타낸다. 그 지불은 결코 상환되지 않은 정부 부채를 나타내며, 그 존재는 그것이 재무부에 반환된 적이 없다는 사실에서 드러났다.

최근의 역사에 따르면 나무 한 조각을 두 조각으로 자르고 각각에 동일한 탤리를 달아 빌려준 사람과 빌려 간 사람이 각각 하나씩 갖는 식으로 이중 집계 막대double tally stick가 사용되었다. 이것은 부정행위를 불가능하게 만든다. 그들은 아주 최근까지 중부 유럽에서 사용되었다.[13]

'tally'라는 단어 자체는 막대, 나뭇가지를 의미하는 라틴어 talla에서 유래했으며 자르기 또는 크기를 의미하는 프랑스어 taille, '자르다'를 의미하는 이탈리아어 tagliare의 어원이다. 라틴어 putare는 amputare에서와 같이 절단을 의미하고, 심지어는 셈을 의미하는 computare에서도 사용된다. 그리고 우리의 '점수score'라는 단어는 자르다, 세다를 의미하기도 한다. 이러한 어원은 표시, 집계 및 셈과 역사적 뿌리를 공유함을 의미한다.

집계의 단순성 그리고 셈과 산술에서의 기본적인 역할은 그 역사가 훨씬 더 깊다. 우리의 빙하 시대 조상은 2만 년 이상 전에 뼈와 돌에 자국을 남겼고 이는 수 세기 동안 살아남았다. 그들은 또한 막대에 표식을 새겼을 수도 있지만, 막대가 살아남진 못했을 것이다. 그러나 그들은 무엇을 셌고 그 이유는 무엇이었을까? 그들은 수메르인처럼 잉여물을 거래하는 농업가가 아니었다. 현대 수렵 채집인에 대해 우리가 알고 있는 바에 따르면 거래는 일반적으로 대면 방식으로 이루어져서 송장이나 선하 증권이 필요하지 않았다.

이것은 선사시대 집계가 단순하고 정적이라는 것을 의미하지 않는다. 인간의 다른 기술과 마찬가지로, 그것은 일련의 단계를 거쳐 발전하면서 점점 더 세련되고 정교해졌다.

여기서 나는 프랑스의 보르도대학교와 노르웨이의 베르겐에 있는 초기 사피엔스 행동 센터에 소속된 프란체스코 데리코의 연구를 따른다. 그는 2017년 런던에서 열린 왕립학회가 주관한 산술적 능력의 기원에 관한 회의에서 고무적이고 훌륭한 연설을 했었다. 데리코는 어떤 의미에서는 충동적인 인지과학자이지만, 고대 사피엔스의 마음에 관한 고고학 연구에서 핵심 인물 중 한 명이다. 튜린에서 그의 원래 연구는 해부학, 특히 현미경을 사용한 뼈의 변형에 관한 것이었지만 파리의 인류고생물학연구소로 옮겼을 때 인류박물관에서 후기 구석기 예술 전시회를 도와 달라는 요청을 받았다.

표식이 남고 무언가 새겨진 채로 전시된 물체, 특히 약 1만 년 전 아질리아 시대에 조약돌로 만든 추상적인 패턴을 보면서 그는 튜린에서 얻은 전문 지식을 적용해서 어떻게 이 조약돌들이 새겨졌고 무슨 목적이었는지 더 잘 이해할 수 있음을 깨달았다(개인적 대화에서 발췌). 그 후 그는 현미경을 사용해서 뼈와 돌에 남은 표식을 기반으로 한 여러 주장을 조사했다. 아래에서 한 가지 구체적인 예를 언급하겠다.

〈표 1〉에서 이러한 단계의 개요를 보자. 한 단계에서 다음 단계로의 발전이 최근의 기술 발전보다 훨씬 느리며 지난 몇 년 동안은 눈부시게 빠르다는 것을 알 수 있다. 그렇다면 석기시대 인간은 왜 기술 향상에 더디었을까? 이에 대한 간단한 대답은, 인구 밀도이다. UCL의 고고학자와 유전학자인 애덤 파월, 스티븐 셰난 그리고 마크 토마스의 흥미로운 연구는 후기 구석기 시대인 후기 석기시대에 유럽에서의 기술 개발이 남부 아프리카보다 훨씬 늦은 4만 5,000년 후에야 이루어졌는지 물었다. 남부 아프리카에서 뇌와 인지 능력에 변화가 발생했고 그들에게 강점이 되어 때로 '현대 패키지'라고 불리는 것과 함께 유럽 및 아시아로 천천히 확산된 것일까? 이 패키지에는 다음이 포함된다.

추상적이고 사실적인 예술 및 신체 장식과 같은 상징적 행동 (예: 조개껍데기를 꿰어 만든 것, 치아, 상아, 타조 알껍데기, 황토 및 문신 키트), 체

> 계적으로 생산된 작고 미세한 석기(특히 날과 조각칼), 기능적이고 의식적인 뼈, 뿔, 상아 조각물, 석기 연삭 및 두드리기; 향상된 사냥 및 덫 치기 기술(예: 창 던지기, 활, 부메랑, 그물 등), 원자재의 장거리 운송 증가; 그리고 뼈 파이프 형태의 악기들.[14]

다른 의문은 왜 16만~20만 년 전 사이에 아프리카에서 진화한 해부학적 현생인류의 출현과 행동학적 현생인류의 출현 사이에 10만 년이라는 지연 시간이 있었는가이다. 이 시기의 결정적인 요인은 오늘날 내가 추정하기에 인구 밀도, 특히 의사소통의 밀도이다. 이렇게 생각해 보자. 해부학적으로 현대인인anatomically modern human Mr 또는 Ms AMH는 예를 들어 음식을 자르는 데 좋은 미세석(돌 칼날)과 같은 새로운 기술을 발명한다. 이 발명품이 살아남아 패키지의 일부가 되려면 다른 사람이 이 돌 칼날을 만드는 방법을 배워야 한다.

Mr 또는 Ms AMH씨가 소규모 집단의 구성원이라면 칼날을 잘 만드는 방법을 배울 만큼 똑똑하거나 예리한 사람은 없을 것이다. 더 큰 집단에서는 적당히 유능한 견습생을 찾을 기회가 더 많을 것이다. 즉, 발명자가 더 큰 집단에 속해 있으면 신기술이 충실하게 퍼져나갈 가능성이 더 커질 것이다.

파월과 그의 동료들은 아프리카의 인구 밀도를 따라 패키지 요소의 출현을 추적할 수 있으며 AMH가 해당 지역의 유럽과 아시아로 이동했을 때에도 마찬가지다. 유럽의 인구 밀도는 기술이 그러했듯 빠르게 증가했지만, 남아프리카는 그보다 유리한 지점에서 출발했다. 그리고 이 신기술은 피드백 효과를 가져서 더 많은 패키지를 가진 집단이

300만 년 전	뜻 없이 새긴 흔적	
90만~54만 년 전 (수천 년 전)	일관된 추상적 패턴	자바 트리닐 지역의 민물 홍합에 새긴 그림 (호모 에렉투스).
10만~4만 5,000년 전	개별적 표시의 나열	프랑스 프하델르 지역의 하이에나 대퇴골에 새긴 흔적, 7만 2,000~6만여 년 전
4만 4,000여 년 전	시간에 따라 추가되고 한데 묶인 표식들	남아프리카공화국 보더 케이브에서 개코원숭이 종아리뼈에 표식, 4만 4,000여 년 전
4만 여 년 전	복잡한 암호들	프랑스 블렁샤흐에서 흔적. 상아 주걱, 3만 6,000여 년 전

▲ 〈표 1〉 석기시대 셈의 다섯 가지 발전 단계.[15]

덜 가진 집단보다 더 빠르게 인구를 증가시켰을 것이다.

따라서 인간은 뼈에서 고기를 자르는 것과 같은 다른 활동의 결과로 자국을 만들고 있었다. 즉, 그들은 집계하지 않았다. 데리코의 분석에 따르면 그들은 숫자를 기록하기 위해, 다른 말로 하면 집계하기 위해 이 활동을 끌어들였다. 그들은 거기서 멈추지 않았다. 그들은 또한 표시를 그룹화하기 시작했다. 데리코 식 접근의 독창성은 현미경으로 어떤 도구와 방법으로 어떤 표시가 만들어졌는지 확인하는 것인데, 예를 들어 개코원숭이 종아리뼈에 있는 표식은 4만 4,000년 전에 각각의 도구로 만들어졌다.[15]

현미경을 사용하면 표식이 동일한 도구로 만들어졌는지 아니면 다른 도구로 만들어졌는지 알 수 있다. 숙련된 사람이나 미숙련된 사람에게 뼈나 돌에 표시를 남기도록 함으로써 오늘날에도 이것을 테스트할 수 있다. 데리코가 흠집난 조약돌을 조사했을 때, 그는 다음을 발견했다.

> 주어진 조약돌의 모든 흠집은 한 가지 일련의 작업에서 동일한 도구로 생성되었다. 이 발견은 가정했던 것처럼 이러한 판화가 음력lunar calendar이나 사냥 기록hunting tally이 아니라는 것을 암시한다. 왜냐하면, 이것들은 상대적으로 오랜 기간에 걸쳐 아마도 하나 이상의 도구를 써서 여러 가지 별개의 작업으로 만들어졌을 것이기 때문이다.[17]

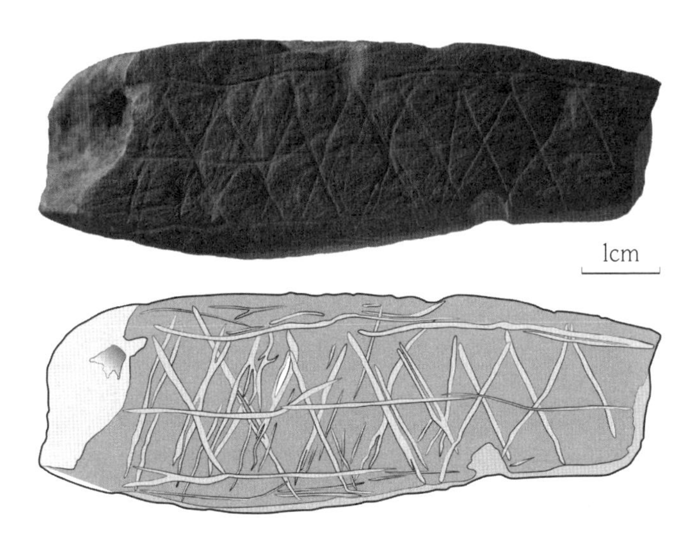

▲ 〈그림 6〉 남아프리카공화국의 블롬보스 동굴. 7만 3,000여 년 전. 호모 사피엔스가 황토 조각에 추상적이지만 일관된 패턴을 만들었다.[16]

◈ 동굴 표시

표시가 있는 뼈와 돌은 3만 년 이상 노출되어도 살아남을 수 있지만 고대 인류는 동굴 벽에도 표시를 남겼다. 라스코, 알타미라, 쇼베와 같은 유럽 동굴의 벽에 그려진 동물 묘사는 그린 이의 기술과 예술성으로 유명하다. 그러나 동물이나 사람의 묘사가 아닌, 해석하기 더 어려운 표시들도 있다.

20년 전, 스페인 북부의 엘 카스티요 동굴 벽에서 붉은 점들로 이루어진 줄 하나를 보았을 때, 물론 이것이 무언가의 집계일 수 있다고 생각했다. 그때 입수할 수 있었던 정보는 도움이 되지 않았다. 물론 내가 이 흔적을 처음 발견한 건 아니었고, 그들은 100년도 더 전에 고고학 보고서에 나타났으며, 안료 분석에 기초하여 점 자체가 4만 년 전에 그려진 최초의 유럽 동굴 벽화로 묘사되었다.

엘 카스티요 여행 일기에 나는 이렇게 적었다. "점을 세고 점이 어떻게 묶이는지 보고싶다." 다행스럽게도 데리코와 그의 동료들이 바로 그 일을 해냈고 물론 그들의 전문 지식으로 내가 할 수 있었던 것보다 훨씬 더 잘 해냈다.[18]

점을 남긴 이가 실제로 상징적 인공 기억 시스템을 사용했다면, 안료 질감과 구성의 차이는 모든 점이 반드시 같은 사람에 의해 같은 목적으로 만들어진 것도, 심지어 같은 상징체계를 사용한 것도 아님을 시사한다. 데리코의 연구팀은 이 점들이 무엇을 의미하는지 추측하지는 않았지만, 잘못된 것으로 판명되기 전까지는 점들이 무언가를 세는 것을 나타내는 것 같아서 기쁘다.

프랑스 아르데슈 협곡의 쇼베 동굴 벽에는 원래 노란색인 황토색을 가열하면 생기는 짙은 붉은색의 신비한 자국이 있다. 이것은 표시가 의도적으로, 어떤 목적으로 만들어졌음을 암시한다. 한 묶음은 3개의 표시가 세 줄로 구성되어 있다. 황토 점들로 이루어진 묶음 2개와 황토 선들로 이루어진 묶음 1개다. 이것은 우연의 일치였을까, 아니면 만든 이가 각 줄에 의도적으로 같은 개수만큼 표시한 것일까?[19]

데리코는 이런 점들을 동물 묘사와 연결해서 보는 것이 중요하다고 말한다. 특정 장소에서 목숨을 잃거나 먹히거나 단순히 포착된 동물의 마릿수를 그들은 나타낼 수 있었을까?

〈그림 7〉은 프랑스 니오 동굴에서 아마도 1만 5,000년 전인, 막달레나 시대의 더욱 최신 사례인데, 그 유명한 라스코 동굴과 알타미라 동굴의 벽화와 동시대의 것이다.

▲ 〈그림 7〉 약 1만 5,000년 전에 니오 동굴에 그려진 형태들. 이 그림은 죽은 들소, 그 오른쪽에 하나의 점을 원형으로 둘러싼 점들은 들소를 죽인 사냥꾼의 숫자 집계로 해석되었다. 튀어나온 부분이 있는 직선들은 '곤봉claviform'이라고 불리며 여성으로 풀이되었다. 중앙의 점과 선은 의미가 밝혀지지 않았다.[20]

여기서 14개 점이 가운데에 하나의 점을 두고 원형으로 둘러싼 모습을 볼 수 있다. 점의 개수는 마주친 들소의 실제 마릿수를 나타낼까? 이것은 14마리 들소를 그리는 것보다 쉬울 것이다. 많은 수의 인간 또는 동물이 묘사된 고대 암각화의 예가 많다. 묘사된 무리가 정확히 현장에 있었던 사람 수를 나타낼까? 다시 말해, 이러한 개체를 일대일로 집계해서 묘사한 것일까? 마찬가지로 손바닥 자국 무리는 전 세계 동굴 벽에서 발견된다. 사람마다 한 손씩 남긴 것일까?

◈ 네안데르탈인

네안데르탈인, 다시 말하자면 호모 네안데르탈렌시스*Homo neanderthalensis*와 같은 호모속genus homo의 다른 구성원은 어떨까? 그들은 50만 년에서 30만 년 전 사이의 초기 사람종인 호모 에렉투스*Homo erectus*의 후손으로 보인다. 그들의 뇌는 최소한 호모 사피엔스*Homo sapiens*만큼 크다. 그들은 예술도, 언어도, 종교도 없고 형편없는 도구를 가진, 우리의 머나먼 사촌으로 오래도록 취급되었다. '과학적 극단주의자'일 뿐만 아니라 대단히 재능 있고 영향력 있는 동물학자 겸 박물학자이기도 한 에른스트 헤켈(1834~1919)은 눈썹 뼈가 두껍고 이마가 경사진 이 땅딸막한 생명체를 호모 스투피두스*Homo stupidus*라고 불렀다. 또 해부학적 현생인류가 유럽에 들어왔을 때 호모 스투피두스가 그들보다 똑똑하고, 더 나은 도구를 가지고 있었고, 언어를 쓰며, 작은 예술 작품portable art과 동굴 예술이 보여주듯 개념적인 사고가 가능했기 때문에 그들을 대체했다고 널리 추정되었다.

우리는 최근에 네안데르탈인의 역사를 다시 써야 했다. 첫째, 막스 플랑크 진화인류학 연구소의 스반테 페보와 그의 동료들은 조상이 아프리카를 떠나 유럽으로, 아시아를 지나 아래로 인도네시아를 거쳐 호주로 이주한 모든 인간에게 네안데르탈인의 DNA가 흔적으로 남아있음을 발견했다. 어쩌면 나의 제2형 당뇨병도 네안데르탈인의 유전 변이를 물려받은 탓일 수 있다. 페보는 자신이 네안데르탈인이라고 주장하는 남성들로부터 이메일을 많이 받는데, 자신이 네안데르탈인이라고 말하는 여성은 거의 없다고 전했다. 그러나 네안데르탈인과 결혼했다고 말한 여성은 많았다.[21]

둘째, 네안데르탈인 유적지에서 신체 장식을 위한 구슬과 조개껍데기, 뼈, 뿔, 상아 공예품, 예술품과 같은 '현대 패키지' 요소가 증거로 발견되었을 때, 그들이 이웃한 호모 사피엔스에게서 기술이나 개념을 배웠으리라 추정됐다. 그러나 최근 호모 네안데르탈렌시스가 현대 패키지를 만든 건 더 진보한 존재로 추정되는 호모 사피엔스로부터 배워서가 아니라는 사실이 밝혀졌다.

이는 연대를 추정하는 새로운 방법 덕분이다. 목탄이나 뼈와 같은 유기 물질에 의존하는 방사성 탄소 연대 측정radiocarbon dating은 약 4만 년이 넘는 기간에 대해서는 신뢰하기 어렵다. 새로운 방법은 방해석(탄산칼슘, $CaCO_3$)에서 발견되는 우라늄과 토륨의 비율을 이용한다. 우라늄은 시간이 지나면서 토륨으로 붕괴되므로 토륨의 비율이 높을수록 오래된 물질이다.

사우샘프턴대학교의 알라스테어 파이크는 이 기술을 사용해서 스페인의 라 파시에가 동굴에 있는 황토 그림의 방해석 표면이 최소 6만 4,000년 전, 해부학적 현생인류가 유럽에 등장하기 전에 형성됐음을 보였다.[22] 즉, 이러한 작품은 네안데르탈인에 의해 만들어졌어야 한다(〈그림 8〉을 보라). 그 이후로 몇몇 다른 장소에서 6만 4,000년보다 오래된 작품이 증거로써 발굴됐다. 이 그림들은 세계에서 가장 오래된 동굴 벽화이다.

데리코 연구팀의 힘으로 프랑스의 프라델 동굴에서 발견한 하이에나 대퇴골 조각에 관한 연구는 네안데르탈인이 셈을 했다는 생각을 뒷받침한다. 이 뼈에 새겨진 홈은 훈련되지 않은 내 눈에도 〈그림 6〉과 매우 흡사해 보인다. 게다가 수공예 장인인 남녀 네안데르탈인은 검고 윤기 나는 뼈 하나에 '길이가 같은 홈들을 만들려는 의도로'

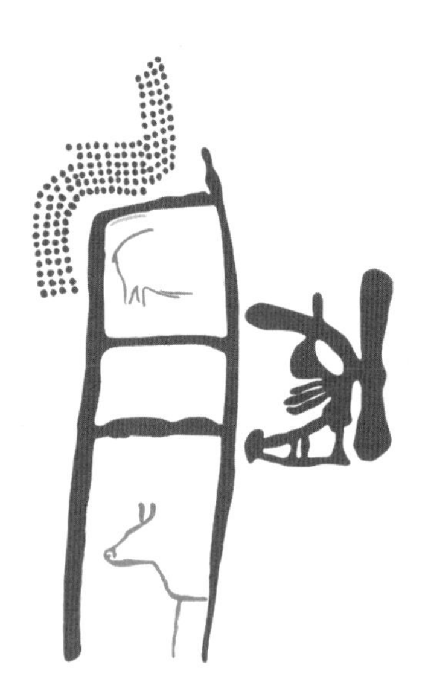

▲ 〈그림 8〉 점의 패턴을 명확하게 보여주는 디자인의 렌더링은 분명 다수의 점 그리고 오록스의 머리와 후면을 묘사한다. 오른쪽에도 흥미롭고 신비한 디자인이 있다.[22]

새겼는데, 현대인이 그렇게 작업한 것과 정확도가 같았다.[12]

네안데르탈인이 세었다는 다른 놀라운 증거가 또 있다. 2020년에 미국 오하이오 케니언대학교의 고인류학자 브루스 하디와 국제 전문가 팀은 프랑스 아브리 두 마라스의 네안데르탈인이 약 5만 년 전에 끈을 만들었다는 사실을 발견했다.[23] 이것이 왜 그렇게 특별할까? 섬유질은 나무껍질에서 나오는데, 이런 종류의 유기물은 우리 조상들의 서식지에서는 오래전부터 거의 남아나지 않았다.

이 끈의 구조는 아주 복잡한데, 시계 방향인 'S-꼬임S-twist'으로 꼬아 실을 만든 다음에 세 가닥의 실을 시계 반대 방향인 'Z-꼬임Z-twist'으로 함께 묶는다. 그래서 쉽게 풀리지 않는 내구성이 뛰어난 끈이 만들어진다.

네안데르탈인이 섬유 꼬는 기술을 가졌다는 사실만으로도 그들의 일 범위가 엄청나게 확장되었다. 그들은 이 끈으로 옷, 밧줄, 가방, 그물, 매트, 심지어 보트를 만들 수 있었다. 아브리 두 마라스에서 끈을 생산하려면 다수의 순차적 작업을 동시에 따라야 한다. 각 단계는 이전 단계 다음에 이루어져야 하므로 이 작업은 반복적인 일련의 단계가 아니다. 따라서 하디와 동료들은 다음과 같이 결론 내렸다.

> 섬유를 꼬고 이용하는 것은 쌍, 집합 및 숫자에 대한 수학적 이해뿐만 아니라 복잡한 다중 요소 기술을 적용함을 의미한다. 끈 제작에는 각각의 작업을 꼼꼼히 처리하기 위해 상황에 맞는 운영 메모리operational memory가 수반된다. 여러 개의 끈을 꼬아 밧줄을 만들고, 밧줄은 얽혀 매듭을 형성하는 등 구조가 더 복잡

해짐에 따라, 인간의 언어에 필요한 것과 유사한 인지적 복잡성이 요구된다 - 우리가 어떻게 네안데르탈인을 현생인류와 동등한 인지적 존재가 아닌 다른 것으로 간주할 수 있는지 이해하기 어렵다.

◈ 호모 에렉투스

네안데르탈인이 유럽에 나타나기 전, 다시 말해 해부학적 현생인류가 아프리카를 떠나 궁극적으로 호주와 아메리카에 정착하기 훨씬 전에 호모 에렉투스도 아프리카를 떠나 조지아(177만 년 전), 자바(150만 년 전), 중국 북부(70만 년 전) 그리고 아마도 유럽(90만 년 전)에 도달했다. 그리고 43만~54만 년 전에 자바의 트리닐에 도달한 모험적인 호모 에렉투스인들은 〈그림 9〉의 껍데기에 홈을 남겼다. 그것은 블롬보스 돌(〈그림 8〉)과 약간 비슷해 보이는데, 인공 기억 시스템이기도 한 일관적이고 추상적인 패턴일 수 있다. 물론 그것의 탄생이 셈과 관련 있는지는 알 수 없다.

〈그림 9〉의 껍데기에 있는 표시들은 〈그림 6〉에서 분명 사람이 한 표시와 매우 유사하며 지금까지 발견된 가장 오래된 기하학적 판화다. 이 표시들은 호미닌hominin만이 팔 수 있는 구멍이 있는, 같은 장소에서 발견된 껍데기 모음에서 나왔으므로 우리는 이러한 표시가 의도적임을 알고 있지만 현재로써는 이것이 무엇을 의미하는지 전혀 모른다.

그럼에도 '기하학적 조각의 제작은 일반적으로 현대의 인지와 행

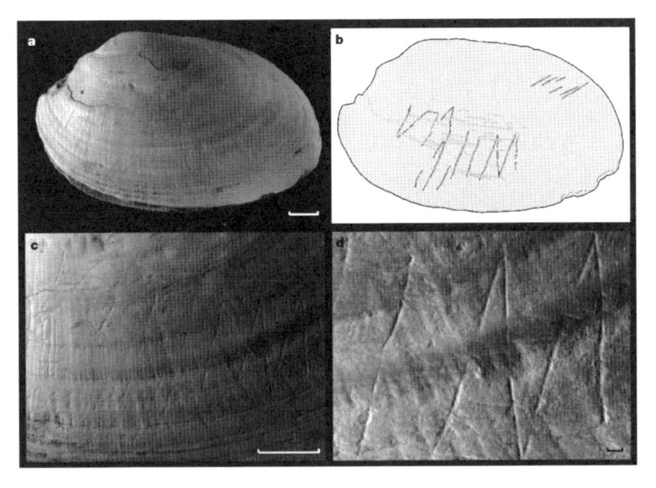

▲ 〈그림 9〉 50만 년 전에 우리 조상인 호모 에렉투스가 장식한 조개껍데기가 인도네시아 자바섬에서 발견되었다.[24]

동을 가리킨다고 해석되며' 따라서 우리는 이것이 호모 사피엔스와 호모 네안데르탈렌시스에 국한된 것인지, 아니면 더 먼 조상들도 이러한 인지 능력을 가지고 있었는지 질문해야 한다.[24] 약 50만 년 전에 독일 빌징글벤의 매머드 뼈에서도 발견된 매우 유사한 표시들은 호모 에렉투스가 셈에 관한 어떤 기록을 만들었다는 생각을 뒷받침한다.[15]

이러한 표시들은 극초기의 인공 기억 시스템일 수 있으며, 각각은 관찰된 개체 하나하나를 나타내는 것일 수 있다. 또는 그것들이 표시를 새긴 사람들에게 멋있어 보였을 뿐이었을 수도 있다.

뼈, 돌, 껍데기, 동굴 벽의 표시는 호모속의 구성원인 우리 조상이 셈의 결과를 기록하는 데 사용할 수 있는 인공 기억 시스템을 만들었음을 암시한다. 그럴듯한 설명 중 하나는 이러한 표시가 개수를 센 개체들과 일대일로 대응하는 집계라는 것이다. 표시는 포획되거나 죽은 들소, 의식에 참석한 사람들 또는 달의 모양일 수 있다. 신비로운 것들도 세어졌을 것이다. 유럽 석기 시대 동굴의 가장 깊은 부분에는 프랑스 트루와 프레르 동굴의 '마법사'와 같이 낯선 키메라 형상이 있다. 이 형상은 눈은 부엉이 같고 반은 사람, 반은 사슴, 반은 말이다.[25]

◈ 석기시대의 세는 단어들

글을 읽고 쓰지 못했던 조상들은 세는 단어를 사용했을까? 물론, 우리는 이러한 변화를 보여주는 최초의 음성 기록을 갖고 있지는 않지만, 하나의 의미가 담긴 단어의 형태 변화를 보여주는 시각 표시time-stamp와 어족의 여러 갈래에 대한 기록이 있으면 고대 언어를 재구성할 수 있다. 이제 서로 무관한 어족들 사이에서 지속적으로 사용된 가장 오래된 단어를 확인할 수 있다.

우리 대부분은 인도유럽어, 즉 라틴어와 고대 그리스어, 산스크리트어 또는 거의 모든 유럽 언어와 많은 인도어의 근원인 이것에 대해 들어본 적이 있다. 이들은 모두 10진법 언어였으며, 세는 단어는 매우 유사하다. 이러한 유사성으로 인해 많은 학자가 공통의 원어인 인도게르만 공통 조어(Proto-Indo-European, PIE)를 재구성했다. 학자들은 인도게르만 공통 조어는 석기 시대 후기(신석기 시대)의 한 장소, 이 모든 언어가 규칙의 지배 아래 파생되고 진화한 곳에서 발화되었다는 가설을 세웠다. 마치 다윈의 핀치가 갈라파고스의 다른 섬에 정착하면서 조금 다른 형태로 진화한 것처럼 말이다.

둘을 뜻하는 단어를 보자. 프랑스어로 deux, 독일어로 zwei, 웨일스어로 dau, 라틴어로 duo, 그리스어로 duo, 러시아어로 dva, 더 나아가서 산스크리트어로 dva. 이 모든 형식은 인도 게르만 공통 조어의 du(w)o에서 파생된다.

셋을 뜻하는 단어는 프랑스어로 trois, 독일어로 drei, 웨일스어로 tri, 라틴어로 tres, 그리스어로 treis, 러시아어로 tri, 나아가 산스크리트어로 trayas인데 인도 게르만 공통 조어의 Treyes에서 왔다.

이 단어들은 서로 동족이자 원조 인도 게르만 공통 조어의 동족이다. 100에 도달하면 상황이 더 복잡해지지만, 여전히 동족이라고 주장된다. 산스크리트어 및 러시아어와 같은 슬라브어가 그 예시인 한 줄이 있다. 이들은 'Satem' 언어라고 불리는데, 100을 뜻하는 첫 음이 산스크리트어의 satam 그리고 러시아어의 sto와 같이 s이다. satam과 sto는 인도 게르만 공통 조어의 k̂m̥tóm에서 잘 정립된 몇 가지의 소리 변화를 통해 파생되었다. 구개 파열음인 첫 번째 소리 k̂는 구개 마찰음 s가 된다. 10의 경우, 산스크리트어로는 dáśa, 러시아어로는 desatj인데 인도 게르만 공통 조어의 dék̂m̥t에서 파생되었다. 인도 게르만 공통 조어의 다른 후손은 'Kentum' 언어로 라틴어, 그리스어, 켈트어, 그리고 그중에서도 게르만어가 해당한다. 왜냐하면, k가 k̂m̥tóm및 dék̂m̥t에서 와서 100을 뜻하는 라틴어 centum은 kentum으로 발음되고, 10을 뜻하는 decem은 dekem으로 발음되기 때문이다. 백hundred 단위의 h는 부가적인 소리 변경을 거친다.

현대 유럽어와 인도어, 토하리아어, 아르메니아어, 알바니아어 및 근동의 여러 멸종 언어(바스크어, 핀란드어, 헝가리어 제외)의 공통 조상을 이렇게 재구성한 결과는 수 어휘가 인간의 언어 역사 초기에 존재했으며 크게 변화하지 않고 예측 가능한 방식으로 진화할 만큼 안정적이라는 점을 시사한다. 따라서 인도 유럽 조어의 화자인 인간은 최소 9,000년 전, 인도 유럽 조어가 발견된 가장 최근 시기부터 세는 단어를 쓰면서 세고 있었다.

이 단어들은 소리 변화의 잘 알려진 원리에 따라 시간이 지남에 따라 천천히 진화했다. 이제 인류 역사에서 훨씬 더 깊은 곳에 자리한 다른 어족을 재구성하여 숫자 단어를 더 먼 과거로 추적할 수 있는지 확인하는 방법이 있다. 줄루어, 코사어, 스와힐리어를 포함하여 수백만 명의 사용자가 있는 약 500가지 개별 언어 그룹인 아프리카의 반투어와 같이 관련되지 않은 어족에서 세는 단어를 찾을 수 있을까? 마다가스카르에서 폴리네시아에 이르는 어마어마한 거리에 걸쳐 퍼져 있는 4억 명의 사람들이 사용하는 태평양의 오스트로네시아 언어에서는 어떤가?

이 어족에서 수 단어의 고대 어근이 똑같을까? 즉, 현대 단어들은 동족어일까? 그리고 그것들은 예를 들어 어머니, 바위, 불, 아이 또는 손과 같이 초기 화자들에게 분명 친숙했을 개념을 뜻하는 단어만큼 오래됐을까? 인도 유럽 조어의 후손들과 손을 잡아라. 소리 변화의 원리에 의하면 천천히 변화하는 형태는 하나만 있는 것이 아님이 드러난다. 사실, 정반대다. 완전히 다른 두 가지 형태가 있다. 하나는 g^{h}ésr̥와 같은 것에서 파생되었고, 영어와 독일어로 hand, 산스크리트어로 hás-ta가 된다. 그러나 로망스어에서 사뭇 다르고 관련이 없는 또 다른 형태가 나타났다. 라틴어로 manus, 스페인어와 이탈리아어로 mano

라고 파생되었다. g^{h}ésr̥의 파생형은 man-이라는 형태로 대체되기도 했다.

이제 다른 단어의 대체율을 볼 수 있다. 석기 시대에는 컴퓨터를 의미하는 단어를 찾지 않고 더 기본적인 개념을 나타내는 단어를 찾을 것이다. 언어학자 모리스 스와데시(1909~1967)는 문화, 기후 및 환경의 특성과 무관한 약 200개의 기본 어휘 항목(사실상 기초적인 의미)으로 구성된 유명한 목록을 작성했다. 그래서 언어를 비교하고 변경 사항을 표로 나타낼 수 있었다. 그것은 사람을 나타내는 단어(여자, 남자, 아이), 친족 용어(아내, 어머니), 신체 부위의 이름(손, 혀), 행동, 대명사, 형용사(좋은, 나쁜, 더러운)와 1부터 5까지 수 단어를 포함한다.

마크 페겔과 앤드류 미드의 연구팀은 이 어휘에 있는 항목의 대체율을 비교했다. 그들은 다음을 발견했다.

> '더럽다dirty'는 것은 스와데시의 목록에서 가장 빠르게 진화하는 단어로, 연간 약 0.0009의 어휘 대체율 또는 1000년마다 하나의 새로운 비유동어 형태를 보인다. 이 대체 비율은 샘플의 86개 인도-유럽어 언어 중에서 47개의 서로 다른 비동족non-cognate 형식을 생성했다. 단어 dirty와 비교할 때, 어휘 교체 속도가 가장 느린 단어는 전체 인도-유럽어 언어 트리에서 단 하나의 동족 형식으로 표현되었다. 이렇게 천천히 진화하는 형태 중에는 숫자 단어 2, 3, 5 그리고 대명사 who와 I가 있다.[26]

그런 다음 그들은 반투어족(103개 언어)과 오스트로네시아어족(400개 언어)에 관심을 돌렸다. 그들은 각 항목에 대한 과거 기록을 이용해 (가능한 경우) 각 항목의 날짜를 설정한 다음, 매우 멋진 통계를 적용하여 '시간 보정time-calibrated' 트리를 재구성했다. 인도-유럽어 트리의 연대는 약 7654±915년, 오스트로네시아 트리는 6924±500년, 반투 트리는 6929±418년 거슬러 올라간다. 각 어족의 어휘 교체 비율은 매우 비슷하다는 것이 밝혀졌다.

그런 다음 변화율이 가장 느린 단어, 즉 단어가 동족이 아닌 단어로 대체되는 지점을 도표로 만들었다(〈표 2〉를 참조하라).

이러한 재구성은 약 1만 년을 기반으로 하지만, 페겔과 동료들은 이러한 하한 수 단어(최대 '5')가 느린 변화 속도로 인해 십만 년 넘게 안정적으로 유지될 수 있다고 주장한다. 5보다 큰 수는 같은 방식으로 보존되지 않으므로 나중에 추가되었을 수 있다.

이 모든 어족이 유래한 최초의 언어인 우르스프라케어Ursprache가 있지 않는 한, 이러한 발견은 그들의 셈하는 관행에 쓸 세는 단어를 만든 사람이 단 한 명도 없다는 것을 시사한다. 오히려 이 단어들은 그들의 화자가 적어도 1만 년 전에, 아마도 10만 년 전에 이미 소유하고 있던 개념을 표현하는 데 사용되었다. 화자가 이미 다섯이라는 개념을 가지고 있지 않다면 단어 '다섯five'을 아는 것은 의미가 없을 것이다.

물론 이것이 셈을 발명한 최초의 교사가 있었을 가능성, 혹은 몇몇 최초의 교사가 독립적으로 셈과 그에 상응하는 세는 단어를 발명하여 그들의 작지만 확장될 수 있는 씨족에게 가르쳤을 가능성을 배제하지는 않는다. 그러나 그럴 것 같지는 않아 보인다.

2장에서 언급했던 것처럼 모든 언어에 세는 단어가 있는 것은 아

순위	인도-유럽어 (200개 단어)	반투어 (102개 단어)	오스트로네시아어 (154개 단어)
1	two	eat	child
2	three	tooth	two
3	five	three	to pound/beat
4	who	eye	three
5	four	five	to die
6	I	hunger	eye
7	one	elephant	four
8	we	four	ten
9	when	person	five
10	tongue	child	tongue
11	name	two	eight

▲ 〈표 2〉 11가지 의미에 대한 어휘 대체율을 변화율이 가장 느린 순서에 따라 순위를 매겼다. 1순위는 가장 느림을 뜻한다. 이탤릭체로 '하나one'에서 '다섯five'까지의 단어가 해당된다. 인도-유럽어에서 가장 느린 11개 단어에 하한 수 단어 5개가 모두 나타날 확률은 0.0000002다. 5개의 하한 수 단어 중 4개가 가장 느린 11개에 나타날 확률은 반투어족의 경우 0.00036, 오스트로네시아어족의 경우 0.000070이다.[26]

니다. 일부 아마존 언어와 대부분의 호주 토착어(파마늉아어족)에는 이 단어가 없다. 실제로 이러한 언어 대부분은 1, 2, 3, 때로는 4에 해당하는 수 단어만 있는 것으로 보이며, 9개 언어에서는 1과 2에 대한 단어만 있는 것 같다.[27] 내가 아는 언어의 이 단어들, 그리고 아마도 대부분은 셈하는 데 사용되지 않는다. 예를 들어, 역사적으로 왈피리어에는 다른 많은 호주 언어와 마찬가지로 셈 체계가 '없음none', '1one', '2two', '몇 개/여러 개few/several' 및 '다수many'로 구성되었다.[28]

'하나'와 '둘'조차 다소 느슨하게 사용되는 것처럼 보이므로, 예를 들어 '둘'은 '셋'을 의미할 수도 있다. 이 수들은 언어에 따라 명사 그리고 다른 품사에서 문법 표지grammatical marker로서 나타나는 경우가 많다. 왈피리어에는 단수형, 이중형(=2개), 소수형(적음) 및 복수형(다수)에 대한 표지가 있다. 실제로 클레어 보원과 제이슨 젠츠가 편집한 광범위한 말뭉치의 49개 언어와 마찬가지로 왈피리어에서는 3이 구성적 관점에서 '2와 1'로 표현된다. 최근에는 교육 개선을 위해 노력하는 메리 라우렌과 같은 언어학자들의 도움으로 왈피리 학교 아이들이 새로운 수 단어를 배우고 있다.

상황은 멀리 떨어진 아마존 언어와 매우 유사하다. 알렉산드라 아이켄발트(61쪽을 참조하라)는 다음과 같이 썼다.

> 대부분의 아마존 사회에서는 셈은 문화적 관행이 아니었다. 셈 루틴이라는 것이 없었다. 요즘 '하나', '둘', '많음'으로 번역되는 형식은 나열enumeration에 사용되지 않는다. '하나'는 '혼자 있다'를 의미하고, '둘'은 '쌍을 이룬다'를 의미하며, '셋'은 '적거나 많음'을 의미했을 것이다. 셈하는 관행이 없다고 해서 사람들이 수량의 차이를 인식할 수 없다는 의미는 아니다. 홀름베르크는 볼리비아 동부의 원주민 시리오노가 '셋 이상을 셀 수 없다'고 언급한다. 그는 계속해서 그들은 100개의 이삭이 들어있는 옥수수 다발에서 1개의 옥수수 이삭이 사라졌는지를 완벽하게 알아차릴 수 있다고 말한다.
>
> 그러나 '셈의 기본 원리가 존재하기 때문에 공백을 메우는 것은 다소 사소한 문제다'(헤일 1975). 이것이 바로 아마존 사람들이 특히 돈의 사용이 중요한 상황에서 스페인이나 포르투갈의 셈 체계를 빠르게 익히고 사용하는 이유다.

이러한 언어에 세는 단어가 부족한 이유는 분명하지 않다. 여기서 우리는 고대인들이 무엇을 셈했는지, 그리고 그 이유를 물어야 한다. 정착 농업에서 새로 발명된 생산물을 기록하고 거래하려던 수메르 회계사는 수메르 토큰과 점토에 새긴 표식을 개발해 이것으로 거래를 했다. 첫 번째 토큰이 순수한 숫자가 아니라 꼬리가 굵은 양이나 기름과 같은 사물의 개수라는 점에 주목하라.

전통적인 농업이나 무역이 거의 없는 뉴기니 고원의 외딴 계곡에서 신체 부위 이름으로 세는 것은 또 다른 목적을 제공했다. 이들 집단에는 선물 교환 문화가 있었다. 적절한 보답이 이루어지려면 받은 돼지의 마릿수를 기억해야 했다.

고대 호주인들이 장거리에 걸쳐 광범위하게 무역을 했다는 많은 증거가 있지만, 그들은 직접 대면해서 거래한 것으로 보인다. 이는 고대 수메르에서처럼 선하 증권과 송장이 필요하지 않음을 의미한다. 그러므로 글을 쓸 필요가 없었다. 아마도 무역은 사람과 사람 사이의 물물교환을 의미했을 것이다. 당신이 저것을 주면 내가 이것을 준다는 식이다. 이러한 종류의 거래에는 세는 단어가 필요하지 않다. 손시늉으로 하는 대화는 부족 간 의사소통에 널리 사용되었지만, 숫자에 대한 표현법은 없는 것 같다.[29] 그리고 막대기, 뼈 또는 돌에 집계를 표시하지도 않는 것 같다.

또 고대 호주인들은 본질적으로 수렵 채집인이었기 때문에 비옥한 초승달 지대나 뉴기니의 주민들과는 달리 계절마다 거래할 잉여 식량이 없었다. 그러나 이것은 단순한 추측이다. 호주 언어에 세는 단어가 일반적인 수준만큼 없는 이유는 여전히 미스터리다. 다른 어족에서는 세는 단어가 최대 5까지 있다는 것이 매우 일반적이고 또 오래 되었다는 점을 고려하면 더욱 그렇다. 파마늉아어의 조어를 최초로 사용한 사람들은 실제로 이러한 세는 단어를 갖고 있었지만 사용하지 않아 사라졌던 것일까?

우리는 가장 초기의 쓰기 시스템이 셈한 결과를 기록하는 데 사용되었음을 보았다. 산술 정보를 기록한 수메르 토큰과 잉카 키푸와 같은 고대의 비문자 시스템non-writing system도 있다. 호모 사피엔스, 네안데르탈인 그리고 어쩌면 호모 에렉투스까지, 선사시대의 구성원은 뼈, 돌 및 동굴 벽에 셈한 기록을 남겼다. 아주 초기의 인간은 세는 단어를 가지고 있었던 것이 거의 확실하다. 이 증거는 우리와 우리 조상들이 이미 수와 셈의 개념을 가지고 있었기 때문에 셈하고, 그 결과를 표현할 수 있었음을 강력하게 시사한다. 그리고 이는 우리 조상들이 셈의 메커니즘을 타고났다는 주장을 뒷받침한다.

4장

유인원과 원숭이는 수를 셀 수 있을까?

Can fish count?

사람속*Homo*의 우리 조상들은 수를 세고 계산했을 뿐만 아니라 셈을 뼈, 돌, 동굴 벽에 기록했다. 글자, 즉 단어를 나타내는 기호가 없었음에도 말이다. 그들은 아마도 10만 년 전에 세는 단어를 말하고 들었을 것이다. 이제 우리는 더 멀리 떨어져 있는 인류의 조상인 유인원과 더 멀리 떨어져 있는 원숭이들이 수를 세고 계산할 수 있는지, 그리고 그들이 무엇을 셀 수 있는지를 고려한다. 만약 우리가 공통 조상으로부터 셈 메커니즘을 물려받았다면, 이것은 두정엽에 있는 우리 자신의 것과 유사한 뇌 신경망에서 수행되어야 한다. 실제로 3,000만 년 전 공통 조상을 가진 현대 짧은꼬리원숭이의 두정엽 부위는 셈과 일부 계산을 수행한다. 원숭이는 셈을 적당히 하지만 영장류 챔피언은 불과 600만 년 전에 계통이 갈라져 나온 거대 유인원이다.

실제로 동물의 수학적 능력에 관한 가장 놀라운 이야기 중 하나는 마츠자와 데츠로가 일본 교토대학교 영장류연구소(KUPRI)에서 침팬지 '아이Ai'와 그녀의 아들 '아유무Ayumu'를 대상으로 한 연구다. 마츠자와는 그것의 기원을 다음과 같이 설명한다.

> 그날은 1977년 11월 30일이었다. 한 살배기 암컷 침팬지가 일본 KUPRI에 도착했다. 그녀는 기니, 시에라리온, 라이베리아, 코트디부아르 등 서아프리카 4개국에 걸쳐 있는 기니 숲에서 야생으로 태어났다. 이것은 그녀가 서부침팬지*Pan troglodytes verus*였다는 것을 의미한다. 이 젖먹이는 동물 거래상을 통해 구입했다. 야생에서 태어난 침팬지를 수입하는 것은 당시에 합법이었다. 1970년대 일본은 주로 B형 간염에 대한 생물의학 연구를 위해 100마리 이상의 야생 침팬지를 수입했다. 이 새끼 침팬지도 그중 하나였다. 그러나 그녀는 생물의학 연구 시설로 보내지는 대신 KUPRI로 보내져 국내 최초의 유인원 언어 연구 프로젝트의 대상이 되었다. 침팬지는 곧 영어로 '눈'과 발음이 같은 '아이'라는 별명을 갖게 되었다. 아이는 일본어로 '사랑'을 의미하며 일본에서 가장 인기 있는 여아 이름 중 하나다. 그녀는 1976년생으로 추정된다. 따라서 그녀는 도착 당시 약 한 살이었다.[1]

이 무렵, 유인원과 어떤 종류의 언어적 의사소통이 가능하다는 가능성을 두고 과학계가 매우 들떠 있었다. 그들의 발성 기관은 우리의 것과 매우 다르기 때문에 다른 소통 수단도 탐색했다. 미국 수화(청각장애인 수화)를 침팬지 워쇼[2], 님 침스키, 고릴라 코코와 함께 사용했다. 조지아주립대학교의 듀안 럼보는 침팬지 라나에게 다른 방법을 사용했다. 라나는 키보드의 추상 기호인 '어휘문lexigram'에 반응하도록 주문받았다.

언어 능력 그 자체를 탐구하기보다는 마츠자와가 진정으로 열망했던 것은 명확하게 정의된 시각적 기호들을 통해 침팬지의 지각 세계를 탐구하는 것이었는데, '침팬지는 이 세계를 어떻게 인식하는가? 그들도 우리처럼 인식하는가?'였다. 럼보처럼 그는 컴퓨터로 제어되는 어휘문(일본어 한자와 유사한 흑백 패턴)을 사용해서 무엇이 수행되었는지, 그리고 침팬지가 어떻게 행동했는지에 관한 객관적이고 정확하며 상세한 기록을 얻었다. 그는 이러한 어휘문뿐만 아니라 샘플 매치 방법(1장을 참조하라)을 사용해서 아이가 알파벳 문자 26개와 0부터 9까지의 숫자를 인식하고 기억할 수 있는지 조사했다. 이 방법과 함께 다양한 자극을 식별하는 능력을 검사하면서 마츠자와와 그의 동료들은 단기 기억, 순서sequence 학습, 생물학적 동작 인식, 색각 및 물체 인식, 얼굴 인식, 심지어 시각적 착시까지 테스트했다.

숫자 훈련은 아이가 다섯 살쯤 되었을 때 시작했다. 그녀는 이미 물체와 색상 이름에 해당하는 어휘문을 사용하는 방법을 배웠다. 아이는 먼저 11가지 색상에 대한 기호를 학습했다. 예를 들어, ◇기호가 있는 키를 누르면 된다. 그런 다음 적절한 키를 눌러 연필 ◆, 신발, 공, 숟가락 등 14개 물체에 대한 기호를 학습했다. 아이는 이 일을 잘할 수 있었고, 이는 마츠자와가 한 가지 유형의 물체, 이를테면 빨간색 연필의 양을 그녀에게 훈련시키고 나서 새로운 물체나 새로운 색상을 도입, 그녀가 새 물체에 여전히 숫자를 부여할 수 있는지 확인할 수 있음을 의미했다. 별도의 테스트에서 그녀는 자신이 고른 순서대로 숫자, 색상 및 물체를 입력하라는 요청을 받았다. 예를 들어 빨간색, 연필, 6 등이었다. 결과적으로 숫자는 항상 마지막으로 입력되었다.

물체로 이루어진 집합의 수를 숫자와 일치시키려면 아이는 집합을 이루는 물체의 성격과 무관한 수의 의미를 정신적으로 표현해야 한다. 즉, 아이의 수 표현은 적어도 상대적으로는 추상적이다. 내가 특히 특별하다고 생각하는 점은 다섯 살짜리 아이가 11개의 색상 기호, 14개의 물체 기호 및 6가지 수를 기억하고 올바르게 사용하며 필요에 따라 생성하는 방식이다.

위대한 영장류학자인 제인 구달도 아이에게 비슷한 인상을 받았다.

> 내가 그녀를 처음 봤을 때 그녀는 다른 침팬지들과 함께 울타리 안에 있었다. 우리는 눈을 마주쳤고, 나는 침팬지가 서로 인사할 때처럼 부드럽게 끙끙거리는 소리를 냈다. 그녀는 응답하지 않았다. 한 시간 후 나는 웅크린 채 작은 유리창 너머 그녀가 자신의 컴퓨터에 앉아 있는 모습을 지켜보았다. 마츠자와가 나에게 다음과 같이 경고했다. "그녀는 실수하는 것을 싫어하며 특히 낯선 사람이 보고 있을 때 더 그래요. 그녀는 곤두서서 당신을 향해 돌진하고 유리창에 부딪힐 거예요. 하지만 걱정하지 마세요. 방탄 유리거든요!"(마츠자와와 동료들이 편집한 「침팬지의 인지 발달」 서문(2006))

마츠자와와 그의 동료 도모나가 마사키는 일련의 점들이 한 화면에 무작위로 배열되고 매번 다르게 표시되는 실험을 설계했다. 인접한 터치스크린에는 숫자가 무작위로 배열되었고 시간마다 매번 달랐으며, 아이는 숫자 점에 해당하는 숫자를 터치해야 했다. 여기에는 두 가지 실험 조건이 있었다. 첫 번째는 아이가 숫자를 터치해야 점이 사라진다. 두 번째는 점들이 100밀리초 동안 노출된 다음 더 이상 보이지 않도록 추상 패턴으로 가려졌다.

짧은 노출 조건에서는 침팬지와 인간 4명의 수행 결과는 그 정확도가 비슷했다. 하지만 점 5개 이상에서는 침팬지가 훨씬 빨랐다. 무제한 조건에서는 점의 개수에 따라 인간과 아이 모두 반응 시간이 증가했지만, 가장 많은 개수였던 9개 점의 경우 아이가 특히 더 빨랐다.[3]

제인 구달은 일련의 숫자가 간략하게 제시되었음을 기억하면서 아이가 다른 작업을 수행하는 모습을 관찰했다.

> 한 사건은 이러한 집중력의 질이 어떻게 그녀의 성공을 촉진하는지 보여준다. 아이는 컴퓨터 화면 하나에 나오는 일련의 숫자를 암기하고 두 번째 화면에 이를 복제하는 어려운 과제를 수행하고 있었다. 나뿐만 아니라 영화 제작진도 참관했다. 과제 중 조용하고 평화롭곤 했던 아이는 첫 번째 과제에서 집중력을 잃기 시작했고, 그러자 다른 제작진이 더 잘 보기 위해 움직이면서 울타리에 부딪히기도 했다. 그녀는 실수하기 시작했고 몇 분 후에 그녀의 털이 곤두섰다. 나는 그녀가 겉으로 좌절감을 표출할 거라 확신했다. 대신에, 그녀는 갑자기 일을 완전히 멈추고, 털이 가라앉은 채 아주 가만히 앉아서 두 스크린 사이의 중간 지점을 응시하고 있는 것처럼 보였다. 적어도 30초, 어쩌면 더 오래 그녀는 움

직이지 않았다. 그런 다음 그녀는 다시 과제를 시작했다. 나머지 세션 동안 그녀는 시끄러운 인간 관찰자들에게 더 이상 주의를 기울이지 않았다. 마치 그녀가 포기하든지 힘을 모아 일을 계속하든지 결정한 것과 같았다! 어쨌든, 그 일시 정지가 무엇을 의미하든 그녀는 더 이상 실수를 하지 않았다! (마츠자와와 동료들이 편집한 「침팬지의 인지 발달」 서문(2006))

아이는 광범위한 훈련을 받았지만, 그녀의 아들 아유무는 어땠을까? 구달은 '나는 아유무가 컴퓨터로 작업하는 모습을 지켜봤다. 아이처럼 그도 집중력이 뛰어난 것 같았고 작은 보상을 위해 올바른 패널을 누르는 것을 좋아했다'고 적었다.

마츠자와가 실험하는 방식에서는 침팬지가 인지 과제를 수행하기 위해 실험실에 들어올지를 선택할 수 있다. 강제도 없으며 그렇게 하는 데 따른 추가적인 음식 보상도 없다. 침팬지는 그 일을 즐기는 것 같다. 또 암컷 성체가 새끼를 데리고 실험에 참여할 수도 있다. 야생에서 새끼는 어미와 함께 머물며 최대 5세까지 젖을 빨 수도 있다. 아이가 아유무를 데려왔을 때 아유무에게 터치스크린 컴퓨터가 제공되어 그가 원할 경우 엄마를 관찰하고 모방할 수 있었다.

그는 4살 때 숫자를 배우기 시작했다. 그는 연습을 시작하기 전인 태어날 때부터 어미가 컴퓨터에서의 모습을 지켜보고 있었다. 그의 차례가 오자, 그는 먼저 숫자 1을 터치한 다음 2를 터치하기 시작했다. 2004년 4월의 일이다. 그 후에 그는 1-2-3을 터치하는 법을 배웠고, 다음으로는 1-2-3-4를 터치하는 법을 배웠다. 점차 어미처럼 숫자 1부터 9까지 모든 숫자를 터치하는 데에 성공했다. 그런 다음 아유무는 다음 단계로 나아갔다. 숫자를 기억하는 것이다. 상상해보라. 모니터에 다섯 개의 숫자가 나타난다. 아유무가 첫 번째 숫자를 터치하면, 다른 숫자들은 흰색 사각형으로 바뀐다. 그럼에도 그는 올바른 순서로 사각형을 터치할 수 있다. 이 작업을 하려면 아유무는 첫 번째 터치를 하기 전에 숫자와 그것들의 위치를 기억해야 한다. 아유무가 숫자 다섯 개를 한눈에 외우는 능력은 이제 그의 어미와 인간 성인을 능가한다.

이 연구에서는 숫자가 표시된 후 가려지는 간격, 즉 보는 이가 정보를 받아들이기까지 걸리는 시간이 다양하게 변화되었다. 650밀리초의 간격에서는 인간들이 아유무와 비슷하나 속도를 보이지만, 그의 어미인 '아이'는 그러지 않았다. 더 짧은 간격에서는 아유무가 인간들보다 더 뛰어났다.[4]

이러한 연구들은 실험실에서 침팬지들이 매우 높은 수준으로 산술 능력을 발휘할 수 있음을 보여준다. 이는 그들의 뇌가 '숫자 모듈'을 물려받았을 가능성을 시사하지만 직접적으로 입증하지는 않는다. 이 모듈을 가지고 있다면, 침팬지들이 인간의 과제를 잘 수행하는 것은 그리 놀랍지 않을지도 모른다. 동물 종 중에서 큰 유인원인 침팬지, 고릴라, 보노보 그리고 오랑우탄은 우리와 가장 비슷한 특징을 가지고 있다. 이 중에서도 가장 유사한 것은 침팬지다.

침팬지는 인간*Homo sapiens*과 같은 과(사람과hominidae)의 구성원이며,

그들의 계통은 우리와 단지 600만 년 전에 분기되었다. 이는 지구 생명 역사에서는 그리 오랜 시간이 아니며, 척추동물의 역사 중 1%에 해당한다. 그들의 유전체와 우리 유전체의 차이는 겨우 2% 이하다. 그들의 뇌는 우리 뇌보다 작지만, 엄청 작진 않다. 평균적인 인간의 뇌는 1,350g이고, 침팬지의 뇌는 384g이다. 인간은 약 860억 개의 뉴런을 가지고 있으며, 침팬지는 280억 개의 뉴런을 가지고 있고 구조는 매우 유사하다.

침팬지의 인상적인 인지 능력은 놀라운 일이 아니다. 야생에서 생활하는 동안 그들에게는 항상 최신 정보로 업데이트된 인지 지도가 필요하다. 과일이 열리는 나무의 위치를 찾고, 과일이 익어 먹을 수 있는 시기를 계산하며, 실제로 특정 나무의 과일이 이미 채취되었는지 기억해야 하기 때문이다. 그들은 또한 어떤 식물의 어떤 부분을 먹을 수 있는지, 어떤 부분을 먹을 수 없는지도 알아야 한다.[5]

1970년대 미국의 원숭이학자 에밀 멘젤(1929~2012)의 훌륭한 연구가 하나 있다. 이 연구는 젊은 침팬지들이 어디에서 최고의 음식을 찾을 수 있는지 기억하는 능력을 보여주었다.[6] 실험 내용은 이렇다. 한 실험자가 실험 대상인 침팬지를 필드에 옮겨두고, 또 다른 실험자는 임의로 선택한 18곳에 각각 과일 한 조각을 숨겼다. 침팬지는 이 모든 것을 볼 수 있었지만, 일반적으로 하듯 음식에 접근할 수는 없었다. 멘젤의 팀은 16일 동안 매번 다른 장소에 과일을 숨기며 실험을 반복했다. 평균적으로, 침팬지 네 마리는 숨겨진 18개 음식 가운데 12.5개를 찾아냈으며, 음식의 위치를 본 적 없고 필드 주위를 뒤져 찾아보기만 했던 대조군 침팬지 두 마리는 평균적으로 하나도 찾아내지 못했다. 멘젤은 '일반적으로 실험군은 풀 덩어리나 잎사귀, 나무토막, 또는 땅의 구멍으로 정확히 달려가 먹이를 챙기고 잠시 멈춰 먹은 다음, 그다음 장소로 직접 달려갔다. 그곳이 얼마나 멀던, 무엇으로 가려져 있던' 이라고 보고했다.

두 번째 실험에서는 장소 중 절반은 과일 대신 침팬지들이 선호하지 않는 채소를 숨겼다. 이제 침팬지들은 과일이 있을 것이라 기억한 위치로 빠르게 이동했고 채소는 무시했다. 즉, 침팬지들은 잠깐 본 18곳의 위치와 그 안에 무엇이 있는지를 잘 기억했다. 하지만 더 놀라운 것은 실험군 침팬지들이 실험자의 경로를 따르지 않았다는 사실이다. 그들은 기억할 수 있었던 경로가 아니라 지름길인 최적의 경로로 갔다. 이는 침팬지들이 최적의 경로를 찾는 '외판원 문제'를 해결한 것과 같다. 이 문제는 뇌 속에 수준 높은 지도와 계산을 필요하지만, 아직 침팬지들이 이를 어떻게 해결하는지는 알려지지 않았다.

침팬지는 우리, 특히 석기시대의 인간 조상과 마찬가지로 영역을 지키고, 사회적이고, 작은 집단('공동체')에서 생활하고, 놀고, 양육하고, 공동으로 유아를 키우고, 죽은 자를 추모하고, 다른 공동체를 공격하고, 도구를 사용하고 만든다. 제인 구달이 대나무 줄기로 흰개미를 잡는 침팬지를 상세하게 묘사하고 알린 뒤로, 도구 사용은 아프리카 전역의 야생 침팬지 연구 조사에서 핵심이 되었다.

그들은 또한 목소리와 표정을 통해 의사소통하며 잡식성 동물이다(즉, 고기와 곤충을 포함하여 무엇이든 먹을 수 있지만, 과일을 선호한다). 그들은 협력하며 서열(알파 수컷)을 가진다. 그리고 다른 공동체 구성원을 인식하며 속임수를 부릴 수 있는 능력도 갖고 있다. 우리와 마찬가지로 그들은 활발한 사회적 학습자이다. 유아들은 어미로부터 대개 어떻게 하면 석기 절단 장치와 석기 망치를 써서 껍데기가 딱딱한 야자 열매를 깰 수 있는지 등 무리의 관행에 대해 배운다. 일반적으로 이것은 스승-견습생 학습의 한 형태이다. 스승(어미)이 정확하게 가르치는 것이 아니라 새끼가 자세히 관찰할 수 있도록 도와주는 방식이다. 이는 아유무도 마찬가지였다.

타이 국립공원의 아이보리 해안에서, 막스 플랑크 진화인류학 연구소의 크리스토프 보에쉬는 다른 침팬지 무리 속 어미들이 새끼를 적극적으로 가르치는 모습을 관찰했다. 다음은 어미가 새끼에게 가르치는 모습에 대한 설명이다.

> 1987년 2월 22일, 살로메는 매우 단단한 어떤 종류의 견과류를 까고 있었다. 6세인 사르트는 그녀가 까놓은 18개 열매 중 17개를 가져갔다. 그리고 어미가 지켜보는 가운데 어미의 돌 망치를 가져가서 스스로 견과류를 깨려고 시도했다. 이 견과류는 알맹이 세 개가 따로따로 딱딱한 껍데기에 둘러싸여 열기가 까다로웠다. 그리고 일부분 열린 열매는 반드시 정확한 위치에 다시 놓아야만 나머지 알맹이를 얻을 수 있었다. 견과류 하나를 성공적으로 열었을 때, 사르트는 두 번째 알맹이를 얻으려고 견과류를 모루 위에 되는대로 올렸다. 그러나 그가 망치질하기 전에 살로메가 그것을 손으로 잡고 모루 위를 정돈하고 조심스럽게 제 위치에 다시 올렸다. 그리고 살로메가 지켜보는 동안 사르트는 성공적으로 견과류를 깨고 두 번째 알맹이를 먹었다. 새끼가 혼자서 그것을 깨는 데

성공했을 수 있음에도 어미는 견과류를 둘 올바른 위치를 보여주었다.[7]

서로 다른 동물들, 특히 여기저기 떨어져 사는 동물들은 우리와 마찬가지로 다양한 문화를 가질 수 있다. 예를 들어 다른 도구 사용 방식을 가질 수 있다. 이것은 서부침팬지만이 하는 일이다. 중부침팬지와 동부침팬지들은 그렇지 않다. 이파리 접기는 물을 마시기 위해 사용되지만, 정확한 기술은 동물마다 다르다.[8] 어쩌면 적극적인 가르침도 특정한 침팬지 문화에만 해당하는 것일 수 있다. 사람과 마찬가지로 특정 기술을 습득할 수 있는 민감한 기간이 있는 것 같다. 그들은 4~5세에 견과류 까기를 배울 수 있고(최소 3세, 최대 7세), 그 이후에는 그것을 배우는 데 어려움을 겪는 것 같았다.

다른 대형 유인원들도 침팬지와 유사한 산술 능력을 가지고 있다. 한 연구에서 침팬지*Pan troglodytes*, 보노보*Pan paniscus*, 고릴라*Gorilla gorilla*, 그리고 오랑우탄*Pongo pygmaeus*은 둥글게 뭉친 먹이가 0개에서 10개 담긴 그릇 중 더 많이 담긴 그릇을 선택해야 했다. 이 작업에서 종 사이의 능력 차이가 없었다. 그들은 선택한 후에 먹이를 받았다. 그릇 안의 먹이를 볼 수 있는지, 그릇이 덮여 있고 숫자를 기억해야 하는지에 상관없이 종 간에 차이가 없었다. 보는 작업과 기억하는 작업에서 모두 그랬다.[9]

한 가지 가능성은 이 실험 대상들이 전혀 계산하지 않고 그냥 각 그릇 속 먹이의 양을 보기만 했거나, 각 그릇 안의 양을 기억한 것일 수 있다. 대신 유인원은 실제로 수를 세고 기억해야 했던 것일 수 있다. 이 과제에서 유인원은 먹이가 하나씩 A컵으로 떨어지고 그다음에 먹이가 하나씩 B컵으로 떨어져서 컵 안의 내용물을 볼 수 없었다. 이제 그는 컵을 선택해야 하며, 만약 선택한 컵에 더 많은 먹이가 담겼다면 더 큰 보상을 받게 된다. 어느 컵에도 6개 이상의 먹이가 담기지 않은 경우, 보노보를 제외한 모든 유인원은 더 많은 먹이가 담긴 컵을 선택하는 데 성공했다. 개수가 6에서 10개 사이인 경우, 어느 유인원도 성공하지 못했다.[9] 따라서 유인원이 비교 작업을 수행하기 위해 기억할 수 있는 항목의 상한이 있다고 볼 수 있다.

우리와 마찬가지로 침팬지들은 협력적으로 사냥을 조율하며, 잠재적 동료를 지키고 영토를 순찰하는 연합을 형성한다. 여러분은 집단이 길을 건너야 할 때 지배적인 수컷들이 경호원처럼 행동하는 동영상을 봤을 수 있다. 그렇다면 수 세기는 어떨까? 그들은 협력적으로 숫자를 세어낼 수 있을까? 이는 또 다른 마츠자와 연구실의 흥미로운 실험이다.

위에서 설명한, 아이와 아유무가 숫자를 순서대로 터치해야 했던 작업을 생각해보라. 그들은 아이가 1을 터치하고, 그다음 아유무가 2를 터치하며, 아이가 3을 터치하는 식으로 협력할 수 있을까? 이 실험에서는 어미와 자식 셋이 동원되었다. 모두 숫자의 순서에 익숙했다.[10]

결과적으로 모든 쌍이 빠르게 작업을 배웠는데, 시행착오 보정은 최소한이었고 정확도는 거의 완벽했다. 따라서 이 모든 침팬지는 1부터 9까지의 수를 올바른 순서로 배울 수 있을 뿐만 아니라 올바른 순서대로 각 숫자를 터치하기 위해 협력할 수 있었다. 어떤 문제도 없었다.

이러한 산술 능력은 유인원에게는 탁월한 것이지만, 이러한 능력이 야생에서 어떻게 활용되는지는 철저히 조절된 실험으로 알기 어렵다. 야생에서 협력적인 수 사용을 관찰할 수 있을까? 크리스토프 보에쉬의 연구에서 한 가지 사례가 있다. 그는 가시거리가 20m를 넘기기 힘든 빽빽한 태국의 열대우림에서 침팬지 군체를 연구하고 있었다. 그럼에도 침팬지들은 일반적으로 7~12마리 정도 군집을 이뤄 먹이를 찾아 나가지만, 대략 80마리 규모의 공동체와 연락을 유지한다. 한 군집이 다른 군집을 보지 못하는 빽빽한 밀림 속에서 그들은 수 시간 동안 일정한 방향으로 움직인다. 이때 그들은 청각적으로 의사소통을 한다. 하나는 '팬-훗pant-hoot'이라는 호출로 크게 부르는 방식이고, 다른 하나는 손이나 발로 나무의 기둥뿌리를 '북치기' 하는 것이다. 이는 1km 이상 떨어진 곳에서도 들을 수 있다.

40년 전 보에쉬가 하나의 군집에서 관찰한 것은 꽤 놀라웠다. 지배적인 수컷 브루터스가 나무 뿌리를 북치기했다. 브루터스가 같은 나무에 북치기를 두 번 하자, 모두가 멈춰서 60분 동안 휴식을 취하고 다시 일을 시작했다. '한 번은 브루터스가 같은 나무에 4번 북치기를 하더니, 그 후로 공동체가 2시간 16분 동안 휴식을 취했다. 하나의 사례로는 어떤 결론을 내리기는 어렵지만, 북치기의 연속 횟수가 휴식의 길이를 나타낼 수도 있다'. 게다가 브루터스가 한 나무에 첫 번째 북치기를 하고 다른 나무에 두 번째 북치기를 했을 때 이것은 이동 방향을 두 나무 사이의 방향으로 바꾼다는 의미였다.[11] 보에쉬가 옳게 지적한 것처럼, 수량이 상징체계의 한 요소인 곳에서 이것은 하나의 상징적인 의사소통이다.

이 몇 번의 북치기는 사실 브루터스에게만, 심지어 태국 숲에만 한정되지 않았다. 이것은 제인 구달이 탄자니아의 곰베 스트림 국립공원과 우간다의 키발레 국립공원에서도 관찰되었다. 태국의 숲에서 보에쉬의 연구팀은 브루터스, 그리고 다른 다섯 마리 성체 수컷으로부터 소리를 녹음해 수집했다. 인정하건대 사용된 숫자는 2까지였다. 2를 두 번 써서 4를 나타낸 예가 있긴 해도 말이다.

야생에서의 산술 평가는 침팬지 군단 둘이 충돌할 때 발생하기도 한다. 구달이 곰베에서 처음 관찰한 것처럼 침팬지들은 영토를 지키는데, 행동 영역이 정해져 있으며 수컷들은 자신의 영토로 침입하는 다른 수컷들을 공격한다. 그녀가 관찰한 다섯 번의 치명적인 전투는 적어도 셋 이상의 성체 수컷이 경쟁 군단의 한 마리를 공격하거나 혹은 경쟁 상대를 수적으로 능가하는 경우였다. 이 맹수들은 자신들의 수와 경쟁 상대의 수를 비교했을까? 어떻게 알 수 있을까?

답은 '재생playback' 실험을 통해 찾을 수 있다. 이 방법은 다른 방법으로 연구하기에는 너무 크거나 강하거나 위험한 생물들에게 적용될 수 있다. 예를 들어, 세렝게티 사자의 영토 방어에 관한 카렌 맥콤의 연구에서 영감을 얻었다(5장을 참조하라). 만약 한 침팬지 군단이 주변에서 들리는 익숙한 팬-훗을 듣고 영토에 침입한 낯선 이로 간주한다면, 그들은 어떻게 대처해야 할지 결정해야 한다. 수컷들은 낯선 수컷을 공격하고 죽이려 할 수 있으며, 그들이 수컷 침입자를 수적으로 능가하는 경우 더욱 성공적일 것이다. 수적으로 불리한 상황에 있는 공격당하는 사자는 도망가는 경향이 있으며, 살아남아 또 다른 날에 싸울 것이다.

우간다의 키발레 국립공원에서 하버드대학교의 마이클 윌슨, 마크 하우저, 리처드 랭엄은 영토 방어자들이 공격하기 전에 실제로 침입자의 수를 산술적으로 평가하는지를 실험했다. 그들은 칸야와라 커뮤니티 영토 가장자리에 외부 수컷들의 팬-훗을 재생하는 스피커를 설치했다.[12]

결과는 분명하고 명료했다. 방어자가 셋 이상일 경우 거의 확실히 반응했다. 즉 자신들만의 공격적인 팬-훗을 내놓았으며, '침입자'를 공격할 확률은 방어자의 수가 증가함에 따라 높아졌다. 여덟 마리 방어자는 거의 확실히 스피커에 접근하는 공격을 시작했다.

이것이 진짜 산술적 평가일까? 이것은 방어자가 청각 정보인 스피커의 팬-훗을 시각 등의 다른 양상 정보와 비교한다는 점에서 추상적이다. 방어자들은 주변을 둘러보면서 몇 명이 있는지를 확인한다. 그러나 이것은 n 대 1의 경우이다. n은 1에서 약 9까지일 것이다. 침입자의 수가 변하는 경우 어떻게 될지를 보는 것이 더 흥미로웠을 테다. 비율 차이의 효과, 즉 베버 분수가 특징적으로 나타났을까? 이것은 5장에서 보듯 맥콤과 그녀의 동료들이 사자 군집에 대한 재생 실험에서 한 것과 유사한 내용이다.

실험실에서의 몇몇 증거에 따르면 침팬지들은 간단한 계산을 수행할 수 있는 능력을 가지고 있을 뿐만 아니라 여행하는 판매원 문제와 같은 더 복잡한 실생활 계산도 수행할 수 있다. 예를 들어, 사라 보이센은 셰바에게 숫자와 물체 집합을 연결하는 훈련을 시켰다. 예를 들어 '2'를 ■■와 연결시켰다. 셰바는 두 개의 숫자가 표시된 영역을 탐색하고, 그런 다음 다섯 개의 수자 중 하나를 선택하고 보상을 받을 수 있었다. 그녀는 곧 두 숫자의 합계를 선택하는 법을 배웠다(예: 1은 1+0; 2는 0+2 및 1+1; 3은 0+3 및 1+2; 4는 1+3 및 2+2로 구성된다).[13] 이것은 보이센이 언급한 바와 같이, 아이들이 숫자를 배우는 방식과 매우 다르다(2장을 참조하라). 심지어 아이Ai의 초기 성과와도 다르다. 예를 들어 새로운 숫자를 배울 때(예: 3), 그녀는 1과 2의 의미에 대한 지식에서 3이 새로운 숫자를 의미한다고 일반화하지 않았다. 반면 인간 아이들은 어느 정도 지나고 나서 스스로 다음 수 단어와 수의 의미를 일반화하는 경향이 있다. 아이들이 먼저 말로 된 단어를 배우며, 다른 단어의 의미를 듣는 것과 마찬가지로 다양한 맥락에서 배우기 시작한다는 것은 주목할 가치가 있다. 그러므로 언어를 가지지 않는 침팬지와 비교했을 때 아이들은 우위에서 시작한다.

◈ 원숭이

원숭이들은 고등 유인원과 비교했을 때 우리와 훨씬 먼 종이며, 약 3,000만 년 전에 공통 조상에서 분기되었다. 이에 비해 유인원은 약 600만 년 전에 분기되었다. 원숭이들은 또한 고등 유인원보다 뇌가 훨씬 작다. 예를 들어, 우리가 나중에 보겠지만 인간 능력의 모델로 자주 사용되는 레서스원숭이*Macaca mulatta*의 뇌는 약 96g으로, 64억 개의 뉴런을 포함한다. 이는 침팬지의 384g 뇌와 28억 개의 뉴런과 비교된다. 물론 크기만큼 중요한 것은 아니며, 구조는 비슷해 보이지만 원숭이 뇌는 인간 또는 침팬지 뇌의 작은 버전이 아니다. 인간 인지에 중요한 전두엽 피질과 아마도 침팬지의 경우도, 원숭이보다 상대적으로 작다. 나중에 보게 될 것처럼 물고기와 심지어 곤충의 작은 뇌조차도 계산을 할 수 있다. 어떤 생물이 어떤 것을 계산할 수 있으며 얼마나 나아갈 수 있는지가 중요한 질문이다.

원숭이의 산술 능력을 분명히 보여준 첫 번째 연구는 뉴욕의 콜럼비아대학교의 엘리자베스 브랜넌과 그녀의 지도교수 허브 테라스에 의해 수행되었다.[14] 이 장에는 엘리자베스의 정보가 더 많이 담겼다. 그들의 연구는 산술 능력을 엄격하게 실험했다. 1개에서 4개의 물체가 담긴 두 개의 집합 중 더 큰 것을 선택하는 훈련을 마친 후, 원숭이 로젠크란츠와 맥더프에게 두 개의 새로운 쌍이 제시되었고, 중요한 건 새로운 쌍이 제시되었을 때의 반응이었다. 새로운 쌍의 일부는 실험 때 익숙해진 물체 집합이었고, 일부는 새로운 물체였다. 로젠크란츠와 맥더프는 훈련 시 더 큰 것을 선택하면 보상을 받았다. 이것은 '기구적 조건화instrumental conditioning'의 예시이며, 허브 테라스는 이 패러다임의 대가인 프레드 스키너의 제자였다. 그들이 다른 시각적 특징이 아닌 수량에 반응하는지 확인하기 위해 매우 광범위한 통제가 적용되었다. 〈그림 1〉은 사용된 몇 가지 자극 집합을 보여준다.

원숭이들은 두 집합이 모두 익숙한 물체로 이루어진 경우뿐만 아니라 한 집합이 새로운 물체의 집합이거나 두 집합이 모두 새로운 물체로 이루어진 경우도 수의 순서를 배웠다.

원숭이들은 보거나 들은 것만을 세도록 제한되지 않았다. 그들이 하는 일도 셀 수 있다. (5장에서 액션 카운팅에 대해 더 자세히 살펴보겠다). 일본의 토호쿠대학교의 준 탄지 박사와 그의 동료들은 일본원숭이*Macaca fuscata*

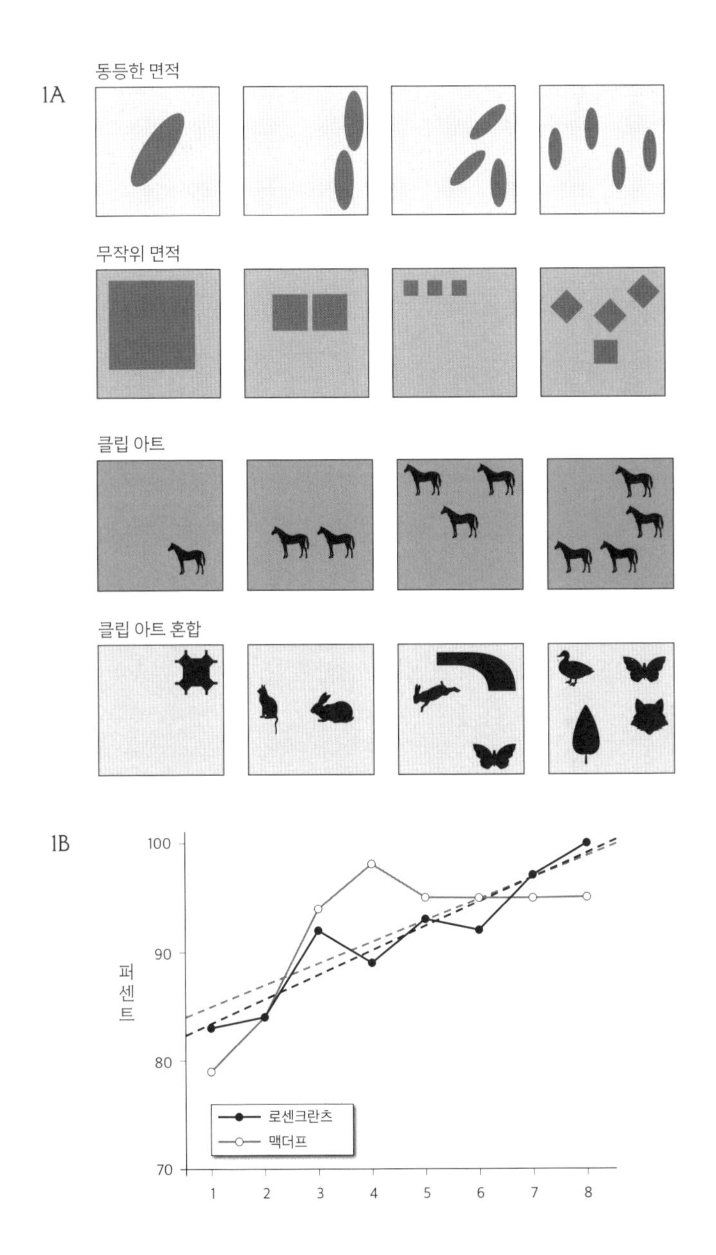

▲ 〈그림 1〉 1A: 원숭이의 첫 번째 수의 개수 정렬 실험에 사용된 자극의 예시. 1B: 두 개의 새로운 집합이 제시된 시험 시행의 결과. 베버의 법칙을 따르며, 두 집합 간의 차이가 클수록 더 큰 집합이 더 정확하게 선택되었다.[14]

에게 지레를 다섯 번 누르고, 1.4~7.5초 동안 기다려서 신호를 받고, 지레를 다섯 번 돌리는 과정을 반복하라고 요구했다. 훈련이 많이 필요했지만, 10개월 후에 이들은 매우 정확하게 훈련되었으며, 항상 적어도 네 번 이상 과정을 바르게 수행했다.[15]

캐나다의 겔프대학교의 동물 인지 전문가인 행크 데이비스는 동물들이 산술 정보를 사용할 수 있지만, 그들이 판단을 내리는 데 다른 양적 측정(면적, 부피, 시간)이나 양과 상관없는 특성(색상, 형태, 냄새)이 사용될 수 없을 때에만 '마지막 수단'으로 사용한다고 믿는다.[16,17] 엘리자베스 브랜넌과 제시카 캔틀론이 노스캐롤라이나 주 듀크대학교에서 수행한 훌륭한 실험은 사실 원숭이들이 선택을 할 때 산술 평가를 첫 번째 수단으로 사용한다는 것을 시사한다.[18] 이를 검증하기 위해, 원숭이들에게 숫자나 잠재적으로 관련 있는 관점 - 색상, 표면적 또는 형태 - 을 기준으로 연결하는 선택지를 (1장을 참조하라) 제시하는 매치-투-샘플match-to-sample 과제를 사용했다. 예를 들어 〈그림 2A〉에 나와 있는 것처럼, 원숭이들은 두 개의 디스크를 선택하도록 훈련되었고 보상을 받았는데, 그들은 디스크의 특성 또는 둘이라는 사실에 반응한 것일 수 있다. '프로브 시행probe trial'에서는 두 개의 디스크가 제공되지 않았기 때문에, 원숭이들은 '두 개의 단검'이라는 숫자 또는 '네 개의 점'이라는 형태를 기준으로 선택할 수 있었다.

마찬가지로 〈그림 2B〉에 나와 있는 것처럼, 원숭이들은 큰 사각형 하나를 선택하도록 훈련되었으며 프로브 시행에서는 숫자 - 하나 - 또는 면적을 기준으로 선택할 수 있었다.

핵심 결과는 원숭이들이 먼저 숫자를 사용한다는 것이었지만, 비

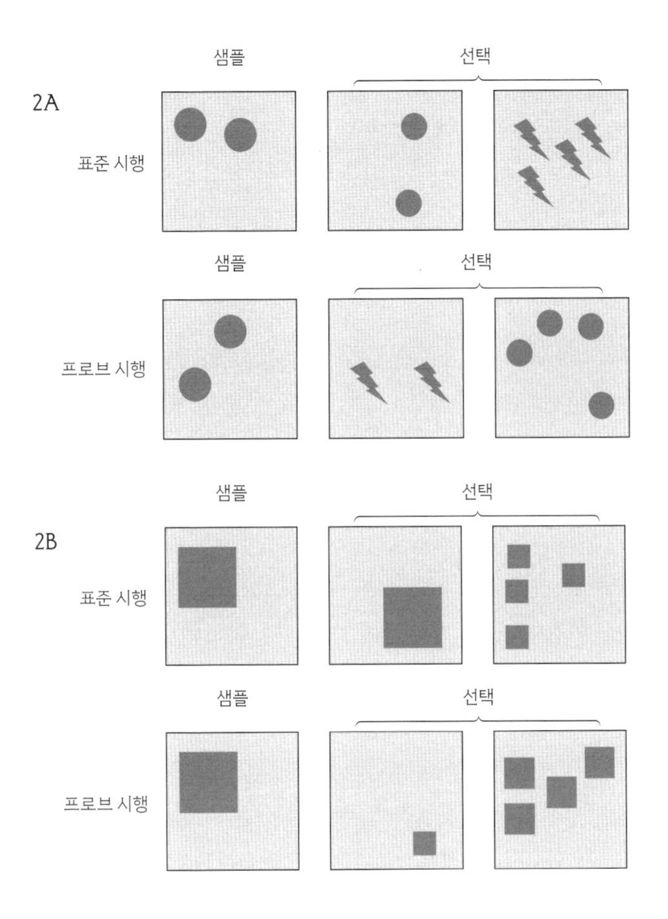

▲ 〈그림 2〉 매치-투-샘플 과제. 원숭이들은 '표준 시행'에서 훈련받은 다음, 훈련된 자극이 포함되지 않은 '프로브 시행'에서 선택을 해야 한다. <2A>의 프로브 시행에서 원숭이는 수(두 개) 또는 형태를 기준으로 선택할 수 있으며, <2B>의 경우 수(한 개) 또는 면적을 기준으로 선택할 수 있다. 양쪽 모두에서 원숭이들은 다른 특성보다 수를 기준으로 선택하는 경우가 더 많았다.[18]

율이 너무 어려운 경우(25% 이하)나 수가 너무 큰 경우(8개 이상의 물체)에는 다른 관점에서 선택했다.

사실, 원숭이들이 수를 구별하는 능력은 인간과 유사하지만 약간 떨어진다. 두 종 모두 놀라운 비율 효과를 보여주는데, 이는 최소값/최대값으로 그래프에 표시되며 비율이 높을수록 어려움이 증가한다.[19]

브래넌 연구실에서 발견된 원숭이와 인간 사이의 또 다른 유사점은 산술에 관한 것이었으며, 이는 '원숭이와 대학생의 기본 수학'이라는 흥미로운 제목의 논문으로 보고되었다.[20] 물론 원숭이가 '3+2=?'와 같은 문제에 정답을 내놓을 거라 기대할 수는 없을 것이다(특별히 숫자를 사용하도록 훈련되지 않는 한 말이다. 아래를 보라). 산술 문제는 다르게 제시되어야 한다. 원숭이나 인간은 예를 들어 세 점이 있는 패널을 본 다음, 0.5초 후에 네 점이 있는 패널을 보고, 0.5초 후에 두 개의 작은 패널이 있는 패널을 볼 것이다. 작은 패널 중 하나는 일곱 점이 있고(정답), 다른 하나는 네 점이 있을 것이다(부정답). 피실험자의 과제는 올바른 숫자의 작은 패널을 터치하는 것이었다. 초기 훈련에서는 덧셈이 1+1, 2+2, 4+4였다.

나중 실험에서는 합이 2, 4, 8, 12, 16인 모든 가능한 덧셈을 실험했다. 예를 들어 합이 8인 경우, 덧셈은 1+7, 2+6, 3+5, 4+4, 5+3, 6+2 또는 7+1일 수 있다. 두 원숭이인 박서와 파인스타인, 그리고 열네 명의 대학생 모두 이 작업을 수행할 수 있었으며, 두 집단 모두 유사한 양상을 보였다. 정확도는 두 선택의 비율(베버의 법칙)에 따라 달랐으며, 두 집단 모두 '크기 효과'를 보였다. 즉, 정확도는 합의 크기에 따라 달랐으며, 더 큰 합일수록 정확도가 낮아졌다. 캔틀론과 브래넌은 원숭이(및 인간)이 결정을 내릴 때 점들의 전체 표면적을 사용하지 않도록 하고, 단순히 더 큰 집합을 선택하는 것이 좋은 전략이 되지 않도록 선택지 사이의 균형을 맞췄다. 물론 원숭이와 대학생 사이에 중요한 차이점이 있다. 인간은 즉시 이 작업을 수행할 수 있었지만, 원숭이는 이러한 흔치 않은 성과에 도달하려면 최소 500회의 훈련 실험을 해야 했으며, 나중 실험을 시작하기 전에 각각 5,000회의 훈련 실험을 거쳤다(훈련량은 원숭이 연구가 피험자와 실험자 모두에게 매우 힘든 작업인 이유 중 하나다).[20]

원숭이들에게 기호를 가르칠 수도 있다. 몇 년 동안 진행된 연구에서 세 마리의 원숭이에게 주스 방울의 개수를 0부터 9까지 나타내는 기호 0, 1, 2, 3, 4, 5, 6, 7, 8, 9 그리고 주스 방울 10~25개를 나타내는 문자 X Y W C H U T F K L N R M E A J를 가르쳤다. 하버드대학교 신경과학자 마거릿 리빙스턴과 그녀의 동료들은 원숭이들의 기호 능력에 근거한 매우 창의적인 실험을 수행했다. 그들은 원숭이에게 두 수를 더하는 능력을 시험했다. 기본적인 설정은 다음과 같다. 화면의 왼쪽 또는 오른쪽에는 숫자, 예를 들어 6이 있고 다른 쪽에는 두 숫자, 예를 들어 4와 3이 있다. 4와 3의 합은 6보다 크기 때문에 '하나 짜리 singleton'가 아닌 합계를 선택하면 보상으로 주스 방울을 더 많이 받게 된다. 초기 훈련에서는 기호 대신 점이 사용되었고, 물론 오른쪽에 있는 점은 더하지 않고 세기만 할 수도 있다. 기호는 셈을 요구하지 않는다. 그러나 원숭이들은 이러한 기호와 주스 방울 개수의 관계에 대해 많은 경험을 했으므로 실제 덧셈을 하기보다는 어떤 종류의 연관성을 사용할 수도 있었다. 이 가능성을 해결하기 위해 실험자들은 원숭이에게 0에서 25까지의 숫자를 나타내는, 사각형으로 구성된 완전히 새로운 기호 시리즈를 가르쳤다. 여기 일부 예시 ▟▜▛▙▜▀▟▙가 있다. 예를 들어 원숭이 주제는 단일 기호(19방울에 해당)보다는 두 기호의 합(9+13=22방울)을 화면에서 선택할 수 있었다.[21]

첨가 요소의 주관적 가치와 관련지어 원숭이들이 점, 숫자 및 새로운 기호 형태의 합계 값을 표현하는 방법을 모델링 할 수 있다. 대략적으로 말하면, 합계의 정신적 표상은 실제로 세 가지 조건 모두에서 첨가 값의 정신적 표상을 순차적으로 합친 것으로 나타난다. 그러나 작은 수의 가치는 때로는 과소평가되고 큰 수의 가치는 과대평가될 수 있지만, 이는 전시된 모든 수에 따라 달라진다.

이러한 실험실 연구들은 아주 훌륭하지만, 원숭이들이 이러한 산술 능력을 훈련 없이도 자발적으로 사용할 수 있는지 의문이다.

◈ 자연스럽게 하는 일

'현장 실험'을 사용하여 이를 해결할 수 있다. 초기 실험 중 하나는 푸에르토리코의 카요 산티아고 섬의 원숭이가 자유로운 상황에서 하는 자연스러운 포식을 모방한다. 원숭이들은 큰 보호 구역에서 생활하며, 원한다면 실험에 참여할 수 있다. 이것이 동물 행동 전문가인 마크, 릴란 하우저 그리고 앞서 봤던 심리학자 수전 캐리가 산술 능력을 평가한 방법이다.

> 두 명의 연구원은 서로 2m 떨어진 곳에 섰고, 실험 대상 원숭이와는 5~10m 거리에 있었다. 각 연구원은 독특한 색상의 불투명한 상자를 보여주었고, 그 안이 비어있다는 것을 강조하기 위해 상자를 측면으로 기울이고 손을 쫙 펼쳐 넣었다. 그리고 상자

를 원숭이의 발 앞에 놓았다. 그다음 한 연구원은 사과 조각을 한 개 이상 상자 안에 넣었는데, 이때 원숭이가 상황을 지켜보도록 했다. 물건이 준비되면 연구원은 일어나서 아래를 보았다. 이어서 다른 연구원은 자신의 상자에 사과 조각을 하나 이상 넣고 일어나서 아래를 바라봤다. 이 일련의 사건이 끝나면 두 연구원은 뒤돌아 서로 반대 방향으로 걸어갔다.[22]

훈련은 없었으므로 관찰된 행동은 원숭이들이 자연스럽게 하는 행위였다. 마치 잘 익은 과일이 서로 다른 개수만큼 열린 두 가지를 쳐다보는 것과 같았다. 그렇다면 원숭이들은 사과 조각이 더 많이 든 상자를 선택할까? 이를 알기 위해서는 세 가지 작업이 필요하다. 상자 1에 있는 조각들을 세고(더하고), 상자 2에 있는 조각들을 세고(더하고) 그리고 그 결과를 비교하는 것이다. 1장에서 소개한 단순 누적 모델 관점에서 보면, '참조 기억reference memory'이 상자 1에서 작동하고, 상자 2를 위한 '작업 기억working memory'이 상자 2에서 작동한다. 이렇게 하면 두 가지 기억의 양을 비교하기만 하면 된다. 자연에서 원숭이들은 노력을 최소화하며 가장 많은 과일을 모으는 데 성공한다.

여기서 15마리의 원숭이들을 실험했는데, 조각 2개 : 1개, 3개 : 2개, 4개 : 3개, 또는 5개 : 3개 중에 결정을 내리는 데 어려움이 없었으나, 비율 차이(베버 분수)가 작은 경우 - 5 : 4(25%) - 나 어느 한 숫자가 5보다 큰 경우에는 실패했다.

이제 원숭이들이 실제로 세거나 더하지 않고, 그저 각 상자에 있는 먹이의 총량을 추적한다는 가능성이 남아 있다. 하지만 이 전략은

각 조각의 양을 더하거나 합산해야 하므로, 나로서는 이것이 더 어려운 과제처럼 보인다.

브랜넌과 그녀의 팀이 수행한 다른 실험은 전혀 훈련이 필요하지 않았으며, 다시 원숭이가 자연스럽게 행동하는 것을 강조했다. 실제로 이 실험은 원숭이가 수량이라는 추상적인 개념을 사용하는 능력을 보여준다.

실험군 원숭이는 다른 원숭이들이 목소리를 내는 비디오를 1~3개 보았다. 예를 들어 한 모니터에는 목소리를 내는 원숭이 3마리가 있고, 다른 모니터에는 2마리가 있는 식이다. 동시에 실험군 원숭이들은 3마리 또는 2마리의 목소리를 듣는다. 그들은 들리는 목소리의 개수와 보이는 원숭이의 마릿수가 일치하는 영상을 더 오래 바라봤다.[23]

여기에는 어떤 과제도 없었다. 브랜넌과 그녀의 동료들은 단순히 실험군 원숭이가 3마리나 2마리의 원숭이 비디오를 바라보는 시간을 기록했다. 결과적으로 이들은 원숭이 목소리의 개수와 보이는 원숭이의 마릿수가 일치하는 모니터를 더 오랫동안 바라보는 경향이 있었는데, 즉, 그들은 시각적 수량과 청각적 수량을 예상한 것보다 더 자주 일치시켰다.

브랜넌 연구실의 놀라운 특징 중 하나는 그녀, 그녀의 학생들과 동료들이 심히 까다로운 실험 집단인 원숭이와 인간 아기에 대해 실험하면서 종종 두 집단 모두에게 동일한 실험적 접근법을 사용한다는 것이다. 이 연구실은 이 도전에 참여하는 유일한 연구실인 것 같다. 다른 연구실들은 둘 중 하나에만 집중한다. 따라서 당연하게도 브랜넌은 아기들을 데리고 병렬 실험도 진행했다. 7개월 된 영아들은 인간 2

명 또는 3명의 목소리를 들었다. 그들은 들리는 목소리 수와 보이는 사람 수가 일치하는 비디오를 더 오랫동안 바라봤다.[24]

푸에르토리코의 카요 산티아고의 자유로운 원숭이들을 대상으로, 예일대학교의 마크 하우저와 동료 두 명은 카렌 윈이 인간 아기와 함께 시행한 연구를 따라 했다(2장을 참조하라). 이 연구는 작고 어린 인간처럼 원숭이들도 덧셈을 수행할 수 있다는 것을 보여줬다.25 논리는 간단하다. 덧셈에서 불가능한 결과가 나오는 경우 원숭이들은 어떻게 반응할까? 다음은 한 가지 예다. 원숭이에게 그가 선호하는 먹이인 레몬 3개를 보여주고, 그 뒤에 스크린으로 가린다. 그런 다음 원숭이에게 레몬 1개가 스크린 뒤로 들어가는 것을 보여준다. 스크린을 치우면 레몬의 개수가 나타난다. 3+1의 올바른 합인 레몬 4개가 나타날 수도 있지만 3+1로는 불가능한 합인 레몬 8개가 나올 수도 있다. 원숭이는 이 두 가지 결과에 다르게 반응할까? 불가능한 결과에 더 오랫동안 주목할까? 윈의 아기들은 불가능한 결과에 더 오랫동안 주목했다. 원숭이들도 그러할까? 물론 8개의 레몬은 4개보다 구미가 당길 것이므로 이 실험은 이를 통제해야 한다. 한 실험 조건에서 원숭이는 4+4=4 또는 4+4=8을 봤다. 만약 그 원숭이가 양이 많은 레몬을 더 오래 본다면, 그러면 8을 더 오래 봐야 했을 것이다. 내가 '산술적 기대'라고 부르는 것을 가지고 있다면 4를 더 오래 봐야 했을 것이며, 원숭이는 실제로 그랬다.

또 다른 가능성은 원숭이들이 레몬의 총량에 반응하는 것일 수 있다는 것이다. 이 역시 큰 레몬, 중간 레몬, 작은 레몬을 사용해 원숭이들이 이 상황에서 마지막 수단으로만 숫자를 사용하는지 확인할 수 있다. 원숭이들이 훈련받지 않았다는 점에 주목하라. 원숭이는 한 번만 시도할 수 있으므로 측정되는 결과는 원숭이에게 자연스러운 일이다.

많은 다른 상황에서와 마찬가지로, 핵심 변수는 베버 비율이다. 이는 두 결과 간의 비례적 차이를 나타내는 좋은 지표로, 원숭이가 실제로 수 프로세스를 사용하고 있다는 것을 나타낸다. 예를 들어, 2+2의 결과가 6인 경우와 4인 경우(어려운 2:3 비율)에 원숭이가 동일한 시간 동안 바라봤다. 다시 한번 훈련받지 않은 원숭이와 아기 사이의 유사점을 볼 수 있다.

◈ 원숭이 마피아와 원숭이 비즈니스

인도네시아 발리의 울루와투 사원에서는 자유롭게 활동하는 긴꼬리원숭이*Macaca fascicularis*들이 사업을 진행한다. 이들은 관광객들을 훔쳐보는데, 훔친 물건을 음식으로 교환할 의사가 있다. 이것은 학습된 행동이다. 나이가 많은 원숭이들이 어린 원숭이들보다 이 행위를 더 자주 실시하며, 울루와투의 몇몇 집단은 다른 집단보다 더 자주 이를 실시한다. 관광객이 많이 있는 다른 지역의 원숭이들은 이 행위를 전혀 실시하지 않는다. 이들은 안전하게 보호되지 않은 안경, 모자, 신발, 카메라와 같은 물건들을 훔치는 것을 선호하는 것 같다. 이 물건들은 종종 제대로 고정되지 않아 쉽게 가져갈 수 있기 때문이다.[26] 그런데 이 사원의 원숭이들이 왜 당신의 카메라를 원하는 것일까? 원숭이에게는 이에 대한 본질적인 가치가 없지만, 이들은 이러한 물건들이 나중에 가치 있는 물건으로 교환할 수 있는 토큰으로 사용될 수 있음을 배웠다. 예컨대 먹이 말이다.

하지만 관광객에게 가장 가치 있는 물건들이 교환 과정에서 가장 큰 식량 보상을 가져올까? 이것은 캐나다 레스브리지대학교의 생태학자인 장-바티스트 레카와 그의 동료들이 질문한 내용이다.[27] 이들 원숭이들이 훔치려고 하는 물건 중에는 휴대폰, 지갑, 안경 등이 있다. 인터뷰에서 레카는 '이 원숭이들은 소지품을 가슴과 등에 꽉 묶은 지퍼 달린 핸드백 안에 보관하라는 사원 직원의 권고를 듣지 않는 부주의한 관광객들로부터 이 물건들을 빼앗아가는 전문가가 되었다'고 말했다.[28] 어린 원숭이들은 훔친 물건의 가치를 이해하는 것 같지 않았지만, 나이가 많은 원숭이들은 알고 있었으며, 고가의 물건을 중간 가치의 물건보다 더 많이, 중간 가치의 물건보다는 저가의 물건을 더 많이 겨냥했다.

그뿐만 아니라 다른 가치를 가진 물건들이 동일한 관광객에게 접근 가능한 경우, 나이가 많은 원숭이들은 가장 가치 있는 물건을 선택하는 경향이 있었다. 이 똑똑한 원숭이들, 적어도 그중 가장 숙련된 원숭이들은 더 가치 있는 물건들을 훔치기만 하는 것뿐만 아니라 이 물건들이 교환 과정에서 더 큰 보상을 가져올 수 있다는 것을 배웠으며, 별로인 제안을 거절하고 식량이나 선호하는 음식이 더 제공될 때까지 기다릴 준비가 되어 있었다. 미숙한 어린 원숭이들은 고가의 물건에 대해서도 첫 번째 제안을 수락하는 경향이 있었다. 이들은 아직 훔친 물건의 교환 과정에서의 가치를 배우지 않은 것 같다.

레카와 동료들은 이 숙련된 행동을 '가치 기반 토큰 선택'과 '강탈/교환 보상 극대화'라고 부른다. '당신의 멋진 카메라를 잃는 건 싫겠죠?'라는 말로 시작하는 원숭이 마피아의 갈취 사업이다.

이 행동에는 분명한 계산이 있지만, 계산에 실제로 숫자를 사용하거나 숫자와 관련된 내용이 포함될까? 경험 많은 원숭이는 훔치기 가능한 다양한 유형의 물건에 대한 주관적인 가치 척도를 기억해야 한다. 이 척도는 순서일 수도 있다. 예를 들어, 카메라〉안경〉스카프처럼 말이다. 또는 각 물건 유형에 수를 부여할 수도 있다. 카메라=과일 3개, 안경=과일 2개, 스카프=과일 1개와 같은 것이다. 이것은 교환 과정에서 직접 활용될 수 있다. 레카와 동료들은 이러한 행동에 필요한 다양한 인지 능력을 고려하고 있다.

> 우선순위 전이성, 자제력, 지연된 만족감, 행동 계획 및 계산된 상호 작용은 개인 최적의 경제 결정 능력을 촉진하거나 제약할 수 있다. 비록 이러한 특성들이 이 연구에서 명시적으로 검토되지는 않았지만, 이 중 일부는 미래에 우리의 탐구 주제가 될 것이다. 그러나 유감스럽게도 산술 능력은 그렇지 않다.

◈ 개코원숭이는 두뇌로 계산하고 발로 투표한다

실험실 형식의 설정에서 개코원숭이들은 산술 능력을 보인다. 실제로 매우 흥미로운 한 연구는 그들이 논리적으로 볼 때 계산에 해당하는 능력을 발휘할 수 있음을 보였다. 이것 또한 엘리자베스 브랜넌의 연구실에서 나왔다(〈그림 3〉을 참조하라).[29]

개코원숭이들은 더 큰 묶음을 선택하도록 훈련받지 않았다. 그들은 단순히 양동이 안에 있는 땅콩의 개수를 알게 되었다. 그들은 두 번째 양동이 안으로 들어가는 땅콩의 개수를 지켜보다가, 개수가 첫 번째 양동이 속 개수와 같아지면 두 번째 양동이로 움직이기 시작한

a) 양동이 1에 순차적으로 5개의 먹이가 채워진다

원숭이들은 일반적으로 다 채워지는 동안 양동이 1 앞에 앉아 있는다.

b) 양동이 2에 순차적으로 먹이가 채워진다

원숭이들은 일반적으로 양동이 1과 거의 같아질 때 양동이 2로 움직인다.

▲ 〈그림 3〉 예시 실험. 개코원숭이들은 차례로 제시된 두 묶음의 땅콩 중에서 선택해야 한다. 개코원숭이들은 종종 첫 번째 양동이(저장소)가 완전히 먹이로 채워질 때와 두 번째 양동이가 완전히 먹이로 채워지기 전에 결정을 내리곤 했다. 개코원숭이들은 실험 중간에 첫 번째 묶음에서 두 번째 묶음으로 실제로 움직이며 조기 결정에 도달했다는 것을 나타냈다. 이는 그들이 두 번째 묶음을 세어서 이 수량을 첫 번째 묶음의 수량과 비교하고 있음을 시사한다.[29]

다. 즉, 그들은 수를 세고, 모든 자료가 수집되기 전에 비교한다. 우리가 하는 것과 같은 방식이다.

또한, 우리와 같이, 양동이 1에서 양동이 2로 전환하는 확률은 양동이 2로 들어가는 땅콩의 개수가 양동이 1 안의 땅콩의 개수와 가까워지고, 이를 넘어설수록 증가한다. 다른 특징은 여기에서도 우리가 예상할 수 있듯이 베버의 법칙이 다시 나타난다는 것이다. 양동이 2를 선호하는 확률은 두 양동이 안의 땅콩 개수의 비율에 달렸다. 차이가 클수록 더 많은 땅콩이 들어있는 양동이를 선호하는 경향이 더 컸다.

◈ 발로 투표하기

야생 개코원숭이들에 관한 놀라운 연구 결과, 그들은 무엇을 위한 방향을 결정하기 위해 자연환경에서 계산 능력을 활용한다는 것이 밝혀졌다. 아프리카의 여러 지역에서 사는 개코원숭이들은 최대 백 마리의 수컷과 암컷로 이루어진 응집된 '무리'에서 생활한다. 무리는 먹이를 찾거나 잠자는 장소를 선택할 때 함께 움직인다. 그렇다면 무리는 어떻게 '어디로 가기로 결정'할까? 우두머리 수컷 중 한 마리를 따라가는 걸까? 아니면 특정 방향으로 움직이기 시작한 무리를 따라가는 걸까? 이전 연구에서는 어느 이론으로도 결정적인 증거를 찾지 못했다.

이 문제를 해결하기 위해 영장류학자 리처드 번이 '어마어마한 규모의 관측 과제'라고 묘사한 것처럼, 케냐의 엠팔라 연구 센터에 서식하는 올리브개코원숭이*Papio anubis* 무리의 움직임을 연구하기 위해 국제적인 개코원숭이 전문가 아리아나 스트랜드버그-페쉬킨, 다미안 파린, 이안 쿠진, 마거릿 크로푸트 등으로 구성된 팀이 참여했다.[30] 이 팀은 한 무리의 성체와 아성체 대부분에게 맞춤형 디자인의 GPS(글로벌 포지셔닝 시스템) 칼라를 장착해 '움직임 시작'을 기록했다.

연구팀은 개코원숭이들의 성별과 위계적 지위를 알고 있었기 때문에, 정말로 '지도자를 따라가는' 단순한 사례인지를 확인할 수 있었다. 실험 결과는 이전 연구를 확인하며, 이런 일이 일어나지 않는다는 것을 보여주었다.

이 개코원숭이들은 무리 이동 방향에 관한 결정을 민주적으로 하며, 서로 다른 방향으로 나아가는 동물들의 상대적 수에 기반을 두고 내리는 것으로 나타났다. 따라서 A가 북쪽으로 가고 B가 서쪽으로 가는 경우, 대부분 개코원숭이는 누가 가장 많은 추종자를 모았는지를 기다렸다가 그 집단에 합류한다.

예를 들어, A 주변의 집단에 들어간 후, B 주변의 집단은 A 주변의 집단에 합류하게 된다. 연구팀은 이들이 정말로 셈을 하는 것인지, 아니면 개코원숭이 집단의 총 질량과 같은 다른 측정치를 사용하는지 궁금했다.

각 개체와 그들의 체중을 알고 있었기 때문에, 실제로 각 개코원숭이 집단의 질량을 계산할 수 있었다. 더 나아가, 개코원숭이 개개인의 결정은 베버의 법칙을 따른다. 즉, A 주변의 집단과 B 주변의 집단 간의 비율 차이가 큰 경우, 개코원숭이는 그 차이가 작은 경우보다 A를 더 빨리 선택하게 된다.

◈ 원숭이의 뇌

다른 영장류와 우리 사이의 관계를 살펴보는 다른 한 가지 방법은 산술 작업을 수행하는 뇌 시스템이 유사한지 묻는 것이다. 만약 그렇다면, 이는 우리와 그들의 산술 능력이 공통 조상에서 유래되었다는 강력한 주장이 될 것이다.

우리는 2장에서 인간에게 '합산 코딩summation coding'을 수행하는 영역이 있다는 것을 보았다. 이 누산기는 좌우 반구의 상대편에 있는 두개내엽과 가까운 우수뇌판두피피부에서 발견된다.[31] 또한, 우리는 내피피부하뇌계곡이 인간의 수량적 판단을 지원한다는 것을 알고 있다. 물체가 동시에 또는 순차적으로[32] 나타나는 경우나, 순차적으로 나타나는 것이 시각적 물체(정사각형) 또는 소리(삐빅)인 경우에도 해당한다.[33] 이러한 영역들이 산술 능력에 중요하다는 것도 알고 있다. 이들이 손상되면 집합의 크기를 평가하거나 비교하는 단순한 산술 작업이 어려워지거나 불가능해진다(2장을 참조하라).

듀크대학교의 제이미 로이트먼, 엘리자베스 브래넌 및 마이클 플랫과의 연구에서는 원숭이 피질의 거의 동형인 영역(측후내유성피질) 안에 누산기처럼 작동하는 뉴런을 식별했다. 원숭이가 볼 수 있는 점의 개수가 많아질수록 이 뉴런들이 더 활성화된다.[34]

원숭이 연구는 인간이나 침팬지 연구보다 뇌의 수 영역을 훨씬 정확하게 찾아낼 수 있다. 인간 연구는 기능적 자기공명 영상(fMRI)과 같은 뉴로이미징 기술에 의존하며, 이 기술은 최대한 여러 개의 '복셀'(84쪽 참조)을 포함하는 영역을 선택할 수 있다. 각 복셀은 적어도 100

만 개의 뉴런 사이를 연결한다. 이 기술은 뉴런의 산소 흡수에 따라 작동하기 때문에 활동이 감지될 때까지 몇 초간 지연이 발생할 수 있다. 시간 지연을 줄이는 다른 기술도 있지만 공간적 해상도가 훨씬 낮다. 치료할 수 없는 간질에 대해서는 때로 뇌 표면을 수술 중 노출시키고 수백 개의 뉴런에 미치는 영향을 측정하는 것이 가능할 수 있다.[35] 원숭이의 경우, 로이트먼과 그녀의 동료들이 사용한 표준 절차는 마취된 원숭이의 뇌에 전극 프로브를 입방상 3차원 영상을 사용해서 정확한 위치에 삽입하는 것이다. 이 프로브는 하나의 뉴런에서 기록할 위치에 들어가게 되며, 산소 흡수보다는 전기 신호에 의존하므로 뉴런의 반응인 활성화 비율을 즉시 기록할 수 있다. 뉴런이 활동할수록 이 비율도 더 커진다. 따라서 기민한 원숭이에게서 예를 들어, 로이트먼의 연구와 같이 단순히 물체 개수에 따라 뉴런 활성화 비율이 높아지는지 확인할 수 있을 것이다.

그렇다면 원숭이 뇌의 측두하 중층 속에 있는 누산기의 내용이 어떻게 처리되는지에 대한 질문이 제기된다. 누산기 높이를 안정적인 수량 표현으로 연결map하는 '전달 기능'이 있어야 한다. 즉, 높이가 대략 이 정도면 이는 '4'에 해당하는 양을 의미하며, 이 정도 높이라면 '5'에 해당한다는 식으로 연결한다. 이것은 수은의 높이가 수치 온도로 교정되는 온도계와 유사하다. 실제로 이 시스템은 종종 '온도계' 코딩 또는 '라벨된 라인' 코딩이라고 일컬어진다. 스타니슬라스 데하네와 장-피에르 샹제의 제안에 따르면, 누산기 높이는 특정한 라벨이 붙은 정신적인 수직선으로 연결된다. 이러한 연결에 따라 특정한 뉴런은 특정한 수에 가장 강하게 반응한다. 예를 들어 '4'에 해당하는 양에 가장 강하게 반응할 것이지만, 인접한 수인 3, 5, 2, 6에 해당하는 양에는 상대적으로 덜 강하게 반응할 것이다(1장을 참조하라). 소리 내어 세는 법을 배우는 아이들은 누산기 높이를 세는 단어로 연결해야 한다. 이 높이는 '둘'을 의미하며, 저 높이는 '셋'을 의미한다는 식으로 말이다(2장을 참조하라).

만약 원숭이의 누산기 뉴런이 측두하 중층 돌출부에 있다면, 라벨이 붙은 선은 어디에 있으며 어떻게 작동할까? 이 질문에 대한 답은 미국 MIT의 얼 밀러 연구실에서 일하던 신경과학자 안드레아스 니더와 그의 독일 튀빙겐대학교 연구실 그리고 일본 도호쿠대학교에서 일하는 준 탄지 및 그의 동료들에 의해 발견되었다.

158쪽에서 본 것처럼, 탄지의 원숭이들은 손잡이를 다섯 번 밀고, 다섯 번 돌린 다음 이 과정을 반복하는 사이클을 배웠다. 특히 측두엽 왼쪽의 일부에서 기록한 뉴런의 활동은 원숭이가 동작을 셈할 때 활성화되었다. 즉, 첫 번째 밀기나 돌리는 동안 뉴런 A의 최고로 활성화됐고, 다른 뉴런의 경우에는 최고 활성화가 두 번째 밀기나 돌리기에 대응하는 식으로 진행되었다(〈그림 4〉를 보라).

니더는 지연된 매치-투-샘플 방법a delayed match-to-sample method을 사용했는데, 이 방법에서 원숭이는 화면에 하나, 둘, 셋, 넷 또는 다섯 개의 덩어리를 본 다음 1초 후에 그런 다음, 샘플과 모양이 다른 패널 또는 수량이 다른 패널 중에서 선택해야 했다. 예를 들어, 샘플이 세 개의 덩어리인 경우 선택은 세 개와 네 개의 덩어리 중에서 이루어진다. 당연히, 선택이 수량에 기반을 둔 것인지 다른 시각적 특성에 기반을 둔 것인지를 확인하기 위해 매우 신중한 통제가 이루어졌다. 첫 번째

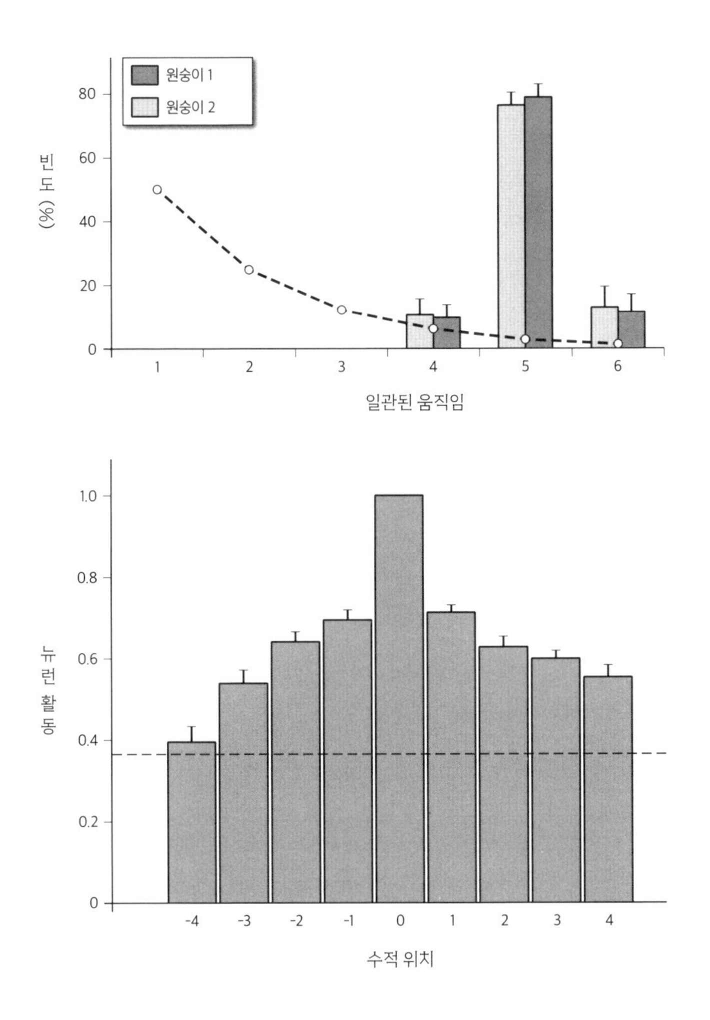

▲ 〈그림 4〉 손잡이를 다섯 번 밀고 신호를 기다린 다음 손잡이를 다섯 번 돌리는 두 마리의 원숭이. 위쪽은 대부분의 응답이 정확하며 오차가 ±1임을 보여준다. 아래쪽은 행동 횟수에 따른 측두엽의 뉴런 활동을 나타내며, 올바른 숫자에서 최대 활성화가 나타나고 인접한 숫자에서는 덜 활성화된다.[15]

연구에서는 원숭이가 레버를 잡으면 실험이 시작되었다. 과제는 샘플과 실험 패널이 동일한 수량의 항목을 포함하는 경우 레버를 놓고, 그렇지 않은 경우에는 계속 레버를 잡고 있는 것이다.

니더는 숫자 작업에 관여하는 것으로 알려진 원숭이의 두 가지 영역을 기록했다. 전두엽과 측두엽이다. 핵심적인 증거는 샘플이 제시된 후 선택을 하기까지 시간 사이의 기록에서 얻어졌다. 핵심 뉴런은 로이트만의 누산기 뉴런이 위치한 곳과 매우 가까웠다. 그들은 측두엽의 아래쪽인 측두엽 이하부에 위치하며 측두엽 측두줄 근처에 있었다. 이 뉴런들은 특정한 수량에 맞게 조정되어 있었는데, 즉 원숭이가 특정한 수량을 보았을 때 가장 많이 활성화되었다. 예를 들어, '3 뉴런'은 원숭이가 방금 제시된 세 개의 덩어리를 기억할 때 가장 강하게 활성화되었다. 이 뉴런들은 누산기 뉴런이 아니었으며, 그들의 활성화 비율은 뉴런을 조정한 수량과 비례하지 않았다.

다시 말해서, '3 뉴런'은 세 개의 점뿐만 아니라 두 개, 네 개, 다섯 개의 덩어리에도 활성화된다. 그래서 조정은 정확하지 않고 대략적이었다. 따라서 니더와 많은 다른 연구자들은 이러한 기본 모델을 '근사수 체계'로 설명한다(1장 참조).[36] 이것은 우리가 셈을 위한 뇌 메커니즘을 식별하려고 할 때 심각한 문제를 만든다. 우리 인간은 '세 개 같은 거, 하지만 두 개나 네 개일 수도 있고, 아마 하나나 다섯 개일 수도 있어'와 같은 식으로 세지 않는다. 우리는 정확하게 센다. 나는 인간 아이들이 내부 누산기를 교정해서 세는 단어와 대응하게 만드는 방법을 설명해왔다. 이것은 아이들이 항상 정확하게 세는 것을 의미하지는 않는다. 그들은 물체를 빼먹거나 중복 계산으로 오류를 낼 수 있으며, 누산기는 조금 모호할 수 있다. 아이들은 정확하게 세기 위해 단어를 쓴다. 일반적으로 원숭이들은 그렇지 않다. 그러나 우리가 위에서 보았듯이 숫자를 가르쳐 줄 때, 꽤 큰 수량을 표현하고 계산하는 데 매우 정확할 수 있다.

니더와 로이트만의 연구의 중요한 특징은 수 처리를 위한 핵심 뇌 영역이 인간 뇌의 주요 영역과 동질성을 보인다는 것이다. 특히 우리가 인간 뇌에서 확인한 영역을 니더와 그의 동료들이 확인한 영역과 비교해 보면 더욱 흥미로운 사실이다. 우리 둘 다 핵심 영역이 단지 머리뼈 균열의 아래 - '펀더스fundus' - 에 위치하는 것을 발견했다.[37] 이것은 우연이 아닐 것이다. 이는 두 종 모두의 수량 처리 메커니즘이 공통 조상으로부터 유래되었음을 시사한다.

두 연구는 같은 해에 발표되었으며, 모두 이 핵심 영역이 모든 물체의 배열로 한 번에 제시되거나 하나씩 제시될 때 모두 수에 반응한다는 것을 보였다. 또 수의 추상적 개념은 제시하는 방식과 물체의 시각적 특성과는 무관해야 한다.

니더는 후속 연구에서 원숭이 뇌의 미주뿔 피질 내 일부 뉴런이 오직 수에만 반응함을 보여주었다. 이와 유사한 지연된 매치-투-샘플 과제에서 다른 뉴런들은 연속적인 양(이 경우 선의 길이)에만 반응하고, 일부 뉴런은 수량과 길이에 모두 반응했다.[38]

우연히도 우리의 연구도 수 vs 연속적인 수량을 살펴보았다. 우리의 연구에서는 파란색과 초록색 영역의 상대적 넓이와 파란색과 초록색 정사각형의 상대적 수량을 비교했으며, 우리는 넓이에 대한 활성화가 연속적인 수량과 구별되었음을 보여주었다.

특정 뉴런들이 산술 기능을 가지고 있음을 인간에서 확인하지 않았다는 것은 사실이 아니다. 그러나 이는 뇌 조직의 위치를 확인하기 위해 노출된 뇌를 전극으로 매핑하는 것을 의미한다. 한 예는 환자가 수종이라는 일종의 암을 수술로 제거해야 하는 경우다. 파도바대학교와 베니스 산 카밀로 병원의 카를로 세멘자 및 동료들이 수행한 중요한 연구에서 깨어 있는 환자 9명의 뇌를 수술 중에 조사할 수 있었다.[39] 그들의 방법은 전극을 사용해 뉴런을 자극하고 일시적으로 정상 작동하지 않도록 만드는 것이었다. 이 방식으로 왼쪽 및 오른쪽 뇌 후면 연쇄와 인접 영역에 몇 개의 지점이 곱셈 및(또는) 덧셈에 관여하는 것을 보여주었다.

치료에 반응하지 않는 심한 발작을 동반하는 경우, 발작의 초점을 제거하는 데에도 수술이 필요하다. 대부분의 발작 초점은 두개골 내에서 발생하며, 니더와 그의 동료들은 이 영역에서 기록된 뉴런들이 원숭이의 IPS 내 뉴런들과 유사하게 행동함을 발견했다. 특히 왼쪽 두개내엽은 '의미 기억semantic memory'이라고 불리는 영역으로, 세상의 단어와 사실(바나나는 과일이며, 파리는 프랑스의 수도 등)이 저장되는 곳이다. 따라서 이 영역이 점과 같은 비기호적 산술, 숫자와 같은 기호적 산술 표현에 관여한다는 점은 놀랍지 않다.[39]

니더의 원숭이 뇌 연구는 전두엽도 수 네트워크의 일부로, 거기서 수 정보를 좀 더 추상적으로 나타내는 뉴런들이 있음을 밝혔다. 우리는 인간 뇌도 유사한 방식으로 연결되어 있음을 알고 있다. 특히 왼쪽 전두엽은 왼쪽과 오른쪽 두개내엽과 네트워크를 형성하여, 두개내엽에서의 활성화는 전두엽에서의 활성화를 일으킨다.[40] 인간이 새로운 산술을 배우면 왼쪽과 오른쪽 두개내엽 및 왼쪽 전두엽 사이의 연결이 강화된다.[41] 실제로 산술 작업 중에 이 정보를 전달하는 축색(한 뉴런

에서 다른 뉴런으로 정보를 전달하는 축신)을 추적할 수도 있다.[42]

우리와 가장 가까운 친척인 유인원과 원숭이들은 우리의 도움 없이도 자연스럽게 산술적 개념으로 세상을 인식한다. 그러나 우리는 실험실과 교묘한 현장 실험을 통해 그들이 어떻게 그리고 왜 그렇게 하는지를 조금씩 밝힐 수 있다. 우리와 마찬가지로, 그들 능력의 특징은 베버의 법칙이다. 안드레아스 니더와 준 탄지의 훌륭한 실험에서 우리는 원숭이가 산술 과제를 수행하기 위해 인간과 동일한 뇌 구조를 사용한다는 것을 알 수 있었다. 따라서 우리는 약 3,000만 년 전에 우리와 원숭이 사이의 공통 조상으로부터 기본적인 산술 능력을 물려받았을 가능성이 꽤 크다.

5장

크고 작은 포유류

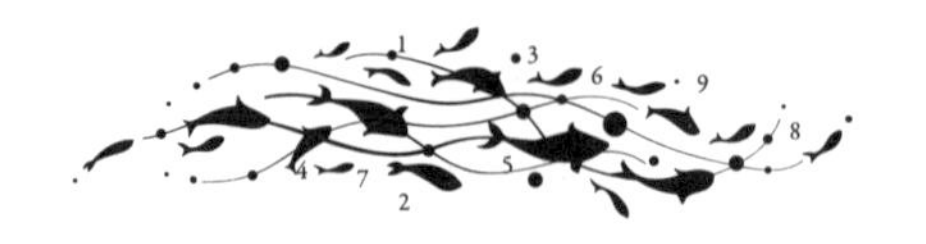

Can fish count?

우리의 가장 가까운 비인간적 친척인 유인원과 원숭이들은 수를 세고 계산을 할 수 있다. 다른 포유류 중에서도 우리와 더 먼 친척들은 작은 뇌를 가진 생쥐부터 인간보다 큰 뇌를 가진 동물들까지 세고 계산할 수 있으며 실제로 그렇게 한다. 실험실에서는 생쥐가 놀라운 셈 능력을 보이지만, 실험실에서 실험하기에는 너무 크거나 비용이 많이 드는 동물들은 야생에서 산술 능력을 발휘한다. 이 능력은 그들을 부상이나 죽음으로부터 보호하고 집단의 이익을 추구할 수 있다.

◈ 야생에서 치명적인 계산

상상해보라. 여러분이 암컷 사자고, 다른 침입자로부터 무리를 보호하려고 노력하는 상황이다. 여러분의 영토는 탄자니아의 세렝게티

국립공원의 대초원으로 그 높은 풀은 침입자의 시야에서 몸을 감출 수 있다. 게다가 이러한 충돌은 일반적으로 어두운 시간이나 어두운 조명 아래에서 발생한다. 여러분은 그들을 볼 수는 없지만, 점점 가까이 다가오는 사자의 울음소리를 들을 수 있다. 그 사자들은 누구인가? 아군인가, 적군인가? 여러분은 새끼의 아버지가 내는 울음소리를 낯선 수컷들의 울음소리와 구별할 수 있다. 이 낯선 울음소리는 무엇일까? 아마도 암컷 침입자의 울음소리일 수 있다. 그것은 또 다른 문제다. 사자들 간의 싸움은 심각한 부상이나 죽음으로 이어질 수 있다.[1] 다시 말해서, 여러분은 무엇을 할 것인가? 싸울 것인가 아니면 도망갈 것인가? 침입자들보다 여러분이 더 많다면 그들은 아마도 후퇴할 것이다. 여러분의 무리에게 확실한 승리가 될 것이다. 그러나 그들이 여러분보다 더 많다면 공격할 것이며, 여러분은 도망가야 할 것이다. 침입자들은 여러분의 영토, 암컷들, 새끼들을 차지할 수도 있다. 올바른 수를 파악하는 것은 생사의 문제가 될 수 있다.

암사자*Panthera leo*들은 사회적이고 협동적이다. 여러 암컷은 최대 열여덟 마리로 구성된 무리를 이루며, 향기 표식과 울음소리로 영토의 공동 소유권을 알린다. 다른 무리와의 만남은 때로는 격렬한 추격전으로 이어지는데, 이때 여러 암컷의 무리가 더 큰 집단의 추격전을 이기는 경우가 더 많다. 하지만 싸우는 것은 심각한 부상의 위험이 따르며 드물게 관찰된다.[2] 그래서 여러분은 침입자의 울음소리와 여러분의 규모를 통해 그들의 수를 평가해야 한다. 여러분은 그들보다 더 많은가?

어떤 사자 무리를 가만히 지켜보고 침입자가 있을 때 어떤 일이 벌어지는지 기다릴 수 있다. 그러나 적절한 사건이 발생할 때까지 매우 오랜 시간을 기다려야 할 수 있다. 카렌 맥콤은 당시 케임브리지대학교에 있었으며, 미네소타대학교의 동료 크레이그 패커와 앤 퓨시와 함께 사자 무리 구성원들이 실제로 이러한 산술 평가를 하는지를 테스트하는 방법을 개발했다. 맥콤은 스피커를 사용한 '재생' 방법을 개발했다. 이 방법은 암사슴*Cervus elaphus*들이 무엇을 가장 매력적인 수컷 사슴의 울음소리라고 생각하는지를 알아내는 데 사용되었다. 맥콤은 톤을 조작해 암사슴이 낮은 음성을 가진 수컷을 선호하는지 아니면 한차례 내는 울음소리의 횟수를 선호하는지를 확인하고, 이 녹음을 암사슴 근처의 스피커를 통해 재생했다. 결과적으로 낮은 음성 톤을 가진 수컷을 선호하지 않았지만, 회당 더 많은 울음소리를 내는 수컷을 선호하는 것으로 나타났다. 다만 이 연구에서 맥콤은 암사슴의 산술 능력에 중점을 두지 않았다.[3]

맥콤의 방법과 유사한 기술을 사용해 사자 무리에서도 스피커를 무리의 경계 근처에 놓았다. 그녀는 한 마리의 낯선 암컷 '침입자' 또는 세 마리의 침입자에게 울음소리를 재생했다. 수비대의 수는 다양했다. 그런 다음 무리 구성원들이 침입자를 공격할 가능성을 그래프로 표현할 수 있었다. 결과적으로, 세 마리의 수비대는 한 마리 침입자에게 접근해 공격할 의도가 있었지만, 세 마리의 침입자에는 거의 접근하지 않았다. 여섯 마리 수비대는 거의 항상 세 마리 침입자에게 접근했다. 그러나 새끼가 있을 때는 수비대가 항상 접근했다.

세렝게티의 수컷 사자에 관한 유사한 연구에서는 무리의 수컷들이 자신과 침입자들의 규모를 평가하고, 비율이 불리한 경우 다른 수컷 무리가 합류할 때까지 기다릴 수 있음을 보였다. 그러나 무리의 수컷이 거의 항상 스피커에 접근할 것이다.[1]

이러한 연구에서 중요한 문제 하나는 이러한 평가가 들을 수 있는 울음소리의 횟수와 볼 수 있는 무리 구성원의 마릿수 사이의 산술적 비교에 의존한다는 점이다. 즉, 이러한 비교는 감각 양상sensory modality에 관계없이 선택자가 사자들을 식별하고 누산기를 업데이트하는 교차 양상 비교cross-modal comparisons 방식이다.

내부 싸움에서 산술 정보를 사용하는지 실험하기 위해 재생 기술을 사용했다는 이 탁월한 혁신은 다른 종에 대해서도 채택되었다. 이전 장에서는 침팬지 무리 간의 갈등에서 사용되었음을 보았지만, 점박이하이에나*Crocuta crocuta*에게도 사용되었다. 하이에나는 사자와 마찬가지로 '분열-융합' 사회에서 생활하며, 무리 크기가 크게 변동할 수 있다. 예리한 이빨과 강력한 턱을 가진 하이에나는 무리 간의 충돌이 치명적일 수 있으며 일반적으로 더 큰 무리가 승리한다. 산술 능력의 기원에 관한 왕립학회 회의에서 탁월하게 기여한 사라 벤슨-아므람[4] 미시간주립대학교 박사와 그녀의 동료들은 케냐의 마사이마라 국립 보호구에 있는 두 무리의 하이에나에서 산술 평가를 테스트하기 위해 재생 기능을 사용했다. 이 평가는 원격 연락 호출인 '후프'에 기반을 둔다. 후프는 하이에나 무리에서 알려지지 않은 하이에나, 이른바 침입자 하나, 둘 또는 셋에 의해 생성된다.[5]

유체 분리-융합 사회에서는 한 부족의 상대적으로 작은 하위 집단이 인근 부족의 비교적 큰 하위 집단과 마주칠 수 있다. 이러

> 한 상황에서 큰 하위 집단은 비교적 낮은 비용으로 작은 하위 집단을 공격할 수 있다. 따라서 유체 분리-융합 사회에서 하위 집단 크기의 큰 변동이 상호 집단 간 공격 비율을 높일 수 있다. 유체 분리-융합 사회에서 사는 동물들은 공격적인 상호 집단 상호 작용에 참여하기 전에 수비대와 침입자의 수적 비율을 평가하는 능력 때문에 선택 압력을 더 많이 받을 것으로 여겨진다.[4]

사자 연구의 변형에서는 '후프'를 일제히 재생하지 않고 차례대로 재생하며, 수비대가 하나, 둘 또는 셋의 '침입자'로부터 듣는 '후프'의 횟수가 반드시 동일하도록 했다. 사자와 마찬가지로 하이에나는 스피커에 접근할 때 수비대 대 침입자의 비율에 따라 반응했다. 다시 한번 비교가 교차 양상cross-modal인 것에 주목하라. 이로 인해 침입자는 수비대가 서로 볼 수 있는 동안에만 들리며, 이는 추상적인 성격을 갖는다는 것을 나타낸다. 사자처럼 침입자와 자신들 간의 수적 비교에서도 하이에나 선택자는 감각 양상과 상관없이 하이에나를 식별하고 누산기를 업데이트한다.

◈ 기니피그와 실험실 쥐

크기가 작고 저렴한 동물인 쥐들과 생쥐들 - 현대의 '기니피그'들 - 은 실험실에서 매우 광범위하게 실험되었지만, 그들의 야생 생활에는 아직 큰 관심이 없었다. 그런에도 이러한 동물들은 뛰어난 산술 능력을 드러냈다.

먼저 생쥐에 관해 얘기해보자. 동물 계산에 관한 주요 아이디어 중 많은 것이 이러한 연구에서 나왔다. B. F. 스키너(1904~1990)는 하버드대학교의 교수이자 행동주의의 주요 인물이었다. 그의 '조작적 조건화' 방법 - 원하는 행동을 선택적으로 보상함으로써 동물을 가르치는 것 - 은 놀라운 업적을 이룰 수 있었다. 1958년, 콜럼비아대학교의 뛰어난 박사 과정 학생인 프란시스 메크너가 《실험행동분석 Experimental Analysis of Behavior》 저널에 논문을 게재했다. 이 논문은 스키너주의자들의 주요 저널이었으며, 이 연구는 스키너의 원칙과 방법을 따랐다. 이 연구에서는 스키너 박스와 스키너주의자들이 '고정비율 일정'이라고 부르는 일정한 반응 횟수 이후에 동물에게 보상을 주는 방법이 사용되었다.

메크너는 고정비율 패러다임에 독특한 변형을 도입했는데, 이것은 생쥐가 스키너 박스 안의 레버 A를 일정한 횟수만큼 누른 후 레버 B로 전환하는 방식으로 보상을 받는 것이다.[6] 생쥐가 B로 전환하기 전에 A를 더 적게 눌렀다면 보상을 받지 못했다. 그는 생쥐 주체가 레버 A를 네 번, 여덟 번, 열두 번, 열여섯 번 누르는 방법을 배울 수 있다는 것을 보였다. 이러한 수적 능력의 시연뿐만 아니라 데이터는 두 가지 흥미로운 특징을 보여준다.

첫째, 필요한 횟수가 커질수록 오류 비율이 더 커지는데, 이를 '스칼라 변동성'이라고 한다. 이는 1장에서 언급한 것처럼 수학적으로 응답의 표준 편차를 평균으로 나눈 것이다. 이 경우 목표 숫자인 '변동 계수'가 일정하다는 것을 의미한다. 변동 계수가 일정할 때, 예를 들어

여덟 번과 열두 번을 구별하는 능력은 구별하려는 양 사이의 비율에 따라 달라지며, 이는 익숙한 베버의 법칙으로 연결된다.

둘째, 생쥐는 너무 많이 누르는 것보다 너무 적게 누르는 것이 더 자주 실수했다. 생쥐는 너무 많이 눌렀을 때 보상을 받았지만, 너무 적게 눌렀을 때는 보상을 받지 않았다. 나중에 마우스 실험을 설명할 때 이것이 무엇을 의미하는지 다시 다루도록 하겠다.

1983년에 브라운대학교의 워렌 맥과 러셀 처치는 누산기 메커니즘이 사건을 세고 시간을 측정할 수 있는 메커니즘임을 최초로 제시했다.[7] 같은 메커니즘이 이 두 가지를 모두 할 수 있다는 사실은 동물이 비율(시간/개수)을 추정하는 데 필요한 것이다. 즉, 세기와 시간 측정은 '공통 통화'로써 누산기의 수준에서 측정된다. 물론, 시간과 개수 모두 숫자로 표현된다면 비율을 계산하는 한 가지 명백한 방법이다. 이들의 논문은 '세기와 시간 과정의 모드 제어 모델'이라는 제목을 가지고 있으며, 누산기 메커니즘의 '모드'가 세기와 시간 측정 간에 전환될 수 있다고 주장했다.

이 실험에서 생쥐는 지속 시간과 횟수가 다양한 음성 나열을 들었다. 생쥐는 세기의 4:1 비율(지속 시간 제어)과 지속 시간의 4:1 비율(개수 제어)을 구별할 수 있었다(〈그림 1〉을 보라).

생쥐는 오른쪽 레버와 왼쪽 레버 중 선택할 수 있었다. '개수 테스트'에서 오른쪽 레버는 8개의 소리에 대해 보상이 주어지고, 왼쪽 레버는 2개의 소리에 대해 보상이 주어졌으며, 전체 자극 지속 시간은 4초로 일정했다. '시간 테스트'에서는 항상 4개의 개별 소리가 있었지만, 전체 지속 시간이 다르며, 왼쪽 레버 누름은 2초의 지속 시간에 대

시간 테스트

연발 횟수	지속 시간(초)	반응
4	2	왼쪽
4	3	----
4	4	----
4	5	----
4	6	----
4	8	오른쪽

개수 테스트

연발 횟수	지속 시간(초)	반응
2	4	왼쪽
3	4	----
4	4	----
5	4	----
6	4	----
8	4	오른쪽

▲ 〈그림 1〉 백색 잡음의 연발 횟수는 볼록한 점들로 나타냈다. '시간 테스트'에서는 연발 횟수가 4회로 일정하며, 지속 시간은 2에서 8초로 변화한다. '개수 테스트'에서는 지속 시간이 일정한 상태에서 연발 횟수가 2에서 8회로 변화한다.[7]

해 보상이 주어지고, 오른쪽은 8초의 지속 시간에 대해 보상이 주어졌다. 결과는 명확했다. 생쥐는 지속 시간과 개수를 구별할 수 있었다. 두 작업에서 양쪽 차원의 구별력은 거의 동일했으며, 동일한 메커니즘인 누산기가 두 작업에 모두 사용되었다는 것을 시사했다. 맥과 처치는 결과 논의에서 시간 측정 및 세기의 메커니즘에 관해 토론했다. 이것은 그들 최초의 매우 영향력 있는 누산기 모델 발표다(1장을 보라).

> 속도조절기는 펄스를 내보낸다. 모드 스위치는 닫히면서 이러한 펄스를 누산기로 전달한다. 패이스메이커-스위치-누산기 pacemaker-switch-accumulator 시스템은 시계 또는 카운터counter로 불린다. 스위치가 실행 모드 또는 중지 모드에서 작동하는 경우에는 시계로 사용되며, 스위치가 이벤트 모드에서 작동하는 경우에는 카운터로 사용된다. 어느 경우에든 누산기의 값은 작업 기억으로 전달될 수 있다. 현재 누산기 값은 이전 응답의 강화 시점에 기억된 누산기 값과 비교된다. 이 값은 참조 기억에 저장되어 있다. 결정 과정은 응답을 결정하는 규칙과 같다.

물론 생쥐의 뇌에는 지속 시간을 위한 메커니즘 하나와 셈을 위한 매우 비슷한 메커니즘 하나가 있을 수도 있다.

이 뛰어난 연구 이후로 많은 후속 연구와 복제 연구가 이루어지기 시작했으며, 생쥐뿐만 아니라 다른 동물에 대해서도 진행되었다. 다음 장에서는 새들이 이러한 계산 과제에서 적어도 생쥐만큼 잘하는 것을 볼 것이다.

최근에는 생쥐의 산술 능력에 관심이 집중되었다. 과학자들은 100년 이상 동안 실험실 생쥐를 연구해왔기 때문에 그들의 행동에 대해 많은 정보를 알고 있다. 생쥐는 수명이 짧아 실험실에서는 몇 년 정도, 야외에서는 그보다 더 적게 생존한다. 이들은 발달 연구에 적합한 후보이다. 또 다른 점으로는 유전체의 중요성이 증가하고 있다. 생쥐의 거의 모든 유전자는 인간의 유전자와 기능을 공유하며, 이제는 이러한 유전자들의 역할을 질병 및 행동에서 테스트하는 데 사용되는 여러 가지 유전적 변형이 있다.

야생 생쥐에 관한 관련 연구는 몇 가지 있지만, 러시아 노보시비르스크의 소피아 판텔레에바 및 그녀의 동료들로부터 발표된 야생 행동의 변형이다. 등줄쥐*Apodemus agrarius*는 개미를 사냥하고 먹지만, 많은 개미가 아프게 쏘는 것을 알고 있다. 이 연구에서 등줄쥐들은 실험장에 배치되어 두 개의 투명한 터널 안에 있는 개미를 볼 수 있었으며, 개미의 수가 다른 경우 - 5 vs 15, 5 vs 30, 그리고 10 vs 30 개미 - 어떻게 나타나는지 관찰되었다. 결과적으로 실험실에서 기르는 등줄쥐와 야생 등줄쥐 모두 작은 수를 선호하는 경향을 보였다. 논문의 제목은 이것을 잘 요약한다. '생쥐들은 먼저 세고 그다음 사냥한다'.[8]

두 명의 터키 과학자인 빌게한 차브다로울루와 후아트 발치가 수행한 최근의 멋진 연구가 있다. 이 연구는 메크너의 패러다임을 사용하지만 새롭고 매우 중요한 결과를 보여준다. 그들은 각 생쥐를 세 가지 고정 비율 스케줄, 그들이 '고정 연속 번호(FCN)' 스케줄이라고 부르는 스케줄로 훈련시켜서 생쥐가 보상을 얻기 위해 레버를 10, 20, 40번 누르도록 했다. 생쥐들은 상대적으로 작은 그들의 뇌로 그렇게 큰 수를 셀 수 있을까? 결과적으로 그들은 할 수 있었으며, 그들의 응답은 메크너의 원래 생쥐 연구와 매우 유사했다.[9]

주목할 점은 응답의 분산 - 변이성 - 이 필요한 레버 누르기 횟수와 함께 증가한다는 점이다. 즉, 여기에는 스칼라 변이성이 있으며, 연구에서는 이 세 가지 스케줄에서 동일했다. 생쥐가 레버 누르기 횟수에 대해 대략적인 감각만 있다는 것은 아니다. 분포의 정점이 올바른 응답 횟수의 오른쪽에 있다는 점을 주목하라. 또한 40 스케줄보다 20

스케줄에서 정점이 더 오른쪽에 있고, 10 스케줄보다 더 오른쪽에 있다. 차브다로울루와 발치는 이것이 생쥐가 내부 불확실성에 어떻게 접근하고 이를 레버를 누를 때 고려하는 것인지 주장한다. 보상을 받기 위해서는 레버를 너무 적게 누르는 것보다 많이 누르는 것이 더 낫기 때문에 내부 불확실성의 추정치가 클 때는 더 많은 레버 누르기로 오류를 범하는 것이 더 나은 것이다. 그러나 이러한 불필요한 레버 누르기에는 추가적인 노력에 대한 비용이 발생한다. 차브다로울루와 발치는 생쥐의 불확실성 추정치를 고려한 보상과 비용의 최적 균형을 계산했으며, 그 결과 생쥐들은 거의 최적의 방식으로 행동한다는 것으로 나타났다.

◈ 고래를 포함한 고래류들

고마운 생쥐들은 뇌의 무게가 0.5g 이하이다. 이에 비해 고래는 거대한 뇌를 가지고 있다. 예를 들어 향유고래*Physeter macrocephalus*는 지구상에서 가장 큰 뇌를 가진 동물로, 성숙한 수컷의 경우 7.8kg에 달한다. 인간의 뇌 무게는 약 1.4kg이다. 물론 일부 고래는 지구상에서 걸어 다니거나 수영하는 동물 중에서 가장 거대한 몸을 가지고 있으며, 뇌 무게 대 몸무게의 비가 더 크다는 것은 더 많은 뇌 질량이 계산과 같은 인지적 과제에 사용 가능할 수 있다는 것을 의미할 수 있다. 다른 문제는 뇌의 구조 내 신경세포의 위치이다.

일반적으로 인간 뇌에서 인지 작업을 주도하는 신경세포는 표면을 뒤덮는 얇은 층인 신경피질neocortex에 있는 것으로 여겨지며, 인간의 경우 특히 뇌의 피마뇌엽 표면 신경세포는 우리의 수 능력의 중심이다. 고래의 뇌를 얻는 것은 어렵고 아마도 비용이 매우 많이 드는 일이며 또한 다양한 뇌 영역의 신경세포 수를 세는 것도 어려운 작업이다. 페로 제도에서 활동하는 한 팀은 참거두고래*Globicephala melas*의 신경피질 신경세포를 셈하여, 이 돌고래의 뇌 무게는 3~4.6kg 사이이다.[10] 그들은 10마리의 어린 돌고래와 성체의 신경피질에서 약 370억 개의 신경세포를 추정했으며, 이는 거의 인간의 신경세포 수의 두 배에 해당한다! 또 그들의 뇌는 우리보다 더 많이 주름진 상태이다. 주름진 표면 면적이 증가하면 이는 인지 능력을 나타내는 것으로 여겨진다. 인간의 신경피질 표면적은 저녁 식사 냅킨 정도 크기인 2,275cm^2이지만, 알맞은 돌고래의 신경피질 면적은 펼친 신문지보다 큰 3,745cm^2이다.[11] 이외에도 고래 뇌에는 폰 에코노모 세포von Economo cell라는 신경세포도 포함되어 있다. 이 신경세포는 사실상 하나의 입력과 하나의 출력 가지를 가진 세포로, 거의 인간과 큰 유인원에게서만 발견되며 사회적 지능에서 중요한 역할을 할 수 있다.

이것은 이런 고래류들이 우리보다 똑똑할지도 모른다는 것을 의미할까? 고래류는 정교한 사회 행동을 보이며, 연합을 형성하거나 끊을 수도 있다. 사냥할 때 협동하며 사냥 기술을 공유하며 복잡한 소리를 내며 지역 사투리를 사용하기도 한다. 부모 역할을 공유하며 사회적 놀이를 즐기기도 하며,[12] 먹이 탐색에서는[13] 인간을 포함한 다른 종과도 협력한다. 그리고 모두 상대적으로 평화롭게 이루어진다.

놀랍지는 않겠지만, 고래와 돌고래와 같은 다른 고래류의 산술 능력에 관한 연구는 수족관에서 수행된 것이 대부분이다.

그런데도 야생에서는 간접적인 수 능력의 증거가 있다. 고래들은 한 해 동안 최대 5,000km에 이르는 거리를 이동한다. 남극의 차가운 물에서 크릴을 먹고 힘을 얻은 후, 오스트레일리아 그레이트 배리어 리프의 따뜻한 물에서 번식하기 위해 멈춘다.[14] 실제로 그들은 매년 같은 경로를 놀랍도록 정확하게 반복한다. 이런 항해를 성취하기 위해, 그들은 지구의 자기장, 태양, 달, 별의 위치, 바다 아래 지형(그들이 군것질하기 위해 멈추는 해산 봉우리), 바다의 온도 차이 그리고 아마도 그들이 어디에 있는지와 다음에 어디로 가야 하는지를 가리키는 다른 단서를 사용하여 경로를 계산한다.

이것은 놀랄만한 업적이며 아마도 방향과 거리를 계산하는 데 많은 시간을 할애하는 것으로 생각된다. 이를 항해사들이 '추측 항법dead reckoning'이라고 부르는 것과 과학자들이 '경로 통합path integration'이라고 부르는 것이다. 지도, 나침반, 각도기, 자, 크로노미터와 함께 항로를 그리는 배의 항해사를 상상해보라. 이 모든 일을 고래는 이러한 도구 없이 거대한 머릿속에서 수행한다. 고래와 조류의 항법을 위한 주요 뇌 구조 중 하나는 해마hippocampus인데, 고래류는 거대한 해마를 가지고 있으며 그 크기가 사람보다 큰 경우도 있다[15](곤충의 항법은 메커니즘이 더 잘 이해되어 있으므로 9장에서 더 자세하게 다룰 것이다).

수족관에서 사는 큰 고래류에 대한 몇 가지 실험도 있었다. 그중에서도 아주 훌륭한 예시 중 하나는 흰돌고래*Delphinapterus leucas*와 총 3마리의 큰돌고래*Tursiops truncates*에게 두 개의 상자 중 하나를 선택하여 물고기가 더 많은 상자를 선택하게 하는 간단한 작업을 주었다.[16] 선택한 상자 안에 든 물고기가 보상으로 주어졌다. 1마리부터 6마리까지의 물고기 개수를 비교했는데, 모두 꽤 잘 해냈다. 하지만 완전히 베버의 법칙과 일치하지는 않았다. 따라서 큰돌고래는 4 vs 6보다 1 vs 5에서 더 나은 결과를 보였다. 흥미로운 점 중 하나는 흰돌고래가 상자 내용을 보지 못하고, 소나 형태의 것을 사용하여 내용을 추정해야 했던 상황이다. 그들은 대부분 시간을 캄캄한 곳에서 보내므로 박쥐와 유사한 시스템을 사용하여 클릭을 빠르게 반복 발사하며, 클릭의 반향을 음식물 등으로 해석할 수 있다. 그러나 어떤 상자를 고래가 선택하더라도 보상을 받게 되는 점을 주목할 가치가 있다.

더 엄격한 실험은 아네트 킬리안이 이끄는 독일 팀에 의해 뉘른베르크 동물원에서 6세의 큰돌고래 '노아'를 대상으로 진행되었다.[17] 노아는 3차원 물체 두 집합 중에서 더 작은 것을 선택하는 훈련을 받은 후 2차원 물체의 더 작은 집합을 선택해야 했다(《그림 3》).

이렇게 하면 다른 시각적 변수를 통제하여 성공을 물고기 수량과 관련시킬 수 있으며 다른 시각적 특성, 예를 들어 자극의 전체 표면적과 크기가 다른 이질적인 물체를 사용하는 것과는 관련이 없도록 할 수 있었다. 노아는 이러한 통제 상태에서 수량을 기반으로 선택할 수 있었다. 그리고 노아는 이러한 통제 상태에서 수량 조합에 대한 전이도 가능했다. 심지어 5 대 6 같은 경우도 말이다. 아마도 우리는 큰 뇌를 가진 돌고래들이 이러한 수량 차별을 할 수 있어야 한다는 사실에 놀라지 않아야 할 것이다. 최소한 인간과 크기와 몸무게 대비 뇌 무게 비율 면에서 비슷한 뇌 크기를 가진 돌고래가 이러한 수치적 차별을 할 수 있다고 볼 수 있지만, 육지 동물과는 매우 다른 – 더 유동적

▲ 〈그림 3〉 대량의 요소를 선택하는 돌고래 작업의 기본 설정[17]

인 - 환경에서 생활한다는 점을 기억하는 것이 가치가 있다. 우리는 여전히 고래류의 셈 능력과 계산 능력의 상한선을 발견하기를 기다리고 있다.

◈ 포획된 포유류를 이용한 연구

실험실 연구는 많은 포유동물 종들이 수치에 기반을 둔 차별점이 있다는 것을 보여준다. 개는 음식 항목의 더 큰 수를 선택하며 웨버의 법칙의 영향을 받는다. 비슷한 효과는 늑대와 애완용 고양이 그리고 사육된 바다사자, 코끼리, 코요테, 그리고 흑곰에서도 관찰되었다.[4] 그 중에서도 흑곰은 특히 흥미로운 주제다. 나는 한 번 학생으로부터 '모든 수 능력을 가진 생물체가 사회적인지'라는 질문을 받았었다. 내가 제시한 모든 예시는 사회적 동물들의 것이었으며, 아마도 그들에게 수치 능력이 중요한 이유일 수도 있겠다는 의문을 제기한 것이다. 이것은 정말 좋은 질문이었고, 그때는 정직하게 시간이 없어서 답을 제공하지 못했다.

지금은 답을 알고 있다. 사라 벤슨-암람과 그녀의 동료들은 이렇게 썼다. '미국흑곰, 고립된 육식 동물은 이러한 양을 구별할 수 있으며 움직이는 자극이 제시될 때에도 가능하다. 따라서 이 능력은 사회적 종에서만 진화한 것이 아니며 그룹 구성원을 추적할 필요에서 비롯된 단일 적응이 아니다'.[4]

큰 뇌를 가진 동물들에서부터 다시 쥐로 돌아와서 말하면, 쥐들은 여러 개의 동일한 상자 배열에서 목표 상자를 선택하여 음식을 찾을 수 있다(18개의 상자 연속 중에서 12번째 위치까지). 다시 말해, 쥐들은 열두 개까지 하나하나 세어서 정보를 기억하고 나중에 음식을 찾기 위해 이를 사용한다. 누산기 메커니즘 관점에서 보면, 나중에 사용하기 위해 누산기 수준을 매우 정확하게 저장하는 방법이 있어야 한다.[18] 놀랍게도, 쥐들은 이 정보를 1년 이상 기억할 수 있다.[19]

고양이를 키우는 사람들은 이 부분을 건너뛰시길 바란다. 1970년에 리처드 톰슨과 캘리포니아대학교 어머니 캠퍼스의 동료들은 고양이의 수 능력의 신경 기반을 조사했다.[20] 이를 위해 마취된 고양이의 뇌에 전극을 심어 '연합 영역'이라고 불리는 곳에 이식했는데, 이는 다양한 감각에 대한 자극에 응답하며 이들을 연결할 수 있는 뇌 피질의 영역이다.

다행히도 연합 피질 영역은 두뇌의 마루엽parietal lobe이었다. 그는

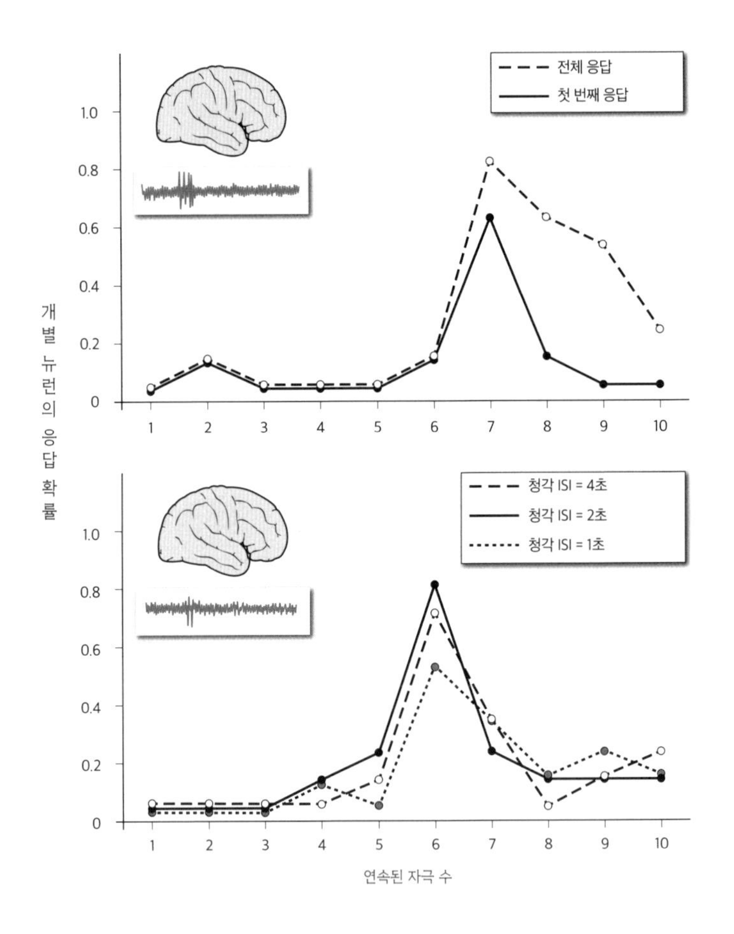

▲ 〈그림 4〉 고양이의 두정엽에 있는 개별 뉴런의 응답 확률. 위쪽에서는 이 뉴런이 일곱 개의 자극 순서에 더 잘 응답하는 것으로 나타났다. 아래쪽에서는 개별 뉴런의 응답 확률을 나타낸다. 여기서 양상의 제시 방식이나 클릭 사이의 간격과는 무관하게 여섯 개의 자극 제시에 대한 응답 확률이 표시되었다.[20]

개별 뉴런의 응답을 기록했는데, 이는 클릭 또는 빛 점멸의 일련의 연속을 제시함으로써 두 가지 감각 모두가 이 연합 영역에 나타날 것으로 가정했고, 아마도 동일한 뉴런들이 동일한 수 능력에 대해 동일한 방식으로 응답할 것이라 생각했다.

클릭 또는 빛은 1초 간격으로 청각 또는 시각 순서로 제시되었거나 청각 순서의 경우에는 4초 간격으로 제시되었다. 간략히 말하면, 그들은 세포들이 특정한 숫자를 일곱까지 인식했다는 것을 발견했다. 이때 양상이나 자극 간 간격과는 무관하게(〈그림 4〉를 보라) 특정한 수량을 부호화하는 세포들이 존재하는 것으로 나타났다.

톰슨과 동료들은 2, 5, 6 및 7 자극에 대해 '셈하는' 세포 다섯 개를 관찰했으며, 이들은 '여기서 기술하는 '셈하는' 세포들은 수의 추상적인 특성을 부여한 것처럼 행동한다'고 결론을 내렸다. 이러한 세포들은 사건이 일어날 때 활성화되었으며, 해당 목표 숫자에 도달했을 때만 활성화되었다.

우리가 제안한 누산기 매커니즘 관점에서, 선택자는 청각 또는 시각 이벤트에 대한 게이트를 열지만 '뉴런 7'은 누산기가 미리 정의된 수준에 도달했을 때만 활성화될 것이다.

우리는 야생에서 사자와 하이에나가 치명적인 집단 간 갈등을 최소화하기 위해 추상적인 숫자 평가를 사용한다는 것을 보았다. 실험실 환경과 같은 조건에서 쥐는 보상을 받기 위해 소리를 세어보고, 쥐는 최대 40회까지 자신의 레버 누름을 세어보며 과대 셈의 비용-효과 비율을 최적화하는 방식으로 셈할 수 있다.

이러한 연구 및 고양이의 두정엽 뉴런 응답은 이들 모두가 뇌에 누산기 유형의 메커니즘을 타고난 것으로 보이며, 다양한 양상과 전시 모드에서 수를 답할 수 있는 메커니즘을 갖고 있다는 것을 시사한다고 해도 과언이 아니다. 이 메커니즘은 모든 포유류의 공통 조상에서 비롯된 것일 가능성이 있다.

6장

새는 수를 셀 수 있을까?

Can fish count?

작고 공기 역학적으로 형성된 머리에 맞추어야 할 작은 뇌를 지닌 새들은 우리가 볼 것처럼 동물의 산술 능력에서 챔피언이 된다. 수를 정확하게 식별할 뿐만 아니라, 그들은 어린 인간 아이들과 동일한 종류의 계산도 수행할 수 있다. 아마도 더 놀랍게도, 그들은 수천 km에 달하는 바다 위를 날아 집으로 돌아올 수 있다. 우리는 이제 그들이 어떻게 그렇게 할 수 있는지에 대해 어느 정도 알고 있지만, 아직 이 여정을 그리는 데 필요한 계산은 알지 못한다.

◈ 세는 법 배우기

새들이 수를 세는 놀라운 사례가 하나 있다. 바로 '알렉스'라고 하는 회색앵무*Psittacus erithacus*의 사례인데, 아이린 페퍼버그 박사에 의해

30년 동안 훈련되었다. 이 훈련은 처음에는 애리조나대학교에서, 그 후에는 브랜다이스대학교와 하버드대학교에서 이루어졌다. 알렉스는 2007년에 사망하여 세계 언론과 미디어에 널리 보도되었는데, 《이코노미스트》, 《네이처》 그리고 《뉴욕 타임스》 등에서 그의 행적을 다루었다. 그의 부고 기사의 제목은 '말을 잘하는 앵무새 알렉스, 사망!'이었고, 저자인 베네딕트 캐리는 알렉스의 훈련 방법을 설명했다.

> 회색앵무는 사회적인 새로, 어떤 그룹의 역동성을 빠르게 파악한다. 실험에서 페퍼버그 박사는 사실상 알렉스와 포도처럼 작은 보상을 얻기 위해 트레이너 한 명을 이용했다. 알렉스는 트레이너가 그것을 얻기 위해 무엇을 하는지 관찰함으로써 포도를 요청하는 법을 배우곤 했다. 그런 다음 연구자들은 새와 함께 형태소 발음을 돕는 작업을 진행했다.(2007년 9월 10일)

이것은 '모델/경쟁자 기법model/rival technique'이라고 불리며, 알렉스의 성공 이후에는 종종 다른 동물을 훈련하는 데 사용된다. 또한 알렉스는 매우 독특한 성격을 가지고 있었다. 학습 시행을 수십 번 반복한 후 지치게 되면 부리로 자극용 판 위의 물건을 던지고, 자신의 우리로 돌아가길 요구하기도 했다. 2007년 9월에 알렉스가 사망했을 때, 마지막으로 페퍼버그에게 건넨 말은 '잘 지내. 사랑해!'였다.

놀랍게도, 알렉스는 유일하게 인간에게만 할 수 있다고 생각되던 일을 해낼 수 있었다. 특히 《뉴욕 타임스》가 언급한 대로, 그는 많은 단어를 말하고 이해할 수 있었다. 광범위한 훈련을 거쳐 알렉스는 다섯 개의 다양한 물체, 일곱 가지 색상과 형태를 식별하며 그 이름을 부를 수 있었다. 그의 음성과 의사소통 능력도 놀라웠다. 그는 자신에게 요청된 것을 이해하는 듯했다. 그에게 판 위에 있는 물체의 모양, 색상 또는 재질에 관해 물어보면 올바른 대답을 했다. 열쇠라는 물건은 그 크기나 색에 상관없이 항상 '열쇠'라고 불렀다.

의심할 여지 없이 알렉스는 평범한 회색앵무보다 더 똑똑했다. 그는 실험실에서 다른 앵무들보다 어휘력 테스트에서 훨씬 더 뛰어났다. 예를 들어, 그리핀이라는 열두 살의 앵무새는 단어를 단지 스무 개만 숙달했다. 그렇다고 해도, 알렉스는 종종 혼자 있을 때 단어를 연습했다.

그의 인지적 발달에는 '물체의 영속성'도 포함되었다. 즉, 그는 물체가 시야에서 사라져도 계속해서 존재할 것이라는 기대를 가지고 있었으며, 숨겨진 물체를 마주하게 되면 놀라거나 때로는 화를 내보였다. 영향력 있는 스위스 심리학자 장 피아제는 인간 아기가 이러한 인지적 발달 단계에 도달하는 데 약 8개월이 걸린다고 발견했다.[1]

알렉스는 '동일'과 '다름'이라는 추상적인 관계 개념을 배울 수 있었다. 그에게 '똑같은 건 뭐야?' 또는 '다른 건 뭐야?'라고 물으면, 그는 색상, 형태 또는 물질 등 어떤 속성의 조합을 바탕으로 대답했다. 그의 정확도는 훈련에 사용되지 않은 익숙한 물체의 경우 69.7%에서 76.6%이며, 색상, 형태 및 재료의 조합이 익숙하지 않은 물체의 경우 82.3%에서 85%였다.[2]

하지만 그의 산술 능력이 특별히 흥미롭다. 그는 최소한 여섯 개까지의 양을 말할 수 있었다. 그는 말로 된 수 단어와 물체 집합 간의 관계, 그리고 나중에는 수와 집합 간의 관계를 학습했다.

한 연구에서 알렉스는 익숙한 판 위에서 같은 유형의 물체 1부터 6개의 묶음을 소리 내어 이름 붙이고 그다음에는 부분집합의 개수를 배우게 되었다. 그래서 그는 2가지 색상과 2가지 물체(예: 파란색과 빨간색 열쇠와 트럭)로 다양한 항목 그룹 4개를 다뤘다. 그리고 '파란 열쇠가 몇 개야?'와 같이 고유하게 정의된 항목의 개수에 이름을 붙이라고 주문받았다.

이 작업에서 그는 놀라운 정확도를 보였으며, 최소한 66% 이상의 정확도를 보였으며, 4개 항목 조건에서는 9개 중 9개를 모두 맞혔다.[3] 이것은 선택 도구를 사용하여 정확히 파란 열쇠만 선택하고 누산기를 적절하게 증가시키기 위해 꽤 정교한 사용을 요구했기 때문에 중요하다. 또 이것은 일종의 수적 추상화를 의미한다. '여섯'이라는 단어 - 알렉스가 발음하거나 듣는 경우 모두 - 실험용 판 위에서 요청된 어떤 집합에도 적용된다.

1장에서 명시한 대로 수를 세는 능력을 갖추기 위해서는 세는 결과와 관련된 작업을 '산술 연산과 동형isomorphic'인 무언가를 수행할 수 있어야 한다. 물론, 내가 이전 장에서 묘사한 많은 연구는 두 집합 A와 B의 수량을 비교하는 작업(A<B, A>B, A=B)을 수행하는 것을 포함한다. 어떤 경우에는 간단한 계산(A+B 또는 A-B)이 실험실 연구에서 관련된다. 기억해야 할 가치가 있는 것은 수량 비교조차 덧셈을 포함할 수 있다는 점이다. 집합을 관찰할 때 그 수량은 물체를 차례로 더하면서(1+1+1 …) 확립될 수 있으며, 일부 실험에서 동물에게 물체가 하나씩 제시되므로 비교를 수행하는 데 덧셈이 포함된다. 우리는 오히려 훈련을 받지 않아도 사육동물이 이러한 작업을 수행할 수 있는 것을 본 적이 있다. 그렇다면 알렉스는 어떨까?

알렉스는 실제로 집합을 더할 수 있었다. 덧셈 작업에 어떤 내용이 포함되는지 이해하기 위해 세부적인 내용을 살펴봐야 한다. 더해야 할 물체는 익숙한 견과류였다. 두 개의 견과류 집합이 익숙한 판 위에 놓이고 각각 플라스틱 컵으로 덮었다. 컵을 A와 B라고 하자. 알렉스에게 컵 A 아래에 무엇이 있는지 보여주었으며, 그다음에 컵을 덮었다가 다시 올려놓았고, 그다음에 컵 B 아래에 무엇이 있는지 보여주었으며, 다시 컵을 덮었다. 이로써 그는 견과류 조각들을 보지 못했다. 그런 다음에 '견과류가 모두 몇 개야?'라고 물었다. 페퍼버그는 '정확하게 답하려면 각 컵 아래의 수량을 기억하고 어떤 조합적인 과정을 수행해야 했다'고 지적한다. 훈련은 없었다.

다른 다양한 익숙한 간식 물체도 1부터 6까지 더한 합계에 사용되었다. 모든 합계에서 알렉스는 7/8 또는 8/8의 점수를 받았으며, 5 (4/8)를 제외하고는 모든 합계에서 정확한 답을 내놓았다. 실수를 할 때 그가 무작위 숫자를 선택한 것이 아니라 컵 아래의 한 집합에 이름을 붙였는데, 이는 그가 덧셈을 수행하지 않았고 한 집합에 집중했다는 것을 시사했다.[4]

알렉스가 아이들과 마찬가지로, 초등학교 1학년 정도 수준의 수를 이해할 수 있었을까? 페퍼버그와 하버드대학교의 발달심리학자 수전 캐리가 이를 조사했다. 우리는 그가 1부터 6까지의 물체 집합에 음성으로 이름을 지정할 수 있었다는 것을 보았다. 그런 다음 그는 숫자 1부터 6까지의 이름을 지정하는 법을 배우게 되었다. 이 작업에서는 7과 8이라는 숫자도 사용되었다. 모델/경쟁자 방법이 다시 사용되어 알렉스에게 순서를 가르쳤다.[5] 6〈7, 7〈8, 6〈8, 8〉7, 8〉6, 7〉6. 숫자는 판 위에 다양한 색상으로 제공되었고, '어떤 색깔 숫자가 더 크거나 작아?'에 대한 응답을 모델링하여 6(sih-sih, 알렉스의 six), 7(sih-none, 알렉스의 seven), 8(eight) 사이의 서수 관계를 가르쳤으며, 7과 8의 숫자 상태에 대한 증거를 제공했다.

알렉스는 이러한 순서 작업에서 매우 정확했으며, 심지어 새로운 기호 7과 8에 대해서도 마찬가지였다. 실험용 숫자는 다양한 색상으로 제공되었고, 알렉스는 숫자가 주황색, 노란색 또는 파란색일 때 '7의 색깔은?'이라는 질문에 정확히 대답했다.

이 작업의 다른 결과 중 하나는 매우 흥미로웠다. 알렉스가 한 집합에 이름을 지정한 후, 그 집합에서 하나 또는 둘의 물체가 추가되거나 제거되었다. 한 번을 제외하고 모두 변환된 집합에 정확한 숫자를 내놓았다. 예를 들어, 일곱 블록으로 이루어진 집합이 제시될 때, 그는 '일곱'이라고 말했으며, 하나가 추가되면 '여덟'이라고 했다. 그리고 여덟 블록으로 이루어진 집합에서 두 개가 제거되면 '여섯(sih-sih, 알렉스의 six)'이라고 했다.

그는 수량을 변화시키는 변환 - 덧셈과 뺄셈 - 이 수 이름의 변경을 요구한다는 것을 이해하는 것 같다. 이는 2장에서 설명한 세 살과 네 살 아이들과의 실험과 약간 비슷한데,[6] 여기서 알렉스는 많은 아이처럼 그냥 다른 수를 말하는 것이 아니라 올바른 수를 말했다. 그는 '수의 보전'이라는 것을 아는 것 같았다. 하지만 이것은 피아제는 이것이 7세 가까운 아이들에게서 실현될 것으로 예상했을 것이다.

페퍼버그와 캐리는 알렉스가 '후속 함수successor function'를 이해한 것으로 결론 내렸다. 이것은 n만 이해하는 것이 아니라 수의 나열에서 일련의 번호와 집합의 연속인 n과 n+1 등을 의미한다. 이것들은 정수 개념의 논리적 기반 중 하나다. 알렉스의 이러한 활용은 계산 자원에 관한 인간의 고유함을 무너뜨린다. 두 가지 고려사항은 우리에게 일대일 대응, 그리고 '대략적 n이 아니라 정확한 n'을 기반으로 한 표현 방식이 알렉스가 숫자에 부여한 의미를 뒷받침한다는 가설을 지지하게 했다.

알렉스가 사망하기 직전에, 페퍼버그는 그에게 수를 더하는 법을 가르치기 시작했다. 그가 그럴 수 있을까? 물체의 덧셈 작업과 마찬가지로, 두 숫자가 제시되고 컵으로 덮였다. 숫자는 1에서 5까지의 범위이며, 합은 8까지다. 실험용 판 위에서 서로 다른 색상의 숫자가 보였으며, 컵에 은폐된 두 숫자의 합계의 색상을 말하도록 했다. 가능한 모든 시행 중 15번을 수행했을 때, 12번을 올바르게 맞혔다.[7]

결국, 앵무새와 까마귀류(까마귀, 큰까마귀, 갈까마귀)는 침팬지를 제외한 다른 종들보다 숫자를 사용하는 데 더 능하다는 사실이 밝혀졌다. 동물의 수적 능력에 관한 초기 연구는 사실상 새들에게 집중되었다. 오토 켈러는 다양한 종류의 새들과 몇몇 포유류의 수적 능력에 대한 적절한 통제된 실험의 기준을 설정한 방법을 개발했는데, 이는 1장에서 언급한 것과 같다. 그럼에도 불구하고 그는 동물들이 실험실에서 수량을 사용하는 법을 배울 수 있지만, 야생에서는 그렇지 못한 것으로 믿었다.

켈러의 선호하는 방법은 '일치시키기'였다. 즉, 그는 새에게 특정한 수량의 샘플을 제시했고, 그의 까마귀류는 일곱까지의 수량을 일치시킬 수 있었다. 예를 들어, 큰까마귀와 함께 작업할 때, 그는 잉크점(또는 다른 물체)의 샘플 숫자를 제시하고, 새의 작업은 동일한 점의 개수를 가진 상자의 뚜껑을 찾는 것이었다. 새가 올바른 상자를 찾으면 뚜껑을 들면 음식 보상이 제공되었다.

1장에서 언급했듯이, 먼저 새가 숫자 정보를 사용하는지 다른 시각적 정보(잉크의 총면적이나 물체 물질의 총량과 같은)를 사용하는지 확인하는 것이 중요했다. 켈러는 이 작업을 매우 체계적으로 수행하여 작업이 총면적 등을 기반으로 풀리지 않도록 보장했다. 〈그림 1〉은 이 방법의 예시를 보여준다.

그는 또한 흥미로운 변형을 사용했는데, 연속적인 샘플을 만들

▲〈그림 1〉 오토 켈러가 새들을 실험할 때 사용한 자극 중 일부. 매치 투 샘플 연구의 기본 설정. 새는 큰 자극을 두 개의 작은 일치 중 하나와 일치시켜야 한다.[8]

었다. 갈까마귀는 한 번에 하나의 상자를 열어서 다섯 개의 미끼 - 샘플 - 를 얻어야 했는데, 첫 번째 상자에 하나, 두 번째 상자에 둘, 세 번째 상자에 하나, 네 번째 상자에 없음, 그리고 다섯 번째 상자에 하나의 미끼가 총 여덟 개의 상자에 분배되었다. 그런 다음 갈까마귀는 작업을 완료했다는 것을 나타내기 위해 집으로 돌아와야 했다. 한 번의 특이하고 비범한 실험에서 그는 집으로 돌아갔다. 켈러는 '해결 못 함, 하나 부족'이라고 기록하려고 했는데, 갈까마귀가 상자로 돌아왔다.

> 이 갈까마귀는 가장 놀라운 공연을 펼쳤다. 첫 번째 상자 앞에서 머리를 한 번 숙이고, 두 번째 상자 앞에서 머리를 두 번 숙였으며, 세 번째 상자 앞에서 한 번 숙였다가 상자들을 따라 더 나아가 다섯 번째 상자의 뚜껑(미끼 없음)을 열고 다섯 번째에서 마지막 미끼를 꺼냈다. 이를 해낸 후 그는 나머지 상자들을 건드리지 않고 마침내 집으로 돌아갔다.[9]

다른 패러다임에서 켈러가 고안한 것은, 새가 n개의 상자에서 미끼를 수집하고 그다음 보상을 받을 뚜껑 위에 n개의 점 또는 점토 조각이 있는 상자를 찾아야 했다. 이것은 새가 순차적인 계산을 수행하고, 우리가 하는 것과 같이 세는 것을 의미하며, 계산된 물체의 총 개수를 기억하여 작업의 다음 부분을 수행하는 데 사용한다는 것을 나타낸다. 이는 순차적 및 동시에 제시된 집합이 새의 뇌에서 동일한 방식으로 나타나는 것을 의미한다. 이것은 상당히 추상적이다.

켈러의 새들이 실제로 수를 세고 있다고 주장했지만, 그는 자신의 새들이 실제로는 수를 세지 않고 뇌에서 '이름 없는 수'를 사용한다고 믿었다. 이때 수는 동일한 표시로 이루어진 것이다. 각 개체가 불균일한 표시로 나타낼 경우 열거는 열거되는 대상의 성격에 따라 다르게 될 것이다. 동일한 표시는 겔만과 갈리스텔이 인간 어린이에 관한 혁신적인 책 『어린이의 수 이해The Child's Understanding of Number』에서 수에 관해 내재적인 내부 표현인 'numeron'와 매우 유사하다(2장). 즉, 동일한 표시로, 동물이 열거해야 하는 대상이 무엇이든 내부적으로 동일한 방식으로 나타낸다. 이것은 동시에 제시되는 개체의 '표시'와 순차적으로 제시되는 개체의 '표시'에 대해 동일하다. 이것이 바로 누산기가 작동하는 방식이다. 각 개체나 사건은 동일한 활성화 단위를 유발한다. 상자 앞에서 숙이는 갈까마귀는 켈러에 따르면 샘플이 올바르게 일치되었는지 판단하기 위해 '이름 없는 수'를 생각하고 있었다. 그럼에도 불구하고 켈러는 훈련을 통해 드러난 산술 능력이 야생에서 관찰될 수 있는지 확신하지 않았다. 이것은 우리의 산술 능력이 유전적 메커니즘에 기반을 둔 것임을 확실히 주장하기 위해 중요한 점이므로 나중에 다시 다룰 것이다.

켈러는 회색앵무, 사랑앵무, 까마귀, 큰까마귀, 까치, 심지어 다람쥐를 포함한 다양한 종류의 새들과 함께 작업했다. 그는 특별한 주의를 기울여 '영리한 한스 형태'의 문제(30쪽 참조)를 피하기 위해 그와 다른 실험자들이 시야에서 벗어나고, 새들의 행동을 객관적인 기록을 제공하기 위해 비디오로 촬영되도록 했다.

앵무새의 연구에서 아주 재미있는 사례가 있다. 자코는 빛이 번쩍이는 순서를 먹이 식판의 움직임 순서에 맞출 수 있었다. 그뿐만 아니라, 빛의 번쩍임을 플루트 소리 순서로 바꾸면, 자코는 훈련 없이도 음표 개수와 행동 횟수를 일치시킬 수 있었다.[10] 이것은 수량 추상화의 좋은 예로, 다양한 매체, 소리 및 행동 간의 동등성을 보여준다.

최근에는 안드레아스 니더가, 우리가 4장에서 숫자를 맞추도록 원숭이를 훈련시키고 그들의 뇌에서 '수 뉴런'을 발견한 연구자, 이번에는 아주 똑똑한 까마귀, 구체적으로 송장까마귀*Corvus corone corone* 두 마리(한 마리 수컷, 한 마리 암컷)에 주목했다. 그는 원숭이와 거의 동일한 실험 설계를 사용했다(4장을 보라). 샘플 맞추기와 함께 수를 사용하는 것을 확실히 하기 위한 많은 제어 실험을 포함했다. 일반적으로 동반되는 다른 시각적 차원이 아닌 수를 사용하고 있는지 확인하기 위한 것이었다(점의 개수가 더 많으면 점의 크기가 제어되지 않는 한 더 많은 영역이 된다). 현대 기술을 사용하여 코엘러의 방법을 업데이트하면, 까마귀들은 일치시키기 위해 터치스크린을 두드려야 했다(〈그림 2〉를 보라).

사실 까마귀들은 이 일을 꽤 잘하며, 항상 하나, 둘, 셋, 넷 또는 다섯 개의 점을 맞추는 데 기회 이상으로 성공한다. 이것은 제어 사항이 무엇이든 동일한 경우였으며, 이러한 새들이 실제로 작업을 수행하기 위해 수를 사용할 수 있다는 것을 보여주었다. 사실, 까마귀들의 정확도는 거의 원숭이들과 동일했다.

까마귀는 수적 능력과 관련하여 원숭이와 어깨를 나란히 하는 유일한 새가 아니다. 엘리자베스 브랜넌과 허브 테라스는 토지 표지판 연구에서 원숭이들이 오름차순으로 한 개부터 네 개까지 다양한 자극 집합을 정렬할 수 있도록 훈련시킬 수 있다는 것을 보여주는 중요한 연구를 수행했다. 그들은 원숭이들이 수 감각을 사용하고 있는지

▲ 〈그림 2〉 까마귀와 함께 하는 샘플 맞추기.[11]

확인하기 위해 집합 내의 물체의 크기, 모양 및 색상을 통제하거나 무작위였다. 그런 다음 원숭이들을 훈련 범위를 벗어난 새로운 수의 쌍에서 테스트했으며, 이러한 테스트는 베버의 법칙을 따랐다. 즉, 정확도는 집합의 쌍 사이의 비율적 차이에 따랐다(연구 설명 및 자극 예제는 4장을 참조하라).

비둘기도 원숭이와 같은 것을 할 수 있다. 뉴질랜드의 오타고대학교에서 다미안 스카프, 할린 해인, 마이클 콜롬보는 브래넌과 테라스가 원숭이에게 적용한 실험 방식을 빌려와 비둘기 3마리를 연구해 거의 동일한 결과를 발견했다.[12]

브랜넌은 '원숭이가 이것을 할 수 있다는 것도 놀라운데, 비둘기가 똑같이 할 수 있다는 것은 더욱 인상적일 것으로 생각합니다!'라고 언급했다.

이러한 테스트는 많은 훈련이 필요했지만, 굳이 어떤 훈련도 필요로 하지 않는 연구도 있다. 이러한 연구는 특히 무엇이 자연스럽게 발생하는지와 야생에서 관찰될 수 있는 것을 확립하기 때문에 중요하다.

◈ 자연스럽게 하는 일

많은 새가 부화할 때 처음으로 보는 것에 '각인'을 하는 것으로 알려져 있다. 그들은 보통 부화한 첫 번째 것을 따라가며, 처음으로 보는 것은 둥지 동료 또는 어미일 가능성이 크기 때문에 그들의 생존에 도움이 된다. 거위의 각인에 대한 연구는 1973년 노벨생리의학상 수상자 콘라트 로렌츠(1903~1989)와 관련이 있지만, 사실 고대부터 알려져 있었다. 플리니(서기 23~79)는 '개처럼 리케이데스Lycades를 충실히 따르는 거위'에 대해 언급하며,[10] 몇몇 초기의 천문학자들은 물론 1516년의 토머스 모어 경(1478~1545)도 이 현상을 묘사했다. 그러나 로렌츠는 각인이 새로 부화한 새끼 거위가 몇 분 동안 움직이는 것을 주목할 때 발생할 수 있다는 것을 관찰했다.

이제 새로 부화한 새가 둥지 동료 둘을 보는 경우, 한 개 대신 두 개의 물체를 따라가려고 할까, 아니면 세 개를 따라갈까? 또는 둥지 동료가 없는 경우, 왼쪽으로 움직이는 물체 하나와 오른쪽으로 움직이는 물체 둘을 보는 경우, 어떤 것을 따라갈까? 수에 관한 핵심 질문은 집합의 구성원과는 독립적으로 한 개의 집합과 두 개의 집합을 구별할 수 있는지다. 만약 새가 오른쪽으로 가는 네 개와 왼쪽으로 가는 한 개를 보고, 그다음 오른쪽으로 가던 세 마리가 왼쪽으로 가서 이제 왼쪽으로 가는 네 개와 오른쪽으로 가는 하나의 집합이 생겼다면, 이제 왼쪽으로 가는 것이 더 많다고 계산할 수 있을까?

이러한 질문들은 조르조 발로르티가라, 루시아 레골린 그리고 그들의 동료들이 새로 부화한 적색야계*Gallus gallus*에게 물어본 것이다. 로사 루가니는 원래 레골린의 학생으로, 팀의 연구를 2017년에 열린 왕립학회의 산술 능력의 기원에 관한 모임에서 발표했다. 이 모임은 조르조, 랜디 갈리스텔 그리고 내가 조직한 것이었다.[13]

루가니는 병아리가 모양, 크기 및 색상이 다른 다양한 물체들과 함께 양육되는 연구를 설명했다. 한 집단의 병아리는 하나의 물체와 함께, 다른 집단은 모두 동일한 세 개의 물체와 함께 양육되었다.

실험에서는 완전히 새로운 물체가 사용되었으며, 양육 과정에서 사용된 물체와는 색상, 모양 및 크기가 다르다. 그럼에도 불구하고, 병아리는 함께 양육된 물체와 수량이 같은 물체에 가까이 다가갔다. 이는 물체가 매우 다르더라도 다른 신호가 없을 때 언제나 수에 의존할 수 있으며, 이것은 훈련이 없고 학습의 기회가 없었기 때문에 태어날 때부터 가지고 있는 능력이어야 한다는 것을 시사한다.

또한, 플라스틱 공 집합의 움직임이 보이는 경우, 병아리는 더 큰 집합을 선호한다는 사실이 밝혀졌다. 나중에 이어진 연구에서는 플라스틱 공들이 화면 뒤로 사라진 후에도 수를 기억하고(〈그림 4A〉를 보라)

선택권을 부여받으면 더 큰 집합에 다가가려는 새끼 닭의 능력을 테스트했다(3 대 2).[14]

수를 기억하는 능력보다 더 놀라운 것은 계산을 수행하는 데에 내재된 능력이다. 두 가지 조건이 있었다. 첫 번째 조건은 〈그림 4B〉에서 본 것과 같이 네 개의 공이 하나의 화면 뒤로 사라지고, 다른 하나는 다른 화면 뒤로 사라졌다. 두 개의 공은 첫 번째 화면에서 두 번째 화면으로 병아리의 눈앞에서 이동되었으며, 그 후 병아리는 어떤 화면에 다가갈 수 있었다. 병아리는 화면 뒤에 무엇이 있는지 볼 수 없었으며, 사건을 기억해야만 했다. 이제 세 개의 공이 화면 뒤에 있는 화면에 다가갔다. 이것은 네 개에서 두 개를 빼고 하나에 두 개를 더해야 했다는 것을 시사한다. 두 번째 조건에서는 다섯 개의 공이 하나의 화면 뒤로 이동하고 다른 하나는 다른 화면 뒤로 사라졌으며, 그런 다음 첫 번째에서 세 개가 두 번째로 이동되었다. 공이 더 많은 화면에 다가가려면, 병아리는 다섯 개에서 세 개를 빼고 무(無)에서 세 개를 더해야 했다. 병아리가 그냥 마지막으로 움직인 공을 따라가는 것이 아님을 분명히 하기 위해서 마지막 공은 공이 더 많은 화면 뒤로는 가지 않는다는 조건이 적용되었다. 두 가지 조건에서 모두, 병아리는 공이 가장 많은 화면에 다가가는 경우가 70%였다.[14]

병아리는 오른쪽 화면 뒤에서 이동하는 물체를 볼 수 있도록 투명한 상자에서 출발하기 때문에 시작할 때 화면 뒤에서 물체를 볼 수 있으며, 또한 한 화면에서 다른 화면으로 이동하는 물체도 볼 수 있다. 상자 밖으로 나오면 모든 물체가 화면 뒤에 숨겨져 있으므로 사건을 기억을 기반으로 결정해야 한다.

◈ 산술 능력 활용하기

연구 결과 새들은 내재된 능력을 사용하여 수를 세는 법을 배울 수 있다는 것을 시사한다. 그러나 왜 새들은 태어날 때 수를 세는 능력을 가질까? 야생에서 어떻게 활용되는 것일까? 다윈Darwin의 추종자인 윌리엄 로더 린제이(1829~1880; 355쪽 참조)와 같은 사람들은 '하위 동물'이 '계산 능력'을 가지고 있다고 주장했다. 다윈과 함께 일한 조지 로메인스(1848~1894)는 베르사유 궁전의 관리인 중 하나로 까마귀를 포함해서 해충을 처리하는 임무를 가지고 있었던 사냥꾼으로부터 이야기를 들었다. 관리인은 까마귀가 사냥꾼이 번갈아 가며 잠복 장소에 들어가는 것을 보면 둥지로 돌아가지 않는다는 사실을 발견했다. 까마귀를 속이기 위해 6명의 사람이 번갈아 가며 잠복 장소에 들어갔으며, 그중 5명은 나가고 사냥꾼은 남아 있는데, 이렇게 하면 까마귀의 '계산을 방해할 것'이라고 생각했다.[15]

셈하는 능력은 서로 다른 종에게 다양한 방법으로 유용하게 작용한다. 예를 들어, 아메리카물닭American coot는 자신의 알을 세어 얼마나 많은 먹이를 찾아야 하는지 계산한다.[16] 탁란찌르레기cowbird와 같이 알을 다른 새의 둥지에 탁란하는 새는 숙주의 둥지에 이미 있는 알의 개수를 이용하여 자신의 알을 낳을 때의 타이밍을 맞춘다. 암컷 탁란찌르레기는 주로 숙주 종의 일반적인 최대 알 수에 가까운 개수의 알을 낳는다. 알을 낳기 시작하는 시기를 결정하기 위해 이미 있는 알 개수를 이용한다.[17] 명금류songbird 또한 자신의 노래와 경쟁자의 노래에서 음표를 세어야 한다. 많은 명금류는 동종의 노래를 나이 많은 동료를 모방하여 배우며, 간단하게 내재된 노래를 피드백이 들리는 것과 일치하는 모델에 맞춰 수정함으로써 이루어진다. 이 능력은 일반적인 새의 지능이 아닌 특정한 인지 능력으로 보이며,[18] 피부의 특수한 신경 네트워크를 통해 구현된다.[19]

예를 들어 명금류인 늪참새*Melospiza georgiana*와 같은 종은 노래에 추가 음표가 추가될 때도 이를 인지한다. 이것은 노래가 인근의 수컷에게서 나온 것이 아니라는 의미이며, 이것은 위협이 될 수 있다는 것을 나타낸다.

◈ 집으로 가는 길 찾기

새들은 둥지에서 상당한 거리까지 먹이를 찾아다니며, 어떤 새들은 수백 마일 또는 수천 마일을 날아다니기도 한다. 이 놀라운 행동은 보통 사람들이 지도, 나침반 및 계산기를 사용하는 것처럼 '추측 항법'이라고 부를 수 있는 복잡한 계산을 포함한다. 이를 통해 각 회전의 거리를 표시하여 배가 지도상 어디에 있는지를 계산할 수 있다. 새의 경우, 먹이를 찾은 후에도 둥지로 돌아와야 한다. 그러므로 그들은 자신이 어디 있는지를 알아내야 할 뿐만 아니라 '집 벡터'를 결정해야 한다. 중요한 두 가지 요소는 나침반과 지도다. 새의 나침반이 알려진 바로는 여러 가지 종류의 정보에 의존한다. 해의 위치, 해가 보이지 않을 때 하늘의 편광된 빛 패턴, 밤에는 별들, 아마도 바람 방향도 포함될 수 있다. 지도는 랜드마크를 부호화하며, 때로는 냄새 신호를 통한 둥지로 돌아가는 길을 바닷새의 경우에는 둥지 위치에서 매우 가까울 때 사용한다. 많은 새는 자기의 눈에서 자기 위성 수신을 위한 메커니즘을 사용하여 위도를 추정하는 방법으로 자기 나침반을 사용한다. 이것은 장거리 이주자에게 중요하다.

길 찾기의 다른 요소는 이동한 거리다. 가끔 익숙한 랜드마크가 이 정보를 제공하는 데 도움이 된다. 이것은 새 자체에서 나오는 정보인 '경로 내 힌트idiothetic cue'라고 불리는 것을 통해 추정될 수 있다. 이것은 이동 속도를 추정하기 위한 시각적 흐름 또는 거리를 추정하기 위한 에너지 소비와 같은 것을 포함할 수 있다. 이러한 정보의 원본이 어떻게 활용되는지는 새가 둥지 근처에서 먹이를 찾을 때, 전서구*homing pigeon*처럼 더 오랜 여행에서 돌아올 때, 아주 먼 거리를 날아다닐 때에 따라 다를 것이다.

이러한 장거리 이주가 놀라울 정도로 인상적이라고 말하고 싶다. 큰뒷부리도요*Limosa lapponica baueri*는 알래스카에서 번식하고 뉴질랜드에서 겨울을 보낸다. 이것은 연간 2만 9,000km의 왕복 여정이다. 알래스카에서 뉴질랜드까지 멈추지 않고 말이다. 비행하는 동안 과학자들이 진행을 추적하기 위해 하체에 부착된 5g의 위성 태그를 부착했다.[20]

거리가 엄청날뿐더러 이 여정은 대체로 태평양을 가로질러 이루어지며, 흑꼬리도요*Limosa limosa* 전문가들은 이를 '지구상에서 가장 복잡하고 계절적으로 구조화된 대기 상황'이라고 설명한다. 이 여정을 수행하기 위해 흑꼬리도요는 주간에는 태양 나침반을 사용하고 밤에는 하늘 나침반을 사용하여 밤낮으로 방향을 유지해야 하며, 태양과 별의 천체력ephemeride(시간이 지남에 따른 태양과 별의 위치 변화)을 고려하여 조절해야 한다. 그들은 방향을 추정하는 데 기여하는 것으로 여겨지는 자기 감각도 가지고 있다고 생각된다.[21] 또한 계속해서 바람 속도와 방향을 고려해야 한다. 이것은 두 차원에서만 이루어지는 것이 아니다. 그들은 비행경로에 대한 최적의 고도를 계산해야 한다. 또 이러한 장거리 이주를 수행하는 많은 새가 있으며, 그중 그린란드와 아이슬란드에 서식하는 북극제비갈매기*Sterna paradisaea*는 매년 40cm 미만의 날개로 7만km 이상의 연례 이주annual migration를 수행하고 매년 동일한 둥지로 돌아간다.

옥스퍼드대학교의 조류 항법 전문가 도라 비로에 따르면 새들은 주로 지도와 나침반 항법에 의존한다. 그들은 공간에서 현재 위치와 목표와의 상대 위치를 정확하게 파악할 수 있는 머릿속에 지도를 가지고 있으며, 그런 다음 나침반을 사용하여 현재 위치와 목표 사이의 방향을 잡을 수 있다.

비로는 다음과 같이 이를 검증한다.

> 바위비둘기*Columba livia*와 함께 '클록-시프트clock-shift' 실험을 수행한다. 즉, 전서구가 시차로 인해 태양의 위치를 잘못 해석하게 하며, 이로 인해 오류가 있는 지리 나침반 방향을 얻게 한다. 클록-시프트된 전서구를 풀어주면 처음에는 집으로 간다고 생각하면서 잘못된 방향으로 날아갈 것이다. 그러나 이 전서구가 비슷한 거리를 이동한 후에는 무언가가 잘못되었다는 것을 깨닫는다는 일부 소문이 있다. 이것은 처음에 집에서 얼마나 멀리 떨어져

있는지에 대한 어떤 기대를 가지고 있었음을 시사할 것이다. 스스로 길을 찾지 않고 자동차에 태워 풀어준 장소로 운반되었음에도 말이다. 이것은 예를 들어 그들이 좌표로 '집'을 표시한 어떤 이중 좌표 지도를 가지고 있고, 그런 다음 풀어준 장소의 좌표도 계산할 수 있다면 해낼 수 있다. 또는 동일한 장소에서 집으로 돌아온 경험을 통해 배웠을 수 있으며 날아간 거리를 기억하고 있을 수도 있다(개인적인 의사소통).[22]

큰흰배슴새*Puffinus puffinus*는 둥지로 돌아가려고 할 때 방향과 거리를 모두 알고 있는 것으로 보인다. 더 멀리 가야 할 때 더 일찍 출발하기 때문이다.[23]

흰정수리북미멧새*Zonotrichia leucophrys gambelii*와 관련된 멋진 연구는 지도와 지도 방향이 어떻게 학습되는지를 보여주었다. 이 새들은 경험 많은 성체와 미숙한 어린 새들의 대규모 무리로 워싱턴 주에서 남부 캘리포니아와 멕시코로 이주한다. 이 연구에서는 9월 중순에 비행기로 뉴저지주의 뉴어크로 이동하여, 온도와 압력을 조절한 구획에 묶여 있으며 창문은 없지만 계속해서 어두운 빛이 비치는 조건에서 운반되었다.[24] 그런 다음 차로 프린스턴, 뉴저지로 이동하여 거기서는 실험용 조류 우리에서 3마리씩 묶여 있었다. 그리고 그들이 풀려나기를 기다렸다.

이제 워싱턴주에서 날아갈 때 그들은 대략 남쪽으로 향한다. 그런데 이로부터 동쪽으로 3,700km 떨어진 곳에서 풀려날 때 그들은 무엇을 할까? 사실, 이 경로를 이전에 날아온 성체는 실제로 겨울 이주지로 향하는 동안 남서쪽으로 향했으며, 경험이 적은 어린 새들은 남쪽으로 직진했다. 이것은 장거리를 이주하는 성체 명금류가 학습한 항법 지도가 적어도 대륙 규모로 확장된다는 것을 보여준다. 경험이 적은 새끼들은 먼 겨울 거주지를 찾기 위해 내재된 프로그램을 의존하며 변위를 보정하지 않고 내재된 방향으로 계속 이주한다.[24]

이러한 여정은 복잡하고 정교한 계산이 필요하다 - 제임스 쿡의 태평양 항해를 생각해보라 - 그리고 실제로 어떻게 실시간으로 수행되는지는 아직 결정되지 않았다. 나는 하와이의 몰로카이에 사는 선원 친구인 케빈 브라운에게 현대 장비 없이 거리를 어떻게 추정할 수 있을지 물어보았다. 아마 이것이 새들이 어떻게 하는지에 대한 단서를 제공할지도 모른다고 생각했다. 그는 '이동하는 선박 옆을 통과하는 물체의 통과 시간을 측정하여 칩 로그를 사용하여 거리를 계산할 수 있으며, 이는 선박의 속도만을 제공하므로 이동한 거리는 다시 한번 계산의 문제'라고 답했다. 과학사 연구자인 마이클 해몬드는 일부 세부 사항을 보충해주었다.

> 칩 로그는 간단한 장치로, 릴에 감긴 밧줄에 연결된 나무 조각으로 이루어졌다. 이 밧줄에는 매 47.3피트마다 매듭이 묶여 있었다. 로그를 사용하려면 나무는 수중에 던지고 모래가 채워진 타이머, 거의 모래시계와 유사한 장치를 뒤집어야 했다. 타이머는 28초를 거꾸로 세는데, 로그를 던지고 타이머를 뒤집는 데 걸린 시간을 고려하기 위해 30초로 로그를 놓아 2초를 뺀 것이었다. 우리 손을 통과하는 매듭의 수는 우리가 이동하는 해리마일(해상마

일) 당 수치와 동일하다. 해리마일(knot)이라는 용어가 여기서 유래된 것이다. 이 방법이 작동하는 이유는 간단한 수학이다. 밧줄을 한 시간 동안 놓아두고 얼마나 긴 길이의 밧줄이 놓여 있는지를 세는 대신에, 우리는 실용적인 시간과 거리로 되돌려 계산했다. 한 시간에는 30초 간격이 120번 있으며, 120개의 47.3피트 간격은 약 1해리마일에 해당한다. 완벽하게 정확하지는 않지만, 매우 근접하며 우리 선원들에게 충분히 가까운 것이다.[25]

우리는 새들이 시각적 흐름을 사용하여 속도를 추정할 수 있다는 것을 알고 있다 - 즉, 물체나 바다가 눈의 망막을 통해 이동하는 속도다. 새의 뇌에 있는 시계 중 하나는 속도와 시간의 함수로 거리를 추정하는 데 사용될 수 있다. 마치 선원의 칩 로그처럼, 이러한 추정은 필연적으로 대략적일 수밖에 없다. 거리의 추정값이 다른 정보와 함께, 가능하면 랜드마크나 천체적인 단서와 대조적으로 확인될 것으로 예상된다.

서식지 통합을 계산하는 새와 다른 동물, 그중에는 우리가 이어서 볼 것인 곤충도 포함된다는 흥미로운 가능성 중 하나는 서로 다른 선호 방향을 가진 누산기의 공간 배열이라는 것이 서섹스대학교의 토머스 콜렛트에 의해 제안되었다. 하나의 누산기가 아니라, 각각 선호하는 방향이 다른 누산기가 현재 이동 방향에 따라 업데이트되는 것을 상상해보라. 이러한 모델 중 첫 번째 모델은 동쪽-서쪽으로 여행 구성 요소를 통합하는 하나의 누산기와 남쪽-북쪽으로 여행 구성 요소를 통합하는 다른 하나의 누산기라는 가장 간단한 경우를 고려한다. 외부 경로 중에는 두 누산기가 독립적인 구성 요소를 합산한다. 통합기는 최종 상태에 도달하는 방법의 역사를 갖고 있지 않지만, 두 누산기의 내용물의 벡터 합계가 집 벡터를 생성한다.[26]

항법을 수로 생각하는 한 가지 방법은 갈리스텔에 의해 제안되었다. 오직 세 개의 '비트' 정보 - 000, 001, 010 등 - 는 나침반의 여덟 가지 주요 지점 ('N', 'NE' 등)까지 회전의 크기를 1/8 회전의 정확도로 나타낼 수 있다는 것이다.[27]

갈리스텔은 명확하게 선원들과 동물들의 항법을 비교한다. 이것은 나중에 벌의 항법에 대한 9장에서 다시 등장할 것이다.[28]

위도와 경도, 그리고 거리와 방위각은 항법 계산에서 서로 바꿔 쓸 수 없으며, 다음과 같이 네 가지 가장 일반적인 공간 벡터에 대한 항법 계산이 정의된다. 벡터 뺄셈, 직교 좌표계에서 극 좌표계로 변환, 극 좌표계에서 직교 좌표계로 변환, 벡터 덧셈이다. 이러한 항법 계산은 항로 계획, 항로 설정, 위치 계산 및 추측 항법과 같은 다양한 항법 작업에 사용된다.

지도와 나침반이 필요한 것은 지도와 나침반이라는 것을 의미하며, 이는 새 또는 인간 항법사가 지도를 갖고 있다는 것을 의미한다. 선원의 경우, 이것은 종이 지도일 수 있다. 하지만 새, 벌 또는 태평양을 탐험한 초기 폴리네시아인들의 경우, 지도는 뇌 안에 있을 것이다.

실제로 일반적인 지도 형식이 필요할 수 있지만, 충분하지는 않다. 왜냐하면, 이러한 지도는 일반적으로 두 차원만을 다루기 때문이다. 새들은 먹이를 찾거나 포식자를 피하거나 이주를 위한 최적의 고도를 찾거나 나무나 절벽에 둥지를 트기 위해 3차원 공간에서 비행한다. 줄기러기*Anser indicus*는 여름에는 카자흐스탄과 몽골의 서식지에서 히말라야산맥을 넘어 남인도로 겨울 이주를 한다. 뉴질랜드 출생의 등산가 조지 로우는 1953년에 에드먼드 힐러리와 텐징 노르가이의 에베레스트 등반을 지원한 사람으로, 그는 줄기러기가 에베레스트 정상 위를 날아다니는 것을 본 적이 있다고 말했다. 에베레스트 정상은 대략 8,800m 정도 높이이며, GPS 추적기를 사용하여 한 마리의 새가 6,000m 상공에서 비행하는 것을 기록한 연구팀도 있다.

◈ 새의 두뇌

대부분의 새 뇌는 영장류와 비교할 때 극히 작다. 그렇다면 이러한 계산을 어떻게 수행할 수 있을까? 이러한 작은 뇌는 더군다나 신피질neocortex도 가지고 있지 않다. 신피질은 포유류 뇌를 덮는 층층이 접힌 구조로, 인간, 원숭이, 고양이의 수 처리에 관련된 주요 뇌 영역이 위치한 곳이다. 새 뇌의 외피pallium가 포유류의 신피질과 기능적으로 동등하다고 제안되었다. 그럼에도 불구하고 새 뇌의 뉴런은 포유류 뇌보다 더 밀집되어 있다. 현재로써 알려진 바로는 앵무새(10g, 20억 뉴런)와 까마귀(1.5억 뉴런)는 많은 포유류 또는 일부 원숭이보다 더 많은 뉴런을 가지고 있다. 앵무새와 부시베이비(원숭이)는 약 10g 정도의 뇌 무게를 가지고 있지만, 앵무새는 부시베이비보다 두 배 더 많은 뉴런을 가지고 있다. 또한 마코앵무새macaw의 뇌는 호두만 한 하지만, 레몬 크기의 뇌를 가진 마카크macaque보다 뇌의 외피에 더 많은 뉴런을 가지고 있는 것이 밝혀졌다.[29]

심지어 사랑앵무budgie도 1억 5,000만 개의 뉴런을 가지고 있으며, 생쥐, 쥐, 마모셋보다도 많은 뇌세포를 갖고 있다. 게다가 새 뇌의 뉴런은 포유류 뇌보다 밀집되어 있으므로 이들 간의 연결이 더 빠르고 쉬울 수 있다는 것이 있다.

새의 항법, 앞서 언급한 대로, 지도가 필요하다. 뇌 안에 지도라는 개념은 어리석은 것처럼 보일 수 있다. 그런데 이 지도는 어떤 모습일까? 분명히 새의 머리에서 접히고 펼치는 종이 지도처럼 보이지 않을 것이다. 실제로 수로 구성될 수 있을까? 잠시 구글 맵을 생각해보고, 그것이 컴퓨터 서버에 저장되는 방식을 생각해보라. 그런 다음 집에서 현지 슈퍼마켓이나 파리로 가는 방법을 구글 맵에 묻는다고 상상해보라. 그것은 그림과 명령어 나열로 위치와 경로를 제공할 수 있다. 이러한 지도는 디지털로 저장된다. 즉, 수로 이루어진 집합으로, 궁극적으로는 0과 1로 구성된다. 경로는 어떻게 작성될까? 저장된 숫자에 대한 계산을 통해 이루어진다.

내가 구글 맵이 얼마나 많은 기억 요소를 필요로 하는지는 모르지만, 간단한 귀뚜라미는 6억 9,000만 개의 뉴런을 가지고 있으며, 그중 4억 3,700만 개의 뉴런은 뇌의 외피에 위치한다. 두뇌 외피의 각 뉴런이 수백 개, 심지어 수천 개의 다른 뉴런과 연결될 수 있다고 가정하면, 작은 귀뚜라미 뇌의 저장 용량은 집으로 가는 경로에 필요한 구글 맵의 저장 용량을 초과할 것으로 생각된다.

따라서 새 뇌 안에 지도가 있다는 아이디어는 그리 우스꽝스럽지 않다. 그것이 구글 맵과 유사하다면, 실제로 수에 대한 산술적 계산을 수행하고 있다는 것이다.

◈ 새의 두뇌 속 수 뉴런

코엘러의 과제를 수행하는 데 관여하는 뇌 영역은 까마귀의 두뇌 외피에서 단일 세포를 기록함으로써 확인되었다. 안드레아스 니더와 헬렌 디츠의 연구다. 그들이 발견한 것은 바로 원숭이에서 니더가 관찰한 것과 매우 유사한데, 특정 수량에 맞게 '조절'된 뉴런이 있다는 것이다. 즉, 한 뉴런은 짧은 지연 후에 하나의 물체에 가장 강하게 반응하고, 다른 하나는 두 물체에, 다른 하나는 세 개의 물체에, 다른 하나는 네 개의 물체에, 다른 하나는 다섯 개의 물체에 반응한다.

니더와 디츠는 이 연구를 통해 산술 능력에 대한 깊은 진화적 기반이 있다고 주장하며 다음과 같이 결론 내린다.

> 형화된 뇌 기로 회로[새의 두뇌 외피와 포유류의 신피질]를 나타낼 수 있다. 아마도 이 결과는 두 군집에서 산술 능력을 유발하는 뉴런 계산의 진화에 대한 생리적 설명을 제공할 수 있다. 따

라서 신경 과학에서 더 많은 비교적 관점은 이러한 진화적으로 안정된 뉴런 메커니즘을 해독하는 데 불가결할 것이다.[11]

새뿐만 아니라 인간 및 다른 포유류와 마찬가지로 새들은 해마 hippocampus를 가지고 있으며, 이것은 동물의 위치를 위한 특수화된 세포를 가진 뇌 구조다. 이것은 원래 유니버시티 칼리지 런던의 존 오키프와 그의 동료들에 의해 발견되고 개발되었다.[30] 존 오키프는 이 발견으로 2014년 노벨 생리의학상을 수상했으며, 또한 해마와 인접한 뇌 지역 중 하나인 '격자 세포grid cell'를 발견한 마이브리트 모세르와 에드바르드 모세르 부부와 함께 이 노벨상을 수상했다. 격자 세포는 뇌에 내부 좌표 시스템을 제공하여 항법에 필수적인 측정 가능한 내부 좌표 시스템을 제공한다.

◈ 진화

포유류와 새의 마지막 공통 조상은 약 3억 년 전에 존재했다. 이것은 진화적인 용어에서도 오랜 시간이며, 그 기간에 많은 변화가 있었을 것이다. 공통 조상에 누산기 메커니즘이 존재했는지를 판단하는 것은 아마도 아직은 너무 이른 것일 수 있지만, 우리는 다양한 타이밍 유전자와 타이밍 메커니즘이 더 멀리 떨어진 공통 조상으로부터 보존되었음을 알고 있으므로, 계산 메커니즘을 구축하는 유전자도 보존되었다면 놀라운 일은 아닐 것이다.

이 장에서 우리는 뇌 크기가 포유류보다 작은 새들이 오히려 계산과 셈에서 더 뛰어나다는 것을 보았다. 몇몇 개체는 특별하며, 알렉스와 같은 앵무새는 예외적인 경우도 있고, 몇몇 종은 원숭이와 유사한 작업에서 최소한 같은 수준의 능력을 가진다. 새들은 먹이를 찾고 번식하기 위해 멀리 이동하며, 이것은 거리, 방향 및 시간의 정교한 계산이 필요하다.[31] 이는 항해사들이 경로를 계산하는 방식과 동일하다. 그래서 작은 뇌를 가진 새들은 어떻게 이러한 수학적 탁월함을 달성할 수 있을까? 이러한 작은 뇌는 뉴런을 매우 밀접하게 모아놓기 때문에 많은 새는 많은 포유류와 일부 원숭이보다 더 많은 뉴런을 가지고 있으며, 그중 일부 뉴런은 원숭이 뇌와 마찬가지로 특정한 수량에 맞춰 조절된다.[32]

7장

양서류와 파충류는 수를 셀 수 있을까?

Can fish count?

현대의 양서류 - 주로 개구리, 두꺼비, 영원newt, 도롱뇽 그리고 다리가 없는 뱀과 비슷한 무족영원caecilian - 는 오래된 진화 계통을 보여주고 있다. 약 3억 5,000만 년 전 데본기Devonian period에 땅에 처음 서식한 어류의 후손이었다. 양서류는 물과 땅에서 생활하며 일반적으로 물에 알을 낳는다. 다른 변온동물처럼 양서류는 작은 뇌를 가지고 있으며(0.1g 미만), 뇌 대 몸무게 비율[1]이 낮다. 그런데도 개구리는 약 1,500만 개의 뇌세포를 가지고 있으며, 이는 간단한 누산기 시스템을 실행하는 데 충분하다[2].

지금은 도마뱀, 뱀, 거북, 악어류를 포함한 1만 종 이상의 파충류가 존재한다. 고대의 파충류는 공룡의 조상이며, 새의 조상이자 궁극적으로 우리의 조상이다.

양서류와 파충류의 산술 능력에 관한 연구는 내가 설명한 다른 동물 집단에 비하면 거의 없다. 그래도 야생에서 셈이 양서류와 파충류 종 모두에게 먹이 획득에 중요하며, 일부 종에서는 짝짓기에 있어서 절대적으로 중요하다는 것을 보여줄 것이다.

◈ 실험실에서 자연스럽게 하는 일

양서류의 산술 능력을 조사한 최초의 실험실 연구는 당시 루이지애나대학교에서 근무한 클라우디아 울러와 그녀의 동료들에 의한 것이었다. 이 경우 대상은 붉은등살라만더*Plethodon cinereus*였다.[3] 이들은 야생에서 '최적의 먹이 찾기 전략'을 사용한다. 그들은 초파리*Drosophila*를 좋아하며, 초파리가 적을 때에는 아무 크기의 파리라도 찾아 먹지만, 초파리가 풍부할 때에는 더 큰 파리를 선택한다.

울러의 선구적인 연구는 간단하고 우아하며, 4장에서 설명한 바와 같이 원숭이의 패러다임을 따랐다. 원숭이는 선택권을 주면 '더 많은' 음식을 자발적으로 선택한다.[4] 파충류도 마찬가지일까?

울러와 그녀의 팀은 연구 대상인 붉은등살라만더에게 다음과 같은 선택지를 제공했다. 각각의 실험에서 1 대 2, 2 대 3, 3 대 4 또는 4 대 6 비율로 초파리를 준 것이다. 실험에서는 유리관에 실제 초파리를 보여주는 것이었으므로 실험 대상인 붉은등살라만더는 초파리를 볼 수는 있지만 먹을 수는 없었다. 선택은 붉은등살라만더가 관찰한 유리관 중 하나를 터치할 때 결정된다. 결과적으로 붉은등살라만더는 1보다 2를 선택하고, 2보다 3을 선택했지만, 나머지 두 가지 조건에서는 선택하지 않았다. 울러와 동료들이 인정하듯이, 붉은등살라만더가 초파리의 총량 또는 초파리의 움직임에 반응하고 있는지 판단할 방법은 없었다. 그리고 붉은등살라만더는 환경에서 작은 물건의 움직임에 매우 민감한데, 아마 먹이가 될만한 것들이었을 것이다.

그 후에 울러는 붉은등살라만더의 큰 수 구별 능력(8 대 12 또는 8 대 16)을 연구했다. 이번에는 귀뚜라미였다. 붉은등살라만더는 8 대 16 중에서 더 큰 쪽을 신뢰할 만한 수준으로 선택했다. 즉, 두 집합 간의 비율이 1:2일 때였다. 그러나 8 대 12에서 실패했으며, 이는 2:3의 비율이었다. 귀뚜라미 실험에서는 움직임이나 총량에 관한 통제는 하지 않았다. 그러나 일부 도롱뇽류는 어떤 상황에서는 밀도보다는 초파리라는 먹이의 양을 자발적으로 이용한다.[5] 어떤 경우에는 먹이보다 면적이나 부피를 늘리는 것이 더 쉬울 수 있다.

◈ 야생에서의 부르짖음

개구리의 짝짓기 게임에서 수는 결정적인 정보다. 암컷은 수컷의 '매력적인 부르짖음'을 선택의 근거로 짝을 고른다. 조지 클럼프와 칼 게르하르트는 당시 미주리대학교에서 연구하던 시기에 알을 밴 회색청개구리*Hyla versicolor*가 어떤 소리를 특히 매력적으로 여기는지 실험했다.[6] 이 종의 수컷은 특정한 주파수로 부르짖으며, 이것이 암컷에게 '이종' 수컷을 무시하고 동일한 종의 수컷에게만 집중하게 한다. 짝짓기가 가능한 수컷 중에서 암컷은 부르짖는 소리가 더 긴 수컷을 선호한다. 더 긴 부르짖음은 수컷의 심리적 상태와 건강 상태를 나타낼 가능성이 크기 때문이다. 또한, 부르짖는 소리의 크기는 신체 상태를 나타낼 수도 있지만, 상대적으로 덜 중요해 보인다. 물론 소리의 크기는 거리에 따라 변하기 때문에 신뢰할 수 있는 지표가 아니며, 특히 소리의 지속시간과 마찬가지로 신뢰하기 어려운 지표다. 주파수(횟수/지속시간)는 여기서 암컷이 동일한 종의 수컷을 인식하는 데 사용하지만, 리듬과 같은 분명히 구별되는 소리의 횟수 또한 적합한 수컷이 나타났다는 신호일 수 있다. 물론 이것은 셈하는 능력이 필요한 정말 좋은 예가 있다.

퉁가라개구리*Physalaemus pustulosus*는 작은 개구리로, 1에서 1¼인치 정도 크기이며 중앙아메리카와 남아메리카의 습지에서 서식한다. 이 개구리는 밤에 번식하고 낮에 작은 곤충을 먹는다. 그들에게 특별하면서도 우리 이야기와 관련이 있는 것은, 짝짓기 성공이 산술 능력에 달렸다는 점이다.

번식 계절 동안 수컷은 구애하고 암컷은 선택한다. 익숙하게 느껴지는가? 암컷은 가장 형질이 우수한 수컷을 찾으려 한다. 그들은 종종 수컷을 직접 볼 수는 없지만, 수컷이 매력적인 부르짖음을 내는 것을 듣고 있다. 이웃한 수컷들은 가장 매력적으로 부르짖기 위해 경쟁한다. 우리가 시끄럽다고 느끼는 이유다.

유타대학교의 게리 로즈와 많은 다른 과학자들은 몇 년 동안 퉁가라개구리와 다른 무미류(개구리와 두꺼비) 종들의 부르짖음을 연구해왔다.[7] 퉁가라개구리 수컷의 부르짖음은 거의 개구리 자체 크기만큼 크게 팽창한 울음주머니에 의해 생산되며, 길고 낮게 꺾는 음으로 시작된다. 이것은 '울림'이라고 불리며, 《뉴욕 타임스》에서 영화 〈스타

트렉>에 등장하는 무기인 '페이저'와 놀랄 만큼 비슷하다고 비유하기도 했다.[8]

이웃의 부르짖음과 경쟁하기 위해 수컷은 꺾는 음의 끝에 특정한 간격으로 '척(짧고 높은 소리)'을 덧붙인다. 텍사스대학교의 마이클 라이언과 그의 공동연구자들은 암컷들이 꺾는 음과 척이 포함된 복잡한 부르짖음 소리를 내는 수컷을 선호한다는 것을 보여주었지만, 왜 항상 이런 부르짖음을 내지 않는지에는 이유가 있다. 개구리를 먹는 박쥐들 역시 복잡한 부르짖음을 내는 개구리를 선호하기 때문에 암컷을 끌어들이는 일은 어느 정도의 위험을 수반한다. 복잡한 부르짖음을 낼 수 있는 수컷들이 그렇지 않은 수컷들보다 크고 건강한 것으로 보이므로, 이들은 암컷과 포식자 모두에게 매력적이다.

그럼에도 불구하고 수컷은 다른 수컷들과 경쟁해야 하며, 이를 이기기 위해 이웃 수컷들보다 더 많은 척을 추가한다. 즉, 만약 수컷이 4번의 척을 들으면 4+1번의 척 소리를 낸다. 구절 당 척의 횟수는 호흡기능의 좋은 지표로, 거리에 따라 변하지 않기 때문에 더 좋다. 사실 이것은 아날로그 신호가 아닌 디지털 신호로 거리에 따라 더 많은 정보를 유지한다. 수컷이 만들 수 있는 척의 상한선은 그의 폐 및 음성주머니 용량에 따라 결정된다. 따라서 가장 매력적인 수컷은 약 7번을 낼 수 있다. 이것은 에너지 소모가 크며, 특히 반복되면 위험하다. 그래서 수컷과 암컷 모두 척을 세어야 한다.

결국 암컷은 더 많은 척을 만들 수 있는 수컷을 선호하며, 이것은 수컷이 경쟁자의 척을 세고 자신의 부르짖음에 하나 이상을 더할 수 있어야 하며, 암컷 또한 가장 형질이 우수한 수컷을 선택하기 위해 횟수를 세어야 함을 의미한다. 암컷이 수컷의 부르짖음을 매력적으로 느끼면, 암컷은 그 부르짖음과 부르짖음 때문에 발생하는 물결 파장을 보고 새로운 짝의 위치를 찾는다.

통가라개구리가 산술 능력을 가진 유일한 개구리는 아니다. 부르짖음 연결하기Call matching는 사실 경쟁하는 수컷 개구리들 사이에서 일반적으로 발생하며, 재생 실험을 통해 검증할 수 있다. 호주의 붉은 허벅지개구리*Crinia georgiana* 연구에서, 두 개의 스피커 중 하나에서 부르짖는 소리가 나올 때 수컷의 반응을 기록했다. 실험 대상인 수컷은 재생되는 부르짖음의 음표 개수를 정확하게 일치시켰다. 그는 에너지의 총량이 아닌 수를 일치시키고 있었다. 에너지가 변해도 계속해서 수를 일치시켰기 때문이다.[9] 왜 이 수컷들이 동일 종의 다른 개구리들의 부르짖음과 일치시키는, '동종conspecific'이라는 행위를 하는지는 명확하지 않다. 이에 대한 가설 중 하나는 수컷들이 에너지를 낭비하지 않고도 암컷들에게 경쟁자들과 비슷하게 매력적인 소리를 내려 한다는 것이다.

로즈는 짝을 선택하면서 산술 능력이 중요하다는 것뿐만 아니라 개구리 뇌가 어떻게 그것을 수행하는지도 발견했다. 개구리의 청각 중뇌에는 소리의 맥 사이 간격, 즉 진폭 변화 속도를 기반으로 선택하는 뉴런들이 있다. 주파수, 즉 각 소리 맥박 사이의 간격은 매력적인 부르짖음을 다른 음성과 구별한다. 만약 척 사이의 타이밍이 약간 어긋나면, 이러한 뉴런들은 반응하지 않으며 수를 세는 과정이 시작되지 않는다. '하구inferior colliculus'라고 불리는 청각 중뇌의 뉴런들은 '올바른' 타이밍에 발생한 소리 맥의 임계치 수가 발생한 경우에만 선택적으로 반응하며, 이러한 '간격 계산' 뉴런들은 그런 소리 맥을 셀 수 있다. 다른 소리를 세는 것처럼 보이는 다른 개구리 종들이 그들의 하구에 같은 유형의 메커니즘을 가지고 있는지는 아직 알려져 있지 않다. 게리 로즈는 '진짜 긴 간격(예: 붉은허벅지개구리나 중남미의 청개구리 종류가 내는, 연이어 내는 소리 맥 사이의 200밀리초)을 셀 수 있는 뉴런이 존재하는지 흥미로울 것'이라고 내게 편지한 적이 있다(개인적 대화).

진폭 변조(소리 맥의 속도와 수)에 대한 감각은 양서류뿐만 아니라 더 일반적으로 물고기에서부터 인간에 이르기까지 척추동물에서 널리 발견되며, 하구와 같은 유사한 신경 구조를 이용한다. 개인적으로 말하자면, 빠르게 연속해서 소리를 세는 것은 거의 불가능하다고 생각한다. 나의 하구는 소리를 세는 데 있어서 실제로 미흡한 것 같다. 개구리처럼 인간 시스템은 훈련이 필요한 것일 수 있으며, 음악가들은 나보다 훨씬 더 잘 할 수도 있다.

개구리와 두꺼비는 올챙이 때부터 독립생활을 한다. 올챙이 한 마리는 다른 올챙이 집단에 들어가면 포식자에게 잡아먹힐 위험을 줄일 수 있어서 포식자가 있는 자리에서는 그렇게 한다. 올챙이가 다른 무리에 참여하는 정도는 그들이 얼마나 사교적인지에 따라 다르다. 이 자연스러운 행동의 이점을 활용해서 이탈리아 파비아대학교의 조르지오 발로르티가라 박사와 동료들이 수행한 멋진 연구가 있다.

그들은 두 종류의 올챙이, 즉 일반적으로 매우 사교적이며 크고 안정된 사회 집단을 형성하는 녹색두꺼비*Bufotes balearicus*와 덜 사교적이며 일시적인 집단만 형성하는 유럽식용개구리*Pelophylax esculentus* 두 종류를 테스트했다.

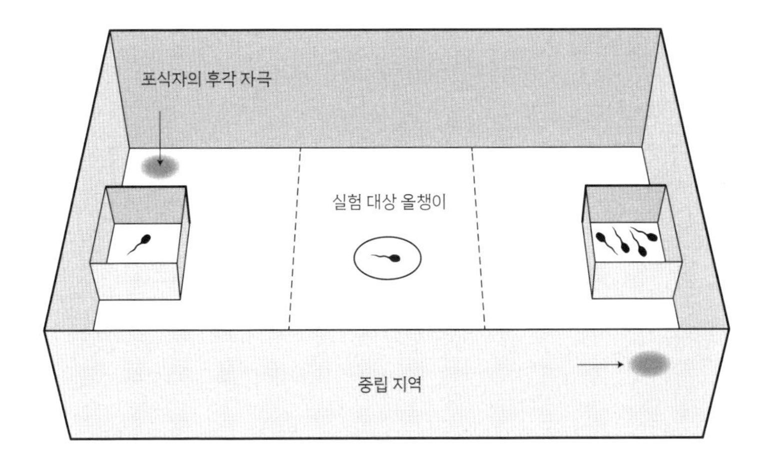

▲ 〈그림 1〉 두꺼비 올챙이의 산술 능력 실험. 그들은 위협받을 때 특히 동종 집단에 들어간다. 이를 테스트하기 위해 포식자의 후각 자극이 하나의 조건으로 제시된다. 산술적 질문은 실험 대상인 올챙이가 수량을 기반으로 집단을 구별하는가이다. 사회성이 높은 종인 녹색두꺼비는 한 마리와 다른 네 마리 올챙이로 대조를 이룰 때 더 큰 집단을 선택할 것이다. 덜 사교적인 종인 유럽식용개구리는 위협을 받지 않을 때 작은 집단을 선택할 것이다.[10]

이러한 올챙이들은 산술 능력이 매우 뛰어나지는 않아 보인다. 이는 우리가 테스트한 물고기와는 다르다. 갓 부화한 물고기는 산술적 차별을 만들어 내는 데 있어 성인만큼 능숙하다(8장을 참조하라). 이 어린 개구리들이 나중에 셈에서 더 나아질지는 알 수 없다.

그러나 발로르티가라와 그의 동료들은 종이 다른 무당개구리 *Bombina orientalis*의 성체를 테스트했다.[11] 이 또한 먹이를 더 많이 찾아 먹는 것에 관한 연구였으며 맛있는 애벌레의 총 질량, 표면적, 부피 및 움직임에 대한 적절한 통제가 이뤄졌다. 이 개구리들은 비율이 충분히 큰 경우(1 대 2, 2 대 3 그러나 3 대 4, 3 대 6, 4 대 8, 4 대 6이 아닌 경우)에 더 큰 수를 선택한다.

◈ 파충류의 뇌

미국 신경과학자 폴 도널드 맥클린(1913~2007)은 우리 모두가 고대 원시적 본능을 담당하는 '파충류의 뇌'를 가지고 있지만, 진화가 우리와 다른 포유류에게 고유한 고차 인지 기능을 지원하는 신피질을 제공했다는 아이디어를 대중화시켰다.[12]

> 《사이콜로지 투데이》에서 심리학자 앤드류 버드슨에 따르면, 파충류 뇌는 선조체striatum와 뇌간 등으로 구성되어 있으며 갈증, 배고픔, 성욕 및 영토에 관련된 원시적 욕구뿐만 아니라 습관 및 절차적 기억(우리가 매일 똑같은 곳에 열쇠를 두거나 자각 없이 자전거를 타는 것 등)과 관련이 있다. 우리는 모두 원시적 본능과 욕망에 굴복할지 아니면 대신 우리의 신피질을 사용해서 그것들을 통제할지를 선택할 수 있다.

인간과 포유류에서는 이보다 현대적이고 덜 원시적인 신피질이 계산과 계산을 담당한다. 파충류의 신피질은 높은 인지 기능을 제공하지 않기 때문에 이렇게 추상적인 개념인 수를 처리할 수 있는지 의문이 제기된다. 여기에 답이 있다. 새의 뇌는 1억 5,000~2억 년 전 현대 파충류의 공통 조상에서 진화했다. 또 뇌피질이 없지만, 우리가 6장에서 본 것처럼 새들은 수 관련 작업을 아주 잘 할 수 있다.

그럼에도 불구하고 파충류는 그들의 '원시적인' 뇌로 매우 복잡한 행동을 할 수 있다. 그들은 새나 포유류처럼 미로를 탐색할 수 있다.

그들은 사회적이기도 하다. 악어는 알을 부화시키고 둥지를 보호한다. 일부 새가 그렇듯 일부 파충류는 암수 한 쌍을 형성한다. 거북은 회향 본능natal philopatry을 보여주며, 수천 km 이상을 이동하면서도 정확히 고향 해변으로 돌아온다. 떠날 때부터 다음에 돌아올 때까지 20년 동안 이렇게 하는 방법을 기억한다.

파도바대학교의 내 친구와 동료인 마리아 엘레나 밀레토 페트라지니, 크리스티안 아그릴로, 안젤로 비사차와 페라라대학교의 동료들은 양을 통제하면서 이탈리아장지뱀*Podarcis sicula*을 테스트했다. 이 장지뱀은 두 가지 다른 크기의 맛있는 애벌레 중에서 선택할 수 있었으며, 애벌레 질량 간의 비율은 0.25, 0.50, 0.67 또는 0.75였다. 크기가 동일한 애벌레로 구성된 두 세트 중에서도 선택할 수 있었고, 비율은 1 대 4, 2 대 4, 2 대 3 또는 3 대 4로 같았다. 이 장지뱀은 비율과 관계없이 자연스럽게 더 큰 질량을 선택했지만, 비율과 관계없이 더 큰 수량을 선택하지는 못했다.[5]

어떤 이론은 동물이 선택할 때 '마지막 수단'으로만 수적 정보를 사용한다고 주장한다.[13] 또 기억해야 할 점은 켈러 자신도 동물들이 수적 정보를 배울 수는 있지만, 스스로 사용하지 않는다고 믿었다는 것이다. 마리아 엘레나는 이 다루기 힘든 도마뱀들이 수적 정보를 배울 수 있는지 확인해볼 가치가 있다고 생각했다(〈그림 2〉를 보라).

이 연구에서 도마뱀들은 더 넓은 디스크(면적 조건)를 선택하거나 더 많은 디스크(수량 조건)를 선택하고 보상을 받았다. 두 조건에서 비율은 모두 동일하게 조절되었다. 면적 비율은 0.25, 0.5, 0.67, 0.75였고, 숫자는 1 대 4, 2 대 4, 2 대 3 또는 3 대 4였습니다. 따라서 어느 조건에

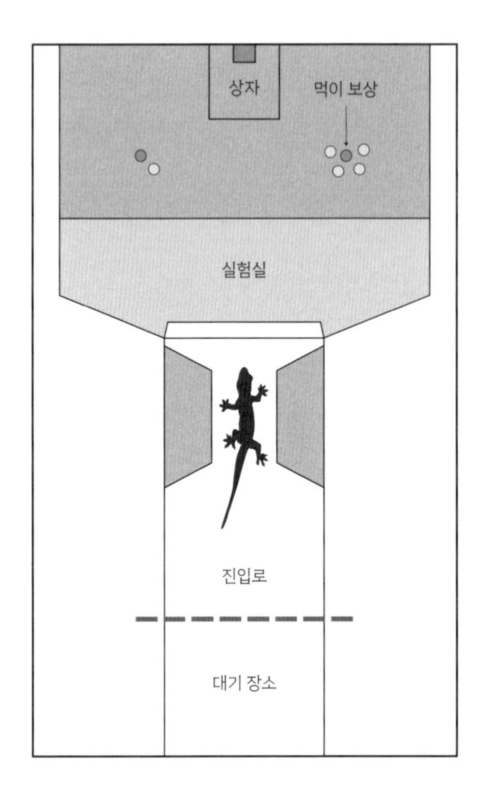

▲ 〈그림 2〉 이탈리아장지뱀의 실험. 도마뱀은 두 개의 플라스틱 디스크 세트 중에서 선택한다. 그 중 더 많은 디스크를 선택하면 맛있는 애벌레를 보상으로 받는다. 두 번째 조건에서 도마뱀은 더 큰 디스크와 더 작은 디스크 중에서 선택하고 더 큰 쪽을 선택하면 보상을 받는다. 수량과 면적 조건 모두에서 비율은 동일하다.[14]

서든 더 많이 얻는 것은 동일한 수준으로 어려웠을 것이다. 이 훈련 환경에서 실제로 수량 조건에서 도마뱀들이 면적 조건보다 더 정확하게 선택하는 것으로 나타났다. 예를 들어, 도마뱀들은 면적이 다른 0.75인 2개의 디스크보다 3 대 4 디스크를 더 잘 구별할 수 있었다.

그들은 수를 사용하는 법을 배울 수 있으며 실제로 과제 수행에서

면적을 이용할 때보다 효과가 더 좋았다.[14] 우연히도 인간 아기들도 그렇다. 의문점은, 왜 그들은 이 능력을 자발적으로 사용하지 않을까 하는 것이다. 여러 번 언급한 대로 현실에서는 수와 면적이 함께 변하는 것이 일반적이며 때로는 더 넓은 면적을 선택하는 것이 더 쉽기도 하고 더 많은 개수를 선택하는 것이 더 쉬울 때도 있다.

거북들의 산술 능력도 발로르티가라와 동료들의 관심 대상이었다.[15] 그들은 이제 익숙한 이 실험 방식을 사용하여 거북이 먹이가 더 많은 쪽을 선택할 것인지, 그리고 그들의 성과가 베버의 법칙을 따르는지를 확인했다. 실험 대상은 헤르만육지거북*Testudo hermanni*이었다. 질문은 토마토 조각이 더 많은 쪽을 선택할 것인가(수량 조건), 그리고 토마토를 다양한 크기로 조각냈을 때 조각이 더 많은 쪽을 선택할 것인가(넓이 조건)였다. 거북들은 크기 비율이 0.25, 0.50, 0.67 및 0.75인 조각들, 개수 비율이 1 대 4, 2 대 4, 2 대 3 및 3 대 4로 앞의 실험과 동일한 조건 아래 놓였다.

결과는 명확했다. 거북들은 두 가지 조건에서 모두 꽤 잘했으며 0.25 (1 대 4 조각들) 및 0.50 (2 대 4 조각들)에서 더 뛰어났다. 그러므로 그들은 토마토 조각을 세는 데 성공한 셈이다. 하지만 모든 조각의 크기가 동일했기 때문에 토마토의 총면적이 수량과 함께 다양하게 변했다는 점도 사실이었다. 다시 한번 거북들이 실제로 수를 사용하는 것이 아니라 토마토의 총량을 사용하는 것인가 하는 문제가 제기된다. 각 거북은 두 가지 조건에서 모두 테스트 되었다. 그들이 토마토의 양을 사용해서 수량 작업을 수행한다면 각 거북이 보여준 결과와 각 비율 사이에 상관관계가 있을 것으로 예상된다. 하지만 그렇지 않았다.

이러한 것들은 연구실에서 거북이 배워야 했던 매우 간단한 계산이다. 그러나 야생에서는 훨씬 복잡한 계산이 필요하다. 이주하는 새와 마찬가지로 거북의 친척 중 하나인 수생 거북aquatic turtle은 이주하며 번식 장소와 사냥 지역으로 경로를 계획해야 한다.

◈ 거북의 항법

찰스 다윈은 거북의 항법 능력에 감동을 받은 동시에 다음과 같은 의문을 가졌다.

> 만약 우리가 동물에게 나침반의 방향감을 부여한다고 가정한다면, 이에 대한 증거가 없는데 어떻게 우리는 대서양 중간의 작은 섬인 어센션섬 해변에만, 그리고 일 년 중 한 계절에만 집합하는 거북들의 항로를 설명할 수 있을까?[16]

이제 우리는 거북이들이 '나침반의 방향감'을 가지고 있다는 증거를 갖고 있다. 붉은바다거북*Caretta caretta*은 크고, 성체는 무게가 135kg 이상이며, 가장 큰 개체는 450kg까지 나갈 수 있다. 매우 오래 살며, 사회성을 달성하는 데 17~33년이 걸리며 수명은 70년 정도이다. 산란 후에 새끼 거북은 성체가 된 후에(즉, 17년 이상 지난 뒤에) 본래의 해변으로 돌아갈 것이다.

이것은 물론 이 위치를 기억하고 오랜 시간이 지난 후에 다시 그곳으로 돌아가는 방법을 알아야 함을 의미한다. 따라서 매우 훌륭한 장기 기억 능력이 요구된다. 붉은바다거북이 위치와 돌아가는 길을 어떻게 기억하는지에 대한 이야기는 이제부터다.

거북들이 지구의 자기장을 사용한다는 것이 알려져 있다. 장거리를 이동하는 몇몇 조류와 마찬가지로 지구 표면과 교차하는 자기력선의 강도와 각도를 감지하여 이를 활용한다. 이 각도는 두 자극에서는 90도이며 자기적도에서는 0도다. 이것은 각도와 강도의 '등치선isoline'이 전 세계에 걸쳐 있으며 거북에게 출생 해변의 고유한 자기적 특징을 제공한다.

어린 거북은 두 가지 주요 매개 변수를 기억해야 한다. 정확한 강도와 자기장의 각도다. 거북이 그곳에서 떠날 때 이 두 가지 매개 변수가 어떻게 변하는지 주목하는 것이 도움이 된다. 집으로 돌아가는 일은 이 두 가지 매개 변수에 대한 변화를 반대로 돌리는 것이다. 이 경로 탐색 전략에는 두 가지 문제가 있다.

첫째, 지구의 자기장은 체계적으로 변하기 때문에 이 전략을 사용하면 거북이가 시작한 곳과 완전히 동일한 장소에 도달하지 못할 것이다. 그러나 이것은 연구자들에게 자기 지도 가설을 검증하는 완벽한 기회를 제공했다. 거북이의 반환 경로에 체계적이고 예측 가능한 변화가 있다면, 이것은 실제로 지구의 자기장을 사용하고 있다는 증거가 될 것이기 때문이다.

정확한 위치는 해안을 따라 이동하거나 내륙으로 이동하거나 바다로 나가야만 나올 수도 있다.[17] 붉은바다거북의 항법 전문가 두 명인 로저스 브라더스와 케네스 로만은 노스캐롤라이나대학교에서 얻은

19년간의 거북 귀환 기록을 통해 이것이 정확히 무엇인지 찾았다.[18] 귀환하는 거북들은 정확히 시작한 곳이 아니라 지구 자기장의 변화로 예측된 위치에 도착했다. 이것은 일종의 수량적인 각인이다.

조류 항법과 마찬가지로 붉은바다거북의 지자기 지도geomagnetic map를 디지털 지도와 같이 수량적인 것으로 생각한다면, 지자기의 변화율을 따라 자기장 강도와 각도라는 수량적 매개 변수를 기억하는 일이 위치를 찾고 집으로 돌아가는 이들의 항법과 관련되었을 수 있다. 이러한 기억은 실제로 20년 이상 지속해야 한다.

그래서 우리가 아는 것을 요약하자면, 실험실에서 훈련을 받지 않은 파충류는 먹이와 관련된 경우에만 자연스럽게 최대 4까지 수량 비교를 할 수 있음이 입증되었다. 베버 비율이 1:2일 때 더 큰 수에 대해서도 가능하며, 이 능력이 야생에서 먹이 찾기에 사용된다고 가정하는 것이 합리적이다. 야생에서 개구리는 짝짓기 게임에서 소리를 세며, 수컷 퉁가라개구리를 포함한 여러 종류의 개구리는 이웃이 부르는 소리에서 음표 수를 세고 자신의 소리에 음표를 더 추가하는 식으로 경쟁자를 앞지르고 암컷에게 더 매력적으로 보이려고 한다.

이러한 능력은 제1장에서 설명한 단순한 누산기 시스템으로 쉽게 설명할 수 있다. 제안한 대로 이 시스템은 작고 간단하며 사실 실현하기 위해 신피질이 필요하지 않다. 이러한 이유로 뇌는 여러 개의 누산기 시스템을 구현할 수 있는 뉴런 용량을 갖고 있다.

파충류의 경우, 선택기가 정의한 먹이는 일정한 양으로 누산기의 높이를 올리며, 참조 및 작업 기억 구성 요소는 두 개의 먹이 집합 간의 비교를 가능하게 한다. 개구리의 경우 선택기는 음표 또는 '척'에 따라 증가하도록 설정되어야 한다. 또한 비율(지속시간/횟수)에 따라 하나의 뉴런이 올바른 타이밍으로 연속적인 음표의 수를 누적시킨다. 개구리 전문가인 게리 로즈는 '우리는 현재 셈 정보가 호출 소리의 음표 수(또는 척)와 일치하는 운동 작용으로 번역되는 방법을 알지 못한다'고 썼다(개인적인 대화).

8장

물고기는 수를 셀 수 있을까?

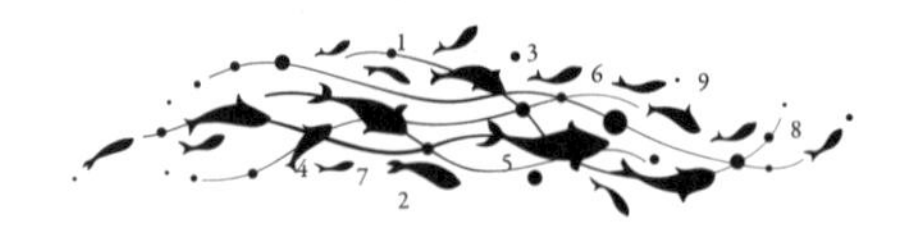

Can fish count?

우리는 여러 포유류가 뛰어난 계산 능력을 가지고 있음을 확인했다. 또한, 셈하고 연산을 수행할 수 있는 능력은 부화한 새끼들과 다른 새의 안전을 지키기 위해 중요하다. 양서류와 파충류도 먹이를 찾거나 짝을 고를 때 셈을 한다. 거대하고 복잡한 뇌를 가진 고래류를 제외하고는 이 모두는 육지 동물이다. 이번에는 우리와는 매우 다른 환경에서 서식하는 물고기들이 계산할 수 있는지, 그리고 그럴 필요가 있는지에 대해 생각해 볼 것이다.

물고기는 현재 존재하는 척추동물 종 중 절반 이상을 차지하므로,[1] 그동안 그들의 산술 능력에 별로 주목하지 않았다는 것이 놀라운 일일지도 모른다. 2017년에 이루어진 48건의 연구 중에서 단 23건만이 전체 면적과 같은 연속적이면서도 비산술적인 단서를 통제한 연구였으며, 특정 어종이 다른 것보다 더 인기리에 연구되기도 했다. 예를 들어, 8건은 구피*Poecilia reticulata*에 관한 연구였지만 제브라피시*Danio* *rerio*에 관한 연구는 단 2건뿐이었다(이건 나중에 더 자세히 다루겠다).[1]

물고기들은 비교적 뇌 크기가 작아 일반적으로 인지 능력이 '고등' 척추동물인 파충류, 조류, 그리고 포유류보다 낮을 거라 예상된다. 실제로는 야생 및 실험실에서 모두 더 나은 기억 능력을 가진 물고기가 일부 있다. 많은 종, 예를 들어 연어와 같은 종들은 본래 산란한 강의 특성을 몇 년 동안 기억하고, 짝짓기하러 성공적으로 회귀한다. 미로를 통과하는 경로도 3개월 넘게 기억할 수 있다.[2]

물고기의 가장 복잡한 행동 중 일부는 본능적이며 고등 인지 능력과 거의 관련이 없다. 나는 니코 틴베르헌(1907~1988)에게 배울 수 있는 기회가 있었는데, 그는 나중인 1973년에 노벨 생리의학상을 수상하게 된다. 나는 실제로 큰가시고기*Gasterosteus aculeatus*(또는 그의 또 다른 관심 대상인 재갈매기herring gull)의 행동에 관심이 없었지만, 그의 강의는 매우 선명하게 기억할 수 있다. 내가 참석했던 다른 강의들보다 이 강의에 관해 이야기할 것이 더 많다. 그래서 그는 훌륭한 교사이자 과학자였다. 다른 강사들 모두가 가운과 넥타이를 착용했던 시절이었지만 틴베르헌은 그러지 않았다. 나는 여전히 이론에서 중요한 용어들을 기억한다. 큰가시고기의 부호 자극sign stimulus, 선천적 방출 메커니즘innate releasing mechanism 그리고 고정된 행동 양식fixed action pattern 등 이를 위해서는 분명 상당한 크기의 뇌가 필요하다. 다음은 틴베르헌이 스스로 이것을 설명한 방법이다.

> 자연에서 가시고기류는 초봄 얕은 담수에서 번식한다. 번식 주기는 변하지 않는 순서를 따른다. 이는 자연 서식지나 어항에서

모두 동일하게 관찰된다. 먼저, 각 수컷은 물고기 무리를 떠나 자신을 위한 영토를 마련한다. 이 영토에서는 수컷이든 암컷이든 침입자라면 모두 내쫓을 것이다. 그런 다음 둥지를 만든다. 모래 바닥에 얕은 구덩이를 파고, 모래를 입에 가득 담아 이 구덩이를 만든다. 움푹 팬 곳이 약 2cm 정사각형 정도가 되면, 그 위에 해초를 쌓는다. 가능하면 실조류thread algae와 같은 종류를 선호하며, 신장에서 나오는 점액을 이용해 해초를 덮고 코로 그것을 흙더미 모양으로 만든다. 그런 다음 턱으로 그 더미 안으로 파서 터널을 만든다. 이 터널이 곧 둥지로 성체 물고기보다 약간 짧은 크기다.

둥지를 만들면 수컷은 갑자기 색깔이 바뀐다. 보통은 눈에 잘 띄지 않는 회색인데 턱 아래에 연한 분홍빛을 드러내고 등과 눈에 녹색 빛깔이 돈다. 이제 분홍빛은 선명한 빨간색으로, 등은 푸른빛이 도는 흰색으로 변한다.

화려하고 눈에 띄게 차려입은 수컷은 곧 암컷에게 구애하기 시작한다. 그사이 암컷들은 짝짓기할 준비가 되어 있다. 그들의 몸은 50~100개의 큰 난자로 윤기가 나고 거대해진다. 암컷이 수컷의 영역에 들어가면 수컷은 일련의 지그재그 움직임으로 암컷에게 접근한다. 옆으로 돌아서 암컷에게서 살짝 멀어졌다가 빠르게 그쪽으로 움직인다. 전진했던 수컷은 잠시 멈추고 다시 지그재그로 움직인다. 이 춤은 암컷이 관심을 가지고 머리를 들어 올린 자세로 수컷에게 접근할 때까지 계속된다.

그럼 그는 둥지 쪽으로 빠르게 직진하고 암컷은 그를 따른다. 수컷은 그의 주둥이로 둥지의 입구를 빠르고 연속적으로 찌른다. 그럴 때 그는 옆으로 누워 등에 있는 가시가 암컷을 향하게 한다.

그 후, 몇 번 강하게 꼬리를 흔들면 암컷은 둥지 한쪽 끝에 머리가, 다른 쪽에 꼬리가 나오도록 들어가 휴식을 취한다. 수컷은 암컷의 꼬리 근처를 리듬감 있게 찌르고, 암컷은 산란한다. 이 모든 구애와 산란 과정은 약 1분이라는 짧은 시간 안에 일어난다. 암컷은 산란하면 즉시 둥지에서 나온다. 그 후 수컷은 암컷과 교대하듯이 빠르게 들어가서 알을 수정시킨다. 그다음 수컷은 암컷을 쫓아내고 다른 파트너를 찾아간다.[3]

이 일련의 과정은 고정된 행동 양식이며 부화한 암컷이 부호 자극이다. 암컷의 부호 자극으로는 수컷의 지그재그 춤과 빨간 가슴이 포함되며, 이들은 선천적 방출 메커니즘을 활성화한다. 그리고 일련의 행동이 시작되고 끝이 난다. 그러나 작은 뇌(1,000만 뉴런)를 가진 물고기가 수와 같은 추상적인 개념을 다룰 수 있다는 아이디어는 참으로 기묘해 보인다.

그래서 물고기 연구의 선구자 중 한 명인 이탈리아 파도바대학교의 안젤로 비사차는 초기에 그들의 산술 능력을 테스트하기를 꺼렸다. 그는 다음과 같이 썼다.

> 80년대 후반에 나는 내 공동 저자 중 한 명인 구글리엘모 마린과 함께 물고기가 셈하는 능력을 가질 가능성에 대해 논의했다. 그 당시에 나는 행동생태학자이며 많은 종(예: 구피와 공작)에서 암컷이 수컷에게서 색깔 있는 점의 개수를 보고 짝짓기 상대로

받아들일지를 선택한다는 사실을 알고 있었다. 우리는 이러한 가설을 테스트할 수 있는 몇 가지 방법을 고안했다. 그러나 그 시절에는 물고기가 매우 원시적인 인지 능력을 가지고 있다고 여겨졌고, 인간이 아닌 종의 산술 능력을 연구하려는 시도를 접하지 못했다(이 주제에 대한 중요 논문들은 대부분 그 후 10년 동안에 발표됐다). 물고기의 산술 능력을 연구하는 것은 그 시기에는 조금 기묘하게 보였으며, 우리는 그런 고위험 프로젝트를 추진할 용기가 없었다(개인적인 대화).

뛰어난 학생인 크리스티안 아그릴로는 안젤로 비사차와 함께 일할 기회를 얻었고, 원래 원숭이를 연구하고 싶었지만 대신 물고기를 연구하게 되었다.

2003년에는 물고기의 산술 능력에 관한 연구가 없었으며, 아마 그 일에 시간을 낭비할 정도로 미친 사람은 없었을 것이다. 안젤로와 나는 물고기가 수를 세는지를 확인하기 위해 박사 과정 전체를 할애하겠다고 허세를 부렸다. 그렇게 모든 것이 시작되었다. 물속 세상에서도 수가 존재할 수 있는지를 보려고 세상이 이렇게 대단한 우리 둘을 지상으로 내려보낸 것이다! 다행히도 모든 것이 상당히 잘 돌아갔다. 우리가 2008년에 처음으로 상세한 논문을 발표했을 때,[4] 《BBCE》, 《CNN》, 《National Geographic》, 《RAI》 등 주요 언론매체 대부분이 이 내용을 뉴스로 다뤘다(개인적인 대화).

이 연구 외에도 물고기의 산술 능력에 관한 최근 연구를 촉발한 두 가지 요인이 있다. 첫 번째로 작은 물고기의 무리 행동에 대한 고찰이 있었으며, 두 번째로 3억 년 전에 벌어진 특별한 사건이 있었다.

◈ 무리 짓기

무리에 들어가는 것이 유익하다는 사실이 수십 년 전부터 알려졌다. 큰 입자를 먹이로 하는 종은 여러 눈이 보는 것으로 그 먹이를 찾을 기회를 높일 수 있으며, 큰 무리에 속해 있으면 개인이 포식자에게 잡아먹히는 위험이 줄어든다. 무리가 클수록 번식, 먹이 찾기, 그리고 안전에 있어 더 낫다. 따라서 물고기가 더 큰 무리를 선택할 수 있는 능력이 있다면 유리할 것이다.

무리 선택에 있어 산술 정보를 사용했다는 가장 초창기 주장 중 하나는 민물고기의 일종인 팻헤드미노우*Pimephales promelas*에 의한 것이었다. 때로는 포식자인 큰입우럭*Micropterus salmoides*과 함께 실험되기도 했다. 각 팻헤드미노우는 어항의 반대편에 있는 두 개의 무리 중 하나를 선택할 수 있었다. 팻헤드미노우 무리는 1마리에서 28마리까지 다양하게 구성되었고, 실험 대상인 팻헤드미노우는 포식자의 존재 여부와 관계없이 더 큰 무리를 선택했다. 이것은 더 큰 무리에 들어가는 것이 본능적이지만, 두 무리의 크기를 평가할 수 있는 능력에 의존한다는 점을 시사한다.[5] 하지만 마릿수가 실험자에 의해 조작되었음에도 실험 대상 물고기들이 마릿수에 반응하는지 무리의 밀집도에 반응하는지는 명확하지 않았다. 다양한 크기의 무리가 동일한 어항 부피를 차지하고 있었기 때문이다.

앞서 본 큰가시고기는 번식 기간이 아닐 때도 무리를 지어 다닌다. 무리 지어 다니는 다른 물고기와 마찬가지로, 실생활에서 규모와 밀집도는 일반적으로 함께 등장한다. 두 무리의 규모가 동일한 경우, 큰가시고기는 더 밀집된 무리를 선호할 것이다. 밀집도가 동일한 경우에는 더 큰 무리를 선호할 것이다.[6] 자연스러운 규모 판별에 관한 최근 연구의 표준 설정은 〈그림 1〉에 나와 있다.

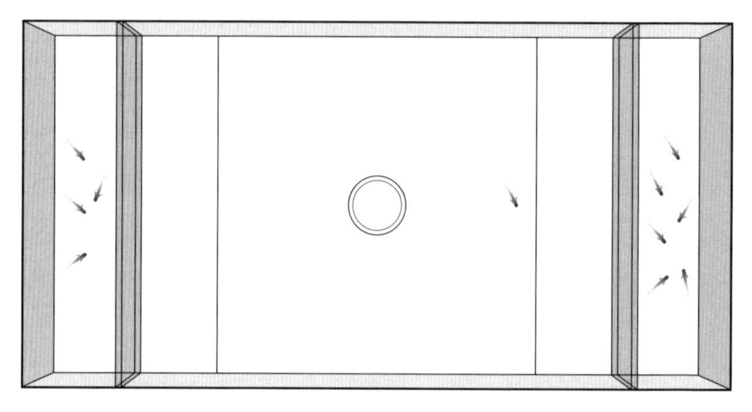

▲ 〈그림 1〉 삼수조법. 물고기는 중앙의 투명한 어항에 있고 무리는 투명한 측면 어항에 있다. 물고기는 어느 쪽으로 이동할까? 훈련은 필요하지 않다. 물고기는 자연스럽게 더 많은 물고기가 있는 쪽을 선택할 것이다.[7]

무리를 짓는 물고기 종에 관한 여러 연구에서 물고기들이 더 큰 무리를 선택한다는 점이 밝혀졌으며, 실험에서 양쪽 규모를 다양하게 변화시키기 쉬워 규모를 추정하거나 비교하는 능력을 교정할 수 있다.

〈그림 1〉에 등장한 장비를 사용하여 파도바대학교의 친구들과 함

께 수행한 연구를 여기에 제시하겠다. 우리의 실험 대상은 구피였다. 우리의 목표는 이 작은 물고기들이 우리 인간을 포함한 다른 척추동물처럼 두 가지 수 인식 시스템을 가지고 있는지 확인하는 데 있었다. 작은 수 시스템은 종종 '직산 시스템subitizing system'이라고도 하며 4 이하의 수에 관여한다(2장을 참조하라). 이 시스템은 두 가지 흥미로운 특성을 가지고 있다. 첫 번째로 이 시스템은 사실상 에러가 없으며, 인간에게서 매우 빠르게 작동한다. 두 번째로 4 이하의 수를 비교할 때는 비율 효과가 없다(2장을 참조하라). 즉, 3개의 물체와 비교해서 4개의 물체를 선택하는 것이 1개의 물체와 비교해서 선택하는 경우와 마찬가지 수준으로 쉽다. 그러나 4보다 큰 수에 대해서는 비율 효과(베버의 법칙, 1장을 참조하라)가 발생한다. 9개와 5개의 물체를 비교하는 쪽이 9개와 8개의 물체를 비교하는 것보다 더 정확하고 빠르다.

먼저 이 가설을 이탈리아 학생들과 함께 검증했다. 물론 우리는 물고기들을 어항에 담그거나, 물고기 무리를 비교하라고 주문하지 않았다. 다만 점 배열 두 가지를 차례로 보여주면서 더 큰 쪽을 선택하도록 했다. 그리고 우리는 그들의 정확도와 판단 속도를 측정했다.[7]

우리는 많은 다른 연구들이 보고한 바와 같이, 작은 수에 대해서는 두 배열 간의 비율이 정확도나 속도에 어떤 영향도 미치지 않음을 발견했다. 그리고 큰 수에 대해서는 언제나 비율 효과가 나타났다. 인간의 뇌는 큰 수와 작은 수를 다르게 처리한다.[8]

이 두 시스템은 구피 뇌에도 존재하는 것으로 밝혀졌다. 더욱이 두 시스템은 태어날 때부터 존재한다. 우리는 생후 1일 된 물고기 100마리와 훈련된 실험 대상 140마리를 실험했다. 여기에 사용한 수와 비율은 다음과 같다.

비율	0.25	0.33	0.50	0.67	0.75
작은 수	1 vs 4	1 vs 3	1 vs 2	2 vs 3	3 vs 4
큰 수	4 vs 16	4 vs 12	4 vs 8	4 vs 6	6 vs 8

생후 1일 된 물고기는 성체 물고기와 동등한 수준을 보여줬다. 이는 경험이 없어도 두 시스템이 연결되고 작동하기 시작한다는 점을 시사한다.[7] 파도바대학교의 동료들이 개발한 변형 실험은 물고기가 한 번에 물고기 한 마리만 볼 수 있게 하는 것이었다(〈그림 2〉를 참조하라). 파도바 연구팀은 무리 지어 사는 작은 민물고기인 모기고기*Gambusia holbrooki*를 사용했다.[9] 수조에서 이 물고기는 자유롭게 헤엄칠 수 있었지만 한 번에 물고기 한 마리만 볼 수 있었다. 이 작은 물고기들은 좁은 수 범위(3 대 2)와 넓은 숫자 범위(4 대 8)가 제시되었을 때 더 큰 무리를 선택할 수 있었다. 이것은 실험 대상인 물고기가 수조 한쪽에 있는 물고기 마릿수를 합산하고 그 값을 기억하며 두 무리 간의 수량 비교를 수행해서 더 큰 무리를 선택해야 했다는 것을 의미한다.

물고기는 4장에서 원숭이가 했던 것처럼 물고기가 아닌, 무작위 점 배열과 같이 물체가 더 많은 집합을 선택할 수 있을까? 파도바대학교에서 수행한 여러 연구가 이를 보여준다. 여기에 내가 참여한 예를 하나 들어볼 텐데 나중에 더 자세히 설명할 것이다. 이 연구는 물고기 둘의 머리가 하나보다 낫다는 흥미로운 사실을 알려준다. 우리는 구피에게 두 개의 점 배열을 제시하고, 〈그림 2〉에 나와 있듯이 더 많은

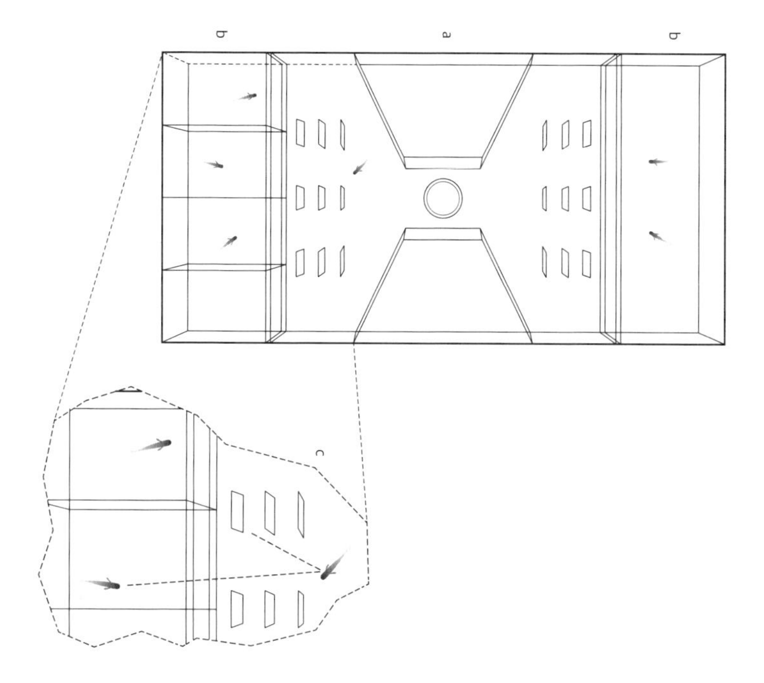

▲ 〈그림 2〉 한 번에 한 마리씩 보기. 실험 대상은 자신의 수조에서 자유롭게 헤엄칠 수 있지만 한 번에 한 무리만, 각 무리에서 물고기 한 마리만을 볼 수 있었다. 하지만 세 마리와 두 마리 사이, 여덟 마리와 네 마리 사이의 대조에서 더 큰 무리를 선택할 수 있었다.[9]

점이 있는 배열을 선택하면 먹이로 보상하는 실험을 진행했다. 점 배열은 표면적, 밀도 및 점으로 채워진 전체 공간과 같은 비수치적 단서는 통제한 채로 제시되었다. 물고기들은 먼저 1:2 비율 (5 대 10 또는 6 대 12 점)이라는 쉬운 대조로 훈련시킨 다음, 더 어려운 2:3 비율 (8 대 12 점) 및 3:4 비율 (9 대 12 점)로 테스트했다. 물고기 중 절반은 더 큰 배열을 선택하도록 훈련했고, 나머지 절반은 더 작은 배열을 선택하도록 했다.

우리는 물고기에게 2:3 비율을 다룰 수 있는 능력이 있음을 발견했으며, 이로써 그들이 이 수량을 표현하고 더 큰 수나 더 작은 수를

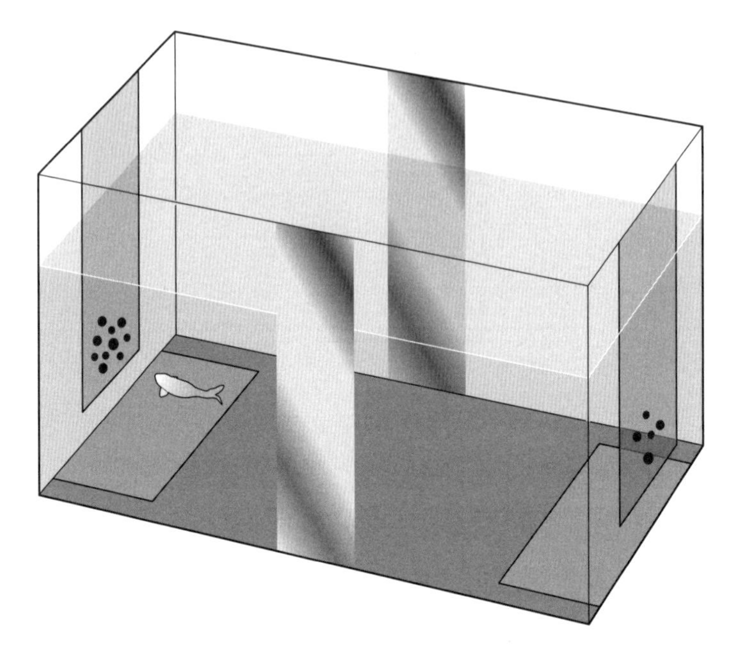

▲ 〈그림 3〉 구피에게 더 많은 (또는 더 적은) 점 배열을 선택하도록 훈련시키는 데 사용된 장치. 더 많은 점이 있는 배열 근처에 음식 보상이 주어진다(실험 조건에 따라 더 적은 점 배열 근처에서 보상이 주어지기도 했다).[10]

선택하는 법을 배울 수 있음을 증명했다. 이들은 혼자서도 할 수 있는 물고기였지만 짝을 지었을 때 더 좋은 결과를 냈다.

◈ 정확히 세 개, 확실히 네 개, 분명한 것은 더 많이

점 배열을 사용한 실험은 물고기가 상대적인 수량에 따라 판별하는 것뿐만 아니라 특정한 수량을 표현할 수 있는지 확인하는 데 도움이 된다. 이 기본 아이디어는 1장에서 본 '매치 투 샘플match-to-sample'

라고 부르며, 6장에서 설명한 오토 코엘러의 까마귀가 좋은 예다. 이 경우에는 물고기가 샘플과 수량이 동일한 선택지를 고를 때 보상을 받는다.

파도바 연구팀은 물고기가 정확한 수량을 표현할 수 있다는 것을 처음으로 입증한 팀이었다. 여기 모기고기를 사용한 실험 사례가 있으며, 그 방법은 〈그림 4〉에서 볼 수 있다.

연구팀은 유사한 연구에서 구피가 넷을 표현하는 능력이 있음을 보였다.[12] 사실 이들은 코엘러와 매우 유사한 과제를 이용했다. 기억하는가? 샘플에서 본 점무늬의 개수만큼 점이 그려진 상자의 뚜껑을 제거해야 하는 새가 있었다. 여기에서는 구피 물고기가 보상을 받으려면 네 개의 점이 있는 샘플 밑 뚜껑을 움직여야 했다. 다른 선택지는 4 대 1, 4 대 2, 4 대 8, 4 대 10이었으므로 단순히 더 많은 (또는 더 적은) 수량

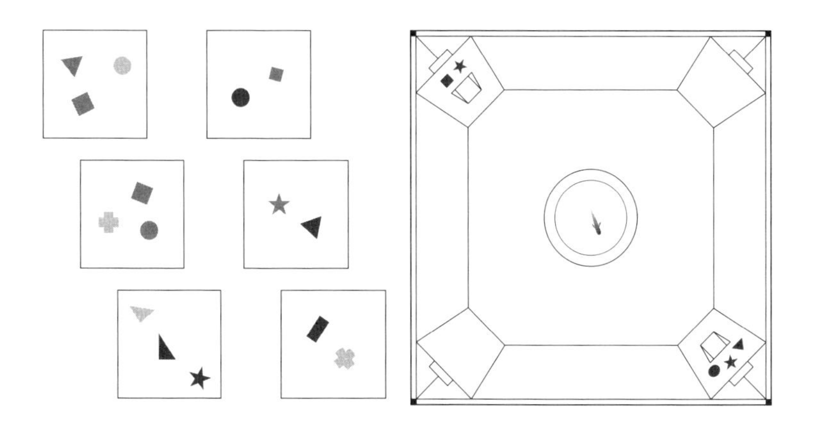

▲ 〈그림 4〉 왼쪽에는 점 배열이 샘플로 제시되고, 오른쪽에는 수조가 있다. 물고기가 훈련받은 수량이 나타난 문을 선택하면 헤엄쳐서 친구들의 무리에 합류할 수 있다.[11]

을 선택하는 것은 의미가 없었다. 물고기는 정확한 수량인 넷을 표현할 수 있어야만 했다.

◈ 똑똑한 물고기, 안 그런 물고기 그리고 계산 곤란증의 근원

구피 다수 대 한 마리의 연구에서 우리는 몇몇 물고기가 홀로 수 작업할 때 다른 물고기보다 더 나은 결과를 보인다는 것을 알았다.[10] 이전 연구는 성취에서 변동을 단순한 통계적 잡음으로 처리했었다. 중요한 것은 전체 집단의 '중심 경향central tendency'이었다. 집단은 평균적으로 원하는 효과를 보였는가? 물론 물고기가 보여준 성과의 변동에는 우리와 같이 다양한 이유가 있을 수 있다. 일반적으로 적용되는 통계 검정은 실험 대상 물고기가 보상을 주는 수량을 평균 수준보다 더 자주 선택하는지 확인하는 데 활용할 수 있다. 우리 물고기의 경우는 우연이라고 볼 수 없는 수준으로 더 자주 선택했다. 그러나 보상을 받을 수 있는, 올바른 수량을 선택하지 않은 물고기는 어떨까? 그들은 그저 나쁜 날을 보내고 있었을까? 그 작업에 관심이 없었던 걸까? 아니면 그저 피곤했을까? 우리가 다시 테스트를 해도 여전히 올바른 수량을 선택하지 못할까?

우리는 한 쌍과 한 마리의 능력을 비교하려고 했기 때문에 어떤 물고기가 뛰어나고 어떤 물고기가 뛰어나지 않은지 기록했다. 그래서 우리가 그들을 짝지어 넣었을 때 더 좋은 성과를 보이는지 확인할 수 있었다. 이러한 성적 향상이 일어날 수 있다고 생각한 것은 우리가 이전에 인간 성인과 수행한 유사한 수량 작업 덕분이었다.[13] 두 참가자는 각각 두 개의 점 집합을 짧게 보고 먼저 어느 집합이 더 큰지 개별적으로 결정해야 했다.

만약 그들이 의견이 다르면, 그들은 토론하고 공동의 결정을 내려야 했다. 이 연구에서는 사람들이 혼자서 내린 선택을 평균 낼 때보다 차이를 논의할 때 더 나은 결과가 나왔다. 우리는 이것을 '가중 신뢰 공유weighted confidence sharing'라는 멋들어진 개념으로 설명했다. 즉, 두 참가자의 판단은 두 참가자의 확신을 반영할 것이다. 따라서 그들이 공동 결정해야 할 사항을 논의할 때 두 참가자의 의견이 엇갈리면, 일반적으로 더 자신감 있는 사람의 의견을 따를 것으로 예상했다. 확신 자체가 각각의 뇌가 얼마나 정확하게 자극을 인식하는지를 반영하기 때문이다. 물론 이러한 추론 방식에는 많은 가정이 내포되어 있지만, 이 증거에 의해 참인 것으로 드러났다.

다음 장에서는 한 쌍이 한 마리보다 뛰어난 이유를 논할 것이다. 이 장에서 중요한 점은 한 마리 실험군 중에서 한 쌍의 일부로 다시 테스트한 경우, 대부분이 여전히 좋지 않은 수준을 보였다는 점이다. 그래서 실제로 물고기의 산술 능력에 있어 개별 차이가 있어 보였으며, 어쩌면 처음으로 개인 간 차이를 강조한 동물 연구일 수도 있다. 어떤 개체가 다른 개체보다 더 나은 것은 어떤 이유 때문인가?

우리는 현재 이에 대한 답을 갖고 있지 않지만, 우리 인간과 마찬가지로 차이의 한 원인은 유전일 수도 있다. 줄무늬가 있어서 '제브라피시'라고 부르는 작은 물고기 무리를 테스트할 것이다. 이 종을 선택한 이유는 이 종의 유전체 염기 서열이 밝혀졌으며 유전체를 조작하여 특정 유전적 특성을 가진 종을 만들 수 있기 때문이다.

이는 우리가 인간에서 찾은 후보 유전자를 테스트할 수 있음을 의미한다. 즉, 만약 변형된 유전자 X가 산술 능력이 낮은 인간에서 조금 더 빈번하게 나타난다면 이 변형이 실제 원인일까? 그래서 우리는 이 변이를 가진 제브라피시 종을 만들고 산술 작업에서도 그들이 더 어려움을 겪는지 확인하기로 했다[이 책이 출판되기 전에 어떤 답을 얻을 수도 있다].

우리는 대략 4~5%의 사람들이 수와 산술에 심각한 어려움을 겪으며 일반적인 방식으로 배울 수 없음을 알고 있다. 이것은 보통 '계산 곤란증dyscalculia'이라고 불리며, 훨씬 잘 알려진 '난독증dyslexia'과 마찬가지로 출생 시점부터(또는 검사할 수 있는 가장 어린 나이부터) 존재하며 성인기와 노년기까지 지속된다. 내가 '핵심 결핍core deficit'이라고 부르는 근원은 물체 집합의 수량을 표현하는 데 있으며, 집합과 집합에 대한 작업은 수와 산술을 이해하는 기초다. 계산 곤란증을 앓는 가진 사람들은 물고기에게 부여하는 종류의 작업, 즉 수량을 비교하고 식별하는 작업에 약하다. 많은 쌍둥이 연구에서 핵심 결핍이 유전적 요소와 관련이 있다는 증거가 있지만, 아직 관련된 유전자를 식별하지는 못했다. 나는 최근에 나온 책에서 계산 곤란증의 원인에 관한 증거를 검토했다.[14]

이 지점에서 제브라피시가 등장한다. 우리는 특정 유전자 변이를 가진 인간종을 만들 수 없고, 운이 좋다면 그들을 찾을 수 있을지도 모르지만, 앞서 말한 대로 유전자 변이를 가진 제브라피시를 만들 수 있다.

◈ 능력주의 리더십

작은 물고기들은 대형 물고기의 먹잇감이다. 예를 들어, 큰입우럭이 작은 펫헤드미노우를 사냥한다. 따라서 그들은 무리에 들어갈 필요가 있으며, 무리가 클수록 더 좋다. 이것은 그들이 수량을 기반으로 크기를 추정해서 무리를 선택해야 함을 의미한다. 하지만 무리에 들어가는 것만이 문제가 아니다. 무리 구성원들이 항상 헤엄치고 있기 때문에 개체가 고립되어 포식자에게 잡히지 않으려면 무리와 함께 이동해야 한다. 즉, 그들은 모두 동일한 방향과 속도로 움직여야 한다. 그들은 어떻게 이런 결정을 내릴까?

인간 또는 동물의 의사결정에서 집단 이점에 관한 가장 유명한 모델은 '많은 오류 가설'이라고 불린다. 이 가설에 따르면 각 개체는 올바른 추정의 근사치를 만들지만, 일부 오류가 포함된다. 이러한 오류가 진짜 평균을 중심으로 무작위로 분포하면 서로 상쇄되므로 전체 집단이 대부분보다, 최소 개별 구성원보다 더 정확할 것이다.[10] 이 가설은 새의 무리에 의한 항법이 뒷받침한다.

최소 사회 집단인 한 쌍에서 '많은 오류 가설'은 집단의 정확도가 그 구성원의 평균일 것이라고 예측한다. 이것이 사실일까? 아니면 집단의 이점을 더 잘 설명하는 다른 모델이 있을까? 우리는 두 번째 모델을 '능력주의 지도자'라고 부르며, 일부 구성원이 작업을 수행하는 데 다른 구성원보다 더 정확한 경우에 적용된다고 주장한다. 이 시나리오에서는 집단 결정이 최고의 성과를 내는 구성원이 집단 결정을 좌우할 때 이 집단이 이점을 누린다.[10]

이러한 메커니즘은 꿀벌 집단에서 의사결정의 기초로 여겨지며, 여기서 정보를 습득한 한 마리 또는 몇 마리가 전체 집단의 결정을 좌우할 수 있다(9장을 참조하라). 따라서 우리는 두 가지 분명한 예측으로 무엇이 적합한 모델인지 확인할 수 있다. 만약 '많은 오류 가설'이 적합하다면, 한 쌍의 정확도는 두 물고기가 각각 홀로 행동할 때의 평균(평균값)이어야 한다. 만약 '능력주의 지도자'가 적합하다면, 한 쌍은 두 물고기 중 더 나은 물고기만큼의 정확도를 보여야 한다.

다음 연구는 과학적 행운 약간 또는 어쩌면 나의 대담함 덕분에 얻은 결과였다. 첫 번째로 이전에 함께 일한 동료 바하도르 바라미가 있었다. 그는 막 '최적으로 상호작용하는 마음Optimally interacting minds'이라는 훌륭한 연구를 《사이언스》에 발표했는데, 두 명의 인간 개체가 각자 판단하는 것보다 서로 다른 지각적 판단을 논의할 때 결과가 더 정확함을 보였다. 위에서 언급한 대로 나는 숫자에 대해서도 실험해 봤는지를 바하도르에게 물었다. 같은 결과를 보였다면 마음은 지각적인 판단과 마찬가지로 가중 신뢰 공유를 사용하여 인지적 판단에서도 최적으로 상호작용할 것이다. 우리는 실험 대상이 두 개의 점 배열 중에서 더 많은 것을 선택해야 할 때 매우 유사한 결과가 나오는 것을 발견했다.[13]

나는 그 후 파도바를 방문했을 때 안젤로 비사차와 크리스티안 아그릴로와 대화를 나눴다. 나는 '물고기로 실험해 보았는가'라는 새로운 질문을 던졌다. 우리는 이것에 대해 이야기를 나눴고, 물고기 머리 둘이 인간 머리 둘처럼 결정을 내릴 때 더 나은지 확인할 방법이 있었다. 물고기에서 집단 이점이 있는 경우, 각각의 오류가 평균화되는지 아니면 더 능력 있는 물고기의 영향인지는 이론적으로 중요한 질문이었다.

우리의 첫 실험에서는 〈그림 1〉에 표시된 것과 유사한 설정을 사용하여 한 마리와 한 쌍이이 6 대 4 무리를 어떻게 처리하는지 테스트했다. 구피의 산술 능력의 한계에 다가간 일이었다. 한 쌍은 한 마리보다 확실히 더 나았다. 따라서 더 큰 무리를 선택하는 데 집단적인 이점이 분명 있다. 또 한 쌍은 개별적으로 테스트한 두 물고기의 평균보다 뚜렷한 수준으로 더 나았다. 사실, 한 쌍의 과제 수준은 더 나은 물고기의 수준과 동일했다. 이것은 '능력주의 리더십'을 지지하는 증거다. 우리는 다른 구피 무리로 실험하고 있었는데, 집단적 이점이 그 상황에서 특수할 수도 있고 산술 작업에서는 일반적인 이점을 반영하지 않을 수도 있다. 이를 테스트하기 위해 우리는 〈그림 3〉에 나와 있는 것처럼 크기가 다른 두 수량을 구별하도록 30마리의 구피를 훈련시켰고, 더 큰 수량을 선택할 때 보상을 받게 했다. 다시 말하지만, 먼저 한 쌍이 더 큰 수량을 선택하는 데에 더 뛰어났다는 것을 확인했고, 둘째로 한 쌍은 3:4 비율에서 올바른 선택을 할 수 있었는데 이는 평균적인 단일 물고기의 평균 능력을 뛰어넘는 수준이었다! 그리고 다시 한 번 뛰어난 물고기 한 마리가 한 쌍의 능력 수준을 결정했다.

따라서 한 쌍의 성능은 더 뛰어난 구성원이 지도자 역할을 맡아 결정한다. 이는 우리가 능력주의 리더십이라고 부르는 관점을 지지하며, 오류의 평균과는 반대된다.

우리는 물고기 무리의 먹이 찾기 행동 연구에서 리더십이 무작위로 발생할 수 있다는 것을 알고 있었다. 최근에는 호주 그레이트 배리어 리프의 석호lagoon에 서식하는 흰꼬리줄셋돔*Dascyllus aruanus*에 대한 실험실 연구에서 이 문제에 대해 추가적인 정보가 나왔다.[15] 이 무리에 리더가 있다는 사실이다. 리더는 가장 크거나 가장 우세한 물고기가 아니라 가장 활동적인 물고기다. 왜냐하면, 그들은 무리가 이동할 준비가 되었을 때 먼저 출발해서 다른 물고기들이 뒤따를 가능성이 가장 크기 때문이다.

◈ 물고기는 얼마나 뛰어난가?

다른 종의 산술 능력을 테스트하는 인기있는 방법 중 하나는 두 가지 선택지를 주고 더 큰 (또는 때로는 더 작은) 수량을 선택하는 데 얼마나 우수한지 확인하는 것이다. 그렇다면 물고기는 어떻게 비교할까? 그들은 인간이나 원숭이처럼(9 대 10 판별이 가능한 경우) 능하지는 않다. 원숭이는 때로 7 대 8(4장을 참고하라)에서도 해낼 수 있었다. 하지만 물고기는 최소한 다른 포유류(5장에서 봤듯이 개는 6 대 8, 말은 2 대 3) 그리고 조류(6장에서 봤듯이 비둘기는 6 대 7, 새끼 가금류는 2 대 3)보다 우수하거나 때로는 더 뛰어나다.

자연스러운 행동을 관찰하고 훈련 절차를 기반으로 실험한 결과는 물고기가 수행한 산술 비교 작업의 정확도가 많은 새, 포유류와 동등함을 보여준다. 우리가 본 대로 모기고기는 0.67 비율까지 판별할 수 있지만 0.75 비율은 판별할 수 없다(예를 들어, 8 대 12와 9 대 12는 판별할 수 없다). 반면 구피는 훈련하면 0.75 또는 0.8 비율까지 판별할 수 있다. 큰

가시고기도 6 대 7(0.86)을 구별할 수 있다. 이는 우리가 제5장에서 본 것처럼 영장류가 아닌 포유류와 비교하기 좋다.

◈ 3억 5,000만 년 전

3억 5,000만 년 전에 척추동물의 가장 큰 집단인 경골어류(조기)의 조상에게 매우 특이하고 조금 신비로운 일이 일어났다. 그들의 전체 유전체가 복제되었다. 즉, 각 유전자는 중복된 '패럴로그paralogue(하나의 게놈에서 두 개 이상으로 복제된 상태)'를 가졌다. 내 동료인 크리스티안 아그릴로와 안젤로 비사차가 언급한 대로, 유전자 복제는 진화의 중요한 힘이라고 인식되며, 복제된 사본은 원래의 기능에서 해방되어 새로운 기능의 원천이 될 수 있다. 전체 유전체의 복제는 경골어류에게 진화적으로 큰 잠재력을 제공했다.[1] 중복된 유전자는 진화적 혁신을 위한 유전적 원재료를 제공할 수 있으며, 선택적 압박에서 해방되어 새로운 기능을 얻을 수 있다. 또 다른 가능성은 이제 하나의 역할을 하는 대신 두 개의 유전자가 같이 작업함으로써 해당 단백질을 두 배로 생산할 수 있다는 것이다.

복제로 인해 기능이 풍부해진 유전자 집단은 이온 채널 및 수송체 활동과 관련이 있다. 어떤 세포에서든 이온 수송은 엄격하게 조절되어야 한다. 그러나 신경세포는 다양한 이온 채널과 수송체 레퍼토리에 가장 의존하는 세포다. 또 제브라피시의 단백질 집단 연구에서 신경 기능에 관련된 유전자들이 종종 두 가지 복제본을 유지했다는 사실도 있다.[16] 즉, 복제는 신경 기능을 수정할 수 있다. 또 다른 유전자 집단 중 하나는 제브라피시의 뇌 발달에 중요한 역할을 하며 복제됨으로써 확장되고 풍부해졌다.[17] 아그릴로와 비사차는 복제의 인지적 이점을 다음과 같이 요약한다.

> 최근 분석에서 현대 물고기에서 인지 과정과 관련된 유전자의 보존율이 다른 유전체의 평균 보존율보다 훨씬 높다는 사실을 발견했다. 이것은 인지 유전자cognition gene가 물고기 역사 초기에 표적이 되었으며, 새로운 인지 능력이 이 집단의 진화적 성공에 기여했음을 시사한다.[1]

◈ 물고기의 뇌

물고기가 산술적 결정을 내리는 데 사용하는 뇌 기전을 식별할 수 있을까? 물고기를 커다란 기능적 자기 공명 영상 장치(fMRI)에 넣는 것은 의미가 없다. 뇌는 기계의 해상도로는 볼 수 없을 정도로 훨씬 작아서 산술 작업을 처리하는 특정 미세 영역을 집어낼 수 없다.

내 동료 조르조 발로르티가라와 캐롤라인 브레넌과 함께 일하는 미국 남부 캘리포니아 대학교의 스캇 프레이저 및 그의 팀이 개발한 한 가지 방법은 제브라피시의 뇌가 수량의 변화를 관찰할 때 변화하는지를 확인하는 것이다. 이 연구에서는 점들이 개별 크기, 위치, 표면 면적 및 밀도는 유지하면서 수량은 변화시켰다. 그런 다음 물고기는 서로 수량이 다른 점의 집합을 보고 동시에 전체 표면, 크기 및 위치 변화가 동일한 점 세트를 보게 되었다. 수량이 변하지 않는 점의 집합을 보는 대조군도 있었다. 따라서 실험의 질문은 제브라피시의 뇌가 수량이 변할 때 어떻게 반응하는지였다. 그들은 심지어 그것을 알아채기도 할 것인가?

물고기의 뇌는 수량의 변화에 의해 달라진다는 점이 밝혀졌다. 특히 이러한 변화는 진화의 관점에서 볼 때 뇌에서 가장 발전한 부분인 외피pallium의 한 영역에서 발생했다. 이 영역은 포유류 피질, 특히 영장류 및 그 외 포유류에서 수를 처리하는 허브를 포함하는 구조와 기능적으로 유사하다고 알려졌다.[18]

◈ 그래서 물고기가 셀 수 있다고?

케임브리지대학교의 위대한 동물행동학자 윌리엄 호만 소프(1902~1986)는 많은 새와 포유류 종의 셈 능력을 검토했으며, 이를 '최대 7개의 완전히 모양이 다른 물체 집단에서 산술 동일성 개념을 추상화할 수 있는 능력'이라고 정의했다.[19] 이것은 본질적으로 1장에서 내가 채택한 정의와 일치한다. 소프의 검토가 이루어진 1962년에는 물고기의 산술 능력에 관한 연구가 없었으며, 그는 물고기가 이 정의를 충족시킬 수 있는지를 테스트할 기회가 없었다.

하지만 우리는 이제 물고기가 확실히 이 정의를 충족시킬 수 있음을 알고 있다. 그들은 추상적인 모양의 수량을 일치시키는 법을 배울 수 있으며, 〈그림 2〉와 〈그림 3〉에서 보여준 연구와 같이 수량을 일치시킬 수 있다. 그리고 물고기는 헤엄치는 무리의 사진을 제공하지 않아도 무리 중 더 큰 쪽을 자발적으로 선택한다. 실제로 실험이 〈그림 2〉에 나와 있는 것처럼 실험군 물고기가 한 번에 한 마리의 물고기만 볼 수 있는 방식으로 설계되었을 때, 그들은 물고기를 세고 탱크 양쪽 가운데 더 많은 물고기가 있는 쪽을 상당히 정확하게 선택할 수 있었다.

우리는 또한 물고기의 외피에서 셈하는 메커니즘을 보기 시작할 것이다. 앞으로의 연구는 실시간으로 뇌의 메커니즘을 보여줄 것이다.

우리와 마찬가지로 모든 물고기가 수를 세는 데에 능숙하지는 않다. 이것은 종 간의 차이뿐만 아니라 종 내에서도 개체 간의 차이가 있다(내 경험상으로, 구피는 일반적으로 제브라피시보다 더 능숙해 보인다). 이러한 차이가 유전적인 경우, 현재 우리의 실험은 결국 인간의 계산 곤란증이라는 엄청난 장애의 유전적 기초를 테스트하는 모델이 될 것이다.

이 산술 능력은 적응에서 매우 중요한데, 왜냐하면 야생에서 물고기가 가장 큰 무리를 선택해 안전할 수 있도록 돕기 때문이다. 여기서 개체 간의 차이가 중요하다. 가장 뛰어난 수량 능력을 가진 물고기는 다른 물고기를 이끌 것이며, 그들의 지도는 무리가 같은 방향으로 향하면서 함께 머무르게 한다. 개별 물고기가 수에 뛰어나거나 부족하게 만드는 유전자는 우리를 취약하게 만드는 방식으로 똑같이 작동할 수도 있다.

9장

뇌가 클수록 더 똑똑할까?

Can fish count?

이전 장에서는 척추동물의 산술 능력을 설명했다. 이들은 여러 측면에서 우리와 매우 유사한 특성을 보인다. 그들은 척추와 내골격을 가지며, 일반적으로 대칭을 이루고, 뇌도 마찬가지다. 비록 포유류만이 신피질neocortex을 갖고 있지만 물고기와 조류 및 파충류는 우리와 유사한 역할을 하는 것으로 보이는 뇌 구조를 가지고 있다. 물론 그들의 뇌는 더 작고 덜 복잡하다(비록 고래와 돌고래의 뇌는 훨씬 크고 어떤 면에서는 더 복잡할 수 있다). 사실 가장 놀라운 능력자는 가장 큰 뇌가 아니라 아주 작은 뇌를 가진 종, 특히 북아프리카의 뜨거운 사막에 서식하는 사막개미*Cataglyphis fortis*다.

무척추동물은 곤충, 거미, 오징어, 문어를 비롯한 많은 동물로 구성된 거대 집단이다. 일반적으로, 무척추동물의 뇌는 작다. 문어와 갑오징어 등 두족류를 제외하면 말이다. 이 동물들은 실제로 셈에 매우 뛰어나다는 사실이 밝혀졌다.

찰스 다윈은 『인간의 유래The Descent of Man』에서 작은 뇌도 많은 일을 할 수 있다고 언급했다.

> 확실한 것은 절대적으로 작은 질량의 신경 물질로도 놀라운 활동이 가능하다는 점이다. 따라서 작은 핀 끝의 1/4 크기만큼도 되지 않는 신경 집단으로 놀랍도록 다양화된 본능과 정신적 능력, 감정을 지닌 개미는 실로 대단하다. 이 관점에서 볼 때, 개미의 뇌는 아마도 인간의 뇌보다 훨씬, 세계에서 가장 놀라운 물질 원자 중 하나일 것이다(1871년 판, 54쪽).

뇌 자체는 우리 자신의 작고 불완전한 버전이 아니라 작더라도 처음 상상한 것보다 더 정교할 수 있다. 100년 전, 위대한 뇌 해부학자 산티아고 라몬 이 카할(1852~1934, 1906년 노벨 생리의학상 수상)은 곤충의 신경계를 대단히 혁신적이고 훌륭한 방식으로 연구했다. 그는 척추동물 뇌를 '거친 할아버지 시계'로 비유한 것과 대조적으로 곤충의 뇌 해부학을 '정교한 조각시계fine pocket watch'에 비유했다.

척추가 없는, 즉 내골격endoskeleton 대신 분절된 외골격exoskeleton을 가지는 절지동물arthropod들은 지금으로부터 6억 년 전 캄브리아기 폭발Cambrian explosion 때 우리의 진화 계통에서 분기되었다. 당연히 우리 척추동물과는 매우 다른 삶을 살지만, 같은 세계에서 살며 생존하고 번성하기 위해 우주의 언어를 읽을 수 있어야 한다. 그들은 길을 찾아야 하고 효율적으로 먹이를 찾아야 하며 건축하거나 거처를 찾아야 하고 번식해야 한다.

그러나 그들은 우리와 매우 다른 뇌를 가지고 있다. 물론 훨씬 작고 구성도 다르다. 앞서 언급한 대로 뇌는 대사 비용이 많이 드는 곳이다. 우리 뇌는 우리 몸무게의 약 2.5%를 차지하지만 기초 대사 에너지의 15% 이상을 소모한다. 곤충의 경우, 그들의 뇌는 몸무게의 8% 이상까지 도달할 수 있으며, 가장 작은 개미 중 일부에서는 15%까지 차지할 수 있으므로 이에 따른 대가도 예상할 수 있다.[1] 파나마의 스미스소니언 열대 연구소 소속 윌리엄 에버하드와 윌리엄 위치슬로는 실제로 매우 흥미로운 리뷰에서 '매우 작은 뇌가 행동을 덜 요구하는 생활방식으로 이어질 거라 예상할 수 있지만, 적어도 체구가 작은 일부 동물들은 체구가 큰 친척들과 동일한 종류의 행동을 한다'고 결론 냈다.[2]

그럼에도 이 장에서는 실제로 뇌가 아주 작은 이 동물들이 우주의 언어 중 적어도 한 가지 측면을 이해할 수 있는지 물을 것이다. 제1장에서 주장한 대로 종 간의 주요 차이점은 셈할 수 있는지가 아니라 무엇을 셀 수 있는지, 그리고 하나의 유형을 세는 것을 다른 유형의 셈으로 일반화할 수 있는지다. 기본 누산기 메커니즘이 매우 간단하기 때문이다. 그리고 이러한 능력은 다양한 고급 인지 능력에 의존할 수도 있다. 그러나 무척추동물에게도 적용될까? 한 가지 더, 행동이 세는 행위로 분류되려면 행동의 결과를 계산으로 나타낼 수 있어야 한다.

컴퓨터는 그저 크기 때문에 더 나은 것은 아니다. 나의 첫 경험은 IBM 360 메인프레임 컴퓨터였다. 프로그래밍하고 있었지만, 그 컴퓨터 방에 들어갈 수 없었다. 그 방은 엄격히 '운영자'에게만 열려있었다. 그것은 무게가 적어도 2,000kg이 넘었고, 메모리 용량은 64KB였다. 어린아이들이 코딩을 배울 수 있게 만든 작은 라즈베리 파이 4(영국의 라즈베리 파이 재단에서 만든 싱글보드 컴퓨터)와 비교해보라. 그것의 메모리는 4GB로 6만 배 더 많고, 무게는 단 23g이었다. 물론 파이는 몇 배 더 빠르다.

◈ 벌

꿀벌은 수의 관점에서 가장 집중적으로 연구되었다. 꿀벌은 정말로 작은 뇌를 가지고 있으며, 약 1mm 입방체 크기에 100만 개에 가까운 뉴런을 갖고 있다. 이는 적어도 개미의 뇌보다 4배는 크다. 그런데 뇌가 더 크면 셈을 더 잘할까?

뇌가 작은 꿀벌은 능력이 매우 제한적일 거라 예상할 수 있지만 사실이 아니다. 일벌은 아름답고 대칭적인 육각형 모양의 벌집을 지어야 한다. 식물에서 꽃가루와 꿀을 모을 수 있으며, 상대를 찌르거나 남의 공격을 피할 수 있다. 꿀벌은 또한 둥지를 청소하는 깨끗한 동물이며, 매우 사교적이고 공동체 중심적이다.

꿀벌이 먹이를 찾으면 돌아와 동료에게 알려야 한다. 이 과정은 상당히 독특하다. 카를 폰 프리슈(1886~1982)가 '꿀벌 언어language of bee'라고 부르는 기호를 이용하는데, 인간 이외의 다른 생물은 이렇게 정밀하게 정보를 전달하지 않는다. 꿀벌의 의사소통은 언어의 필수 특징 중 하나인 '신호sign'를 사용하며, 이는 '신호를 보내는 자signifier'와 '신호를 받는 자signified'로 구성된다. 물론 인간 언어의 다른 특징들을 갖추고 있지는 않다. 앞으로 볼 것처럼, 꿀벌 언어는 먹이 자원의 위치만을 전달한다.

서양의 꿀벌인 양봉*Apis mellifera*은 4만에서 8만 사이의 구성원을 포함하는 대규모 집단 벌집을 이룬다. 아리스토텔레스(기원전 384~기원전 322)는 그의 저서 『동물 탐구History of Animals』(기원 전 350년 경)에서 벌집 안에는 수컷, 암컷 그리고 그 외에 어떤 벌 계급이 있다고 밝혔다. 이 부분은 옳았지만 그는 벌들이 짝짓기하는 모습을 본 적이 없었으므로 무성생식을 의심했다. 현재 우리는 여왕벌이 비행 중에 짝짓기한다는 사실을 알고 있다.

또한 엄격한 노동 분배가 이뤄진다는 사실도 알고 있다. 모든 알은 여왕벌이 낳으며, 수컷은 여왕과 짝짓기하고, 일벌과 정찰벌은 무생식 암컷이다. 일벌은 꽃가루와 꿀을 모아 벌집으로 돌아간다. 그러나 여름에만 이 먹이를 먹을 수 있다. 그들은 겨울을 위해 음식을 벌집에 저장한다. 이는 여름에는 먹이를 효율적으로 포획해야 하며, 소중한 에너지를 낭비해서는 안 된다는 것을 의미한다. 따라서 지정된 정찰벌은 먹이를 찾아 나서야 하며, 그 위치에 대해 일벌들과 빠르게 의사소통할 수 있어야 한다. 특히 열대지역에서는 다른 벌들에 의해 포획되거나 먹이가 상할 수 있어 신속한 의사소통이 필요하다.

카를 폰 프리슈는 정찰벌이 일벌과 어떻게 의사소통하는지를 발견했고, 이 연구로 1973년에 노벨 생리의학상을 받았다.[3] 먹이 자원의 위치를 알리려면 정찰벌은 방향과 거리 정보를 제공해야 한다. 먹이의 성격은 정찰벌에게 달라붙은 냄새로 알 수 있다. 폰 프리슈는 정찰벌이 두 가지 '춤'으로 의사소통하는 모습을 관찰했다. 먹이가 벌집에서 약 100m 이내에 있으면 정찰벌은 원을 그리는 춤round dance(〈그림 1A〉)을 춘다. 이것은 기본적으로 '근처에 먹이가 있다, 나가서 찾아라'

라는 의미다. 먹이가 더 멀리 떨어져 있고, 그 거리가 수십 km 이상일 수 있으므로 위치는 가능한 정확해야 한다. 그렇지 않으면 일벌들은 소중한 에너지를 낭비하게 될 것이다. 이 경우, 정찰벌은 8자 춤waggle dance(〈그림 1B〉)을 추는데 거리와 방향을 상당히 정확하게 나타낸다. 방향은 약 3비트 정밀도(8분의 1)로, 거리는 4.5비트(23분의 1)로 특정된다. 8분의 1은 북쪽과 북동쪽을 구별할 수 있음을 의미한다. 길을 찾는 대부분은 이것이 엄청나다고 생각하지 않겠지만 23분의 1은 매우 정밀한 수준이다.[4]

그렇다면 꿀벌 언어는 어떻게 작동할까? 신호sign는 무엇이며, 그들은 무엇을 나타낼까? 그리고 왜 이것은 수학과 관련이 있다는 것일까? 돌아오는 정찰벌은 벡터(거리와 방향)를 계산하고 춤을 춰야 한다. 계

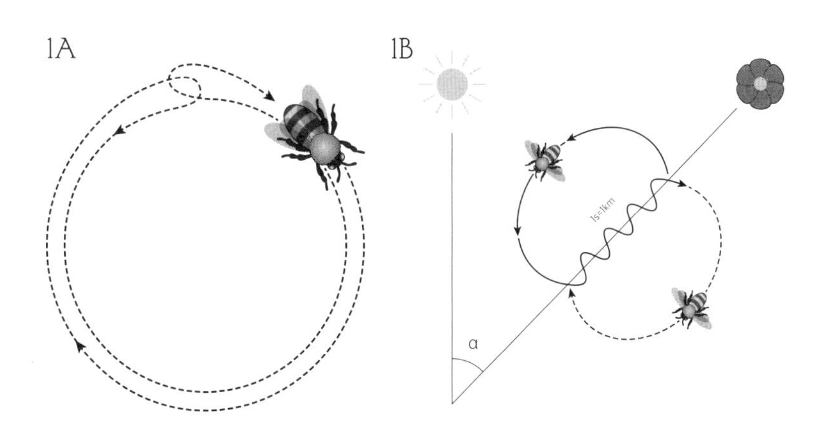

▲ 〈그림 1〉 1A: 원을 그리는 춤은 벌집에서 약 100m 이내에 먹이가 있음을 나타낸다. '그냥 가서 찾으세요'라는 뜻. 1B: 8자 춤은 태양의 현재 위치를 기준으로 한 방향을 나타낸다(α). 지속 시간은 벌집에서 먹이 자원까지의 거리를 나타낸다. 서양 꿀벌의 경우, 이것은 1km를 나타내는 1초의 춤을 의미한다.

산부터 시작해 보자.

거리: 정찰벌은 신뢰할 만한 수준으로 추정하기 위해 아마도 여러 정보 자원을 결합할 것이다. 먼저, 꿀벌은 표지점을 얼마나 빨리 지나가는지와 같은 '시각적 흐름'을 주시하여 자신의 속도를 평가할 수 있다. 이를 위한 전문화된 뉴런들이 있는 것 같다.[5] 그러나 이것은 좀 더 복잡하다. 정찰벌이 산을 피해 돌아가야 할 경우에는 어떻게 될까? 돌아가는 경로를 총 거리에 더할까? 폰 프리슈는 이렇게 생각했다. 또 다른 정보 자원은 먹이 자원으로 향하는 길에서 지나치는 표지점의 수를 세는 것이다. 이 거리 추정 방법은 최초로 라르스 치트카와 그의 동료들에 의해 발견되었다.

당시에는 꿀벌이 태양의 위치와 랜드마크 그리고 피로 또는 굶주림과 같은 내부 상태를 연결짓는 것처럼 기본적인 연결 능력만을 가지고 있다고 여겼다. 그때 독일의 박사 과정 학생이었던 치트카는 위스키를 들이부은 뒤에, 먹이와 벌집 사이의 표지점을 세어 거리를 추정하는 방법으로 꿀벌들이 표지점을 셀 수 있을지 궁금해졌다.[6] 이는 야생에서 하기 어려운 방법이었는데, 자연환경에서는 벌집 내비게이션을 제대로 연구하기 어려웠기 때문이었다. 따라서 동료 학생들의 도움으로 동독의 농장에서 비어 있는 땅을 이용하여 특별한 랜드마크로 사용할 큰 텐트를 세웠다. 텐트의 개수와 그 사이의 거리를 변화시키면서 그는 꿀벌의 행동을 결정하는 요인이 바로 텐트의 개수임을 증명했다.

뇌가 작은 꿀벌이 셈한다는 아이디어는 치트카의 존경하는 스승 랜돌프 멘젤에게는 특히 더 엉뚱하게 들렸으므로 치트카가 보고서를 출판하기까지 몇 년이 걸렸다. 그러나 1995년에 발표되자마자 전 세계적인 주목을 받았다.

치트카와 가이거의 연구[7]는 실험실에서 재현되었다. 호주국립대학교의 마리 다케와 만디암 스리니바산은 실험실에서 다섯 군데 랜드마크 중 하나와 근접한 4m 길이 터널에서 꿀벌을 훈련시켰다.[8] 그들은 꿀벌이 다른 데서 힌트를 얻지 않고 정말로 수를 사용하고 있는지 확인하기 위해 약간의 기교를 넣었다. 랜드마크의 모양을 변경하는 것이었다. 예를 들어, 랜드마크 네 군데에서 훈련한 꿀벌은 모양이 다를 때도 같은 곳으로 이동했다. 이러한 연구 결과, 꿀벌이 훈련받은 먹이 자원에 도달하기 위해 랜드마크를 차례로 세고 있었던 것으로 보인다.

폰 프리슈는 꿀벌이 해의 위치인 태양 방위각과 관련하여 방향을 암호화한다는 점을 발견했다. 꿀벌은 태양의 움직임을 나타내는 태양력을 고려해야 한다. 예를 들어, 비가 오는 날 꿀벌은 방향을 표시할 때 태양의 위치가 중요하다. 영국과 독일에서 태양 방위각은 1시간 동안 동서로 15도 변경되며, 하늘에서의 각도도 바뀐다. 먹이를 찾는 비행은 1시간 이상 지속될 수 있으며, 개미의 경로 역시 그렇다.

> 따라서 갈리스텔이 지적한 것처럼태양 나침반을 시간에 따라 바로잡는 것은 매우 중요하다. 이는 폰 프리슈도 잘 이해했다. 보정 자체는 꽤 인상적인 계산이 필요하다. 왜냐하면, 춤을 따라 새로 온 일벌은 현재 먹이 위치의 방위각을 알기 위해 춤을 관찰한 시간과 먹이를 찾아 나갈 때까지 태양이 이동한 원형 거리를 더하거나 빼야 하기 때문이다. 경과된 시간은 몇 시간 또는 며칠일 수

도 있다. 물론 이 계산은 일벌이 배운 이 지역의 태양력에 달렸으며, 이는 반구(북반구 또는 남반구), 위도(북쪽 또는 남쪽 방향) 및 계절에 따라 달라진다. 다시 말해, 이 모든 것은 동물 행동에서 산술이 토대가 됨을 강조하고 있다.

폰 프리슈는 꿀벌이 실제로 태양을 보지 않아도 된다는 점을 발견했다. 꿀벌은 자외선 영역을 볼 수 있기 때문에 파란 하늘 한 점만 봐도 태양의 방향을 판단할 수 있다. 일꾼이 먹이 자원에 도달했을 때 어떻게 자신의 위치를 계산할 수 있을까? 예를 들어 벌집에서 10km 떨어진 먹이를 발견한 경우에 어떻게 다시 길을 찾을 수 있을까? 한 가지 방법은 먹이 벡터를 간단히 반전시키는 것이다. 벡터 값이 0이 될 때까지 줄어드는 쪽으로 움직이면 된다. 7장에서 새의 비행 능력을 언급한 것처럼 이러한 벡터를 옮기는 흥미로운 방법은 서식스대학교의 토마스 콜렛이 제안했다. '꿀벌의 과학'이다.[9]

꿀벌의 뇌에는 '누산기'라는 공간 배열이 있으며, 각각은 선호하는 방향에 따라 다르게 설정되고 현재 이동 방향에 따라 업데이트된다. 가장 간단한 경우를 생각해 보자. 동서 방향에 대한 누산기 한 개와 남북 방향에 대한 또 다른 누산기가 하나 있다고 가정한다. 외부 경로를 비행하는 동안 두 누산기는 독립적인 구성 요소를 합친다. 예를 들어 북쪽으로 10단위, 동쪽으로 3단위를 더한다. 출발할 때 누산기를 0으로 초기화하면 두 누산기의 내용을 간단히 합산했을 때 총 경로 길이와 벡터 합이 나오고 방향은 북북동(NNE)이다.

꿀벌은 이 정보를 기억하는 놀라운 능력을 가지고 있다. 그들은 먹이가 있는 자리에 다음 날, 며칠 또는 몇 달 후에도 돌아갈 수 있다. 이 기억이 어떻게 저장되는지는 어느 정도는 미스터리다. 다시 말해, 꿀벌의 뇌에는 먹이의 위치를 그래프로 나타내고, 그래프 상에서 그 위치를 기억하고 다음 날이나 며칠 뒤에도 경로를 계산할 수 있게 하는 지도를 포함할 가능성이 있다. 하지만 논란이 많은 아이디어다. 지도는 집 벡터를 계산하고 저장하는 방법이기도 하다.

가장 놀라운 점은 정찰병이 거리와 방향을 기호로 전달하고 일벌들은 무엇이 전달되었는지 이해한다는 데 있다. 〈그림 1B〉는 유명한 8자 모양 춤을 보여준다. 춤의 지속 시간은 거리에 해당한다. 춤 1초는 거리 1km에 해당한다(언어적 차이가 있으므로 일부 종류의 꿀벌에게는 1초가 750m에 해당한다). 지속 시간이라고 말하지만, 아마 꿀벌은 실제로 춤의 횟수를 세고 있을 수도 있다. 춤은 초당 약 15회 정도 정해진 빠르기로 이뤄지기 때문이다. 따라서 춤의은 거리를 나타내는 기호자다.

서양 꿀벌(양봉)의 춤은 일반적으로 어두울 때 벌집의 수직 벽에서 진행된다. 정찰벌은 일벌 위에 올라타 크게 울면서 시선을 끌고, 그런 다음 춤을 시작한다. 춤의 각도는 수직(중력)에 대한 방향을 나타낸다. 놀랍게도 일벌이 즉시 외부로 나가 먹이를 찾아갈 수 없는 경우, 예를 들어 비가 오는 날에는 태양의 움직임을 고려하여 방위각(태양과의 각도)을 다시 계산한다. 이는 보기보다 복잡하다. 갈리스텔은 이를 다음과 같이 설명한다.

> 비가 내릴 때 태양의 나침반 방향(방위각)이 얼마나 변할지는 춤을 춘 시각과 비의 지속 시간에 달려 있다. 태양이 하루의 특정

시간 동안 어느 방향으로 움직일지는 그 지역의 천체력에 의해 결정된다. 그리고 먹이를 찾는 꿀벌과 개미들이 출발할 때 시간에 따른 태양의 방향을 관찰함으로써 기억에 저장된다. 일단 벌집을 떠나면 어느 방향으로 날아가야 하는지를 알기 위해서는 태양을 기준으로 날아야 하며 일벌은 춤으로 전달받은 태양 방위각에 태양의 방향 변화를 더해야 한다. 이것은 원 위에서의 덧셈을 포함하는데, 360도 변화를 더하면 원래 위치로 되돌아오기 때문이다 (개인적인 대화).

서식스대학교의 마거릿 쿠빌론과 그의 동료들이 수행한 멋진 연구가 있다.[10] 그들은 캠퍼스 주변, 사우스 다운즈 시골 지역, 도시공원으로 둘러싸인 곳에서 수천 마리의 꿀벌의 추는 8자 춤을 2년 동안 해독했다. 그들은 매월 꿀벌들이 포식지를 찾는 거리와 위치를 지도로 나타낼 수 있었다. 꿀벌들이 식량을 찾는 지역은 여름(7월과 8월)에는 봄(3월)보다 약 22배, 가을(10월)보다는 약 6배 크다. 여름에는 꿀벌들이 이동하는 지역은 15.2km^{2}이고, 봄에는 0.8km^2, 가을에는 5.1km^{2}다. 연구를 지도한 서식스대학교 양봉학 교수인 프랜시스 라트니엑스는 '봄에는 크로커스와 민들레부터 개화하는 과일나무까지 꽃이 풍부하고, 가을에는 아이비가 만개한다.

그러나 여름에는 농업 확대로 인해 꿀벌이 좋아하는 시골 야생 꽃이 줄어 좋은 꿀을 찾기가 더 어렵다'고 설명했다. 이 연구의 중요하고 실용적인 함의는 '꿀벌은 자신들이 어디에서 포식하는지 알려준다. 그래서 여름에 꽃을 더 많이 심어서 그들을 최고로 도울 수 있게 되었다'라고 라트니엑스 교수가 말했다.

다른 꿀벌 종들의 포식 범위는 또 다르다는 점에 주목해야 한다. 우리나라 재래꿀벌*Apis cerana*은 보금자리에서 최대 1km 떨어진 곳까지 날아간다. 난쟁이꿀벌*Apis cerana*은 최대 2.5km를 날아가고 거대꿀벌*Apis dorsata*은 약 3km를 날아간다. 실제로 양봉*Apis cerana*은 벌집으로부터 최대 14km까지 포식할 수 있다.

◈ 개미 걸음걸이 주행거리계

셈이라는 측면에서 가장 놀라운 무척추동물은 개미다. 개미 뇌에는 일반적으로 약 25만 개의 뉴런이 있다. 종에 따라 달라지지만, 무게는 약 0.1mg 정도이며, 그중 일부는 그보다 훨씬 작을 수도 있다.[11] 그러나 우리가 볼 것처럼 개미의 한 종류가 셈 챔피언이다.

개미는 밀집된 사회인 개미집에 살며 일반적으로 여왕, 수컷, 일개미(무생식 암컷)로 나뉜다. 그러나 일부 종에는 병사나 경비원과 같은 다른 특수 업무가 있기도 하다. 포식자는 집에서 먹이나 집을 지을 자재를 찾으러 나가서 그것을 챙겨 돌아와야 하므로, 그들은 항해사의 추측 항법dead reckoning에 상응하는 항해 기술이자 동물 항법 문헌에서는 '경로 통합path integration'이라고 부르는 기술이 필요하다. 이것은 새에 관한 장에서 논의한 내용이다. 개미가 본인의 집에서부터 어디로 왔는지, 에너지 소비가 적은 최단 경로는 어딘지를 결정하기 위해 완전한 추측이 필요하다. 그러나 이들의 작은 뇌에는 위치를 계산할 수 있는

지도, 나침반, 크로노미터 또는 육분의sextant와 같은 것이 들어있지 않은 것은 당연하다.

추측 항법은 개미가 각 방향의 변화, 그리고 해당 방향에서 얼마나 멀리 갔는지를 기록할 수 있어야 함을 의미한다. 이 작은 경로들을 모두 더하면 개미는 현재 어디에 있는지, 집으로 돌아가는 방법 등을 계산할 수 있다. 문제는 그들이 왔던 길로 돌아가지 않고 먹이를 찾은 지점에서 최단 경로로 돌아가야 한다는 데 있다. 우리는 개미가 방향을 어떻게 알아내는지에 대해 꽤 알고 있다.

그들은 태양 방위각을 기반으로 한 '하늘 나침반'을 사용할 수 있지만, 동시에 태양이 그 시간에 어디에 있어야 하는지를 계산하기 위한 내부 시계가 필요하다. 또한 지구 자기장에 대한 민감도에 기반을 둔 자기 나침반도 가지고 있으며, 집 근처의 랜드마크를 익혀서 활용하기도 한다. 완전한 추측을 하려면 경로의 각 분절마다 거리를 계산해서 현재 위치를 알아야 하며, 가장 짧은 경로로 돌아가기 위한 어떤 종류의 지도, 즉 거리와 방향에 대한 기억을 이용해 최단 경로를 계산하는 다른 방법이 필요하다.

거리를 어떻게 추정하는지에 대한 여러 가지 가설이 제안되었다. 에너지 소비 또는 일부의 지속 시간일 수도 있다. 1904년에 앙리 피에롱(1881~1964)이 제안하고 실험한 또 다른 방법은 매우 간단하지만, 확실히 믿기는 어렵다. 포식 개미의 걸음걸이를 세는 것이다. 피에롱이 한 일은 매우 간단하다. 개미는 집을 떠나 먹이를 찾았고 돌아오려고 하는 참이었다. 피에롱은 개미를 조금 더 멀리 옮겨 놓고 다시 그 행동을 관찰했다. 개미는 피에롱이 손대기 전에 하려던 동일한 여정을 시작했다. 이렇게 함으로써 피에롱은 개미가 주변 경관이나 자극이 아닌 자신의 행동idiothetic을 기반으로 집으로 복귀하는 경로를 계산한다는 점을 발견했다.[12]

피에롱의 실험이 반복되었고 그의 예측대로 복귀 경로는 변위 지점에서 집까지의 거리와 거의 같다.[13]

다른 종들은 다른 방법을 사용한다. 많은 개미 종은 화학적인 흔적을 남긴다. 그러나 사막개미*Cataglyphis fortis*는 번개같이 뜨거운 튀니지 사막에 서식하는데 강한 바람이 계속 불어 이 흔적이 몇 분 또는 몇 초 동안만 유지되므로 이 방법은 효과가 없다. 포식자가 소요 시간이나 소모 에너지를 기억한다는 가설도 무의미하다. 개미가 무거운 먹이나 건축 자재를 운반하고 돌아오면 에너지 소비가 증가하고 복귀도 느려지지만 개미는 여전히 정확하게 집으로 돌아온다.

사실, 피에롱은 개미가 보폭 측정계odeometer를 가지고 있다는 점에서 옳았다. 이 사실들은 그가 상상할 수 있는 것보다 더 놀랍다.

믿을 수 없다고? 아니다. 독일 울름대학교의 마티아스 비트링거와 하랄트 볼프, 그리고 취리히대학교의 뤼디거 웨너는 이를 테스트하기 위해 독창적인 실험을 수행했다.[14] 그들은 개미들을 특별히 만든 10m 터널에 배치했으며, 이 터널에는 개미의 시각 시스템이 자신의 이동 속도를 추정하는 데 쓸 수 있는 광학적 단서가 몇 개 설치했는데, 이동 속도가 경로 계산에서 미미한 역할에 그칠 때를 대비한 것이다. 그들은 개미에게 이 터널에서 먹이를 찾고 다시 돌아오라는 과제를 부여했다. 독창적인 부분은 일부 개미의 다리를 보다 길게, 일부 개미의 다리는 더 짧게 수술한 것이다. 다리가 길어진 개미는 더 넓은 보폭을 보였고, 짧아진 개미는 더 짧은 보폭을 밟게 되므로 보폭 길이를 합산하면 전자는 같은 보폭 수로 더 멀리 이동하고, 후자는 더 짧은 거리를 이동할 것이라 예측할 수 있었다. 이 예측은 증거로 뒷받침되었다.

이 연구의 영리한 부분은 바로 여기다. 개미의 귀환 경로가 외출 경로의 단계 개수 기억에 의존한다는 것을 보여줄 수 있게 된 것이다. 개미가 (실험용) 집에서 다리가 수술되지 않은 상태로 먹이까지 갈 수 있고, 그런 다음 다리를 길게 혹은 짧게 하면 다리가 멀쩡한 개미와 비교했을 때 예측된 방식대로 이동 거리를 잘못 계산해야 했다. 그리고 그 일이 일어났다. 다리가 길어진 개미는 거리를 약 50%(15.3m) 과대평가했고, 다리가 짧아진 개미는 비슷한 비율로 (5.75m) 먹이로부터 집까지 거리를 과소평가했다. 그러나 다리가 집에서 떠날 때 수술되면 바뀐 보폭 길이를 기반으로 집까지 거리를 계산하므로 도착할 때는 꽤 정확해야 한다. 이는 귀환 경로가 외출 경로의 기억을 기반으로 한다는 것을 보여준다.

개미들은 10m 돌아오는 길에 770보를 걸었다. 이 세 집단이 이 거리를 동일하게 인식한다면, 역설적으로 다리가 짧아진 개미는 보폭을 보통보다 길게 여기게 되며, 그 반대인 개미들은 보폭을 짧게 여겨야 할 것이다! 과학자들은 계산 메커니즘을 '보폭 누산기step integrator'[15]라고 제안했는데 즉 이것은 누산기와 같다.

사실 다리가 길어진 개미들은 종종 보통보다 느리게 걸었지만, 여전히 본래 길로 돌아가는 거리를 약 50% 과대평가했으므로, 걷는 시간이 귀환 경로에 대한 신호가 아님을 시사한다.

식량까지 가는 길은 항상 완전히 평평하지 않을 수 있으며, 가파른 오르막과 내리막이 포함될 수 있다. 사막개미가 포식하는 동안 언덕을 오를 때, 집으로 돌아가는 경로를 계산할 때 어떻게 이를 고려할까? 언덕을 오르내리면 더 많은 보폭이 필요하다. 집으로 돌아가는 가장 짧은 경로가 포식 경로보다 평평하면 추가 보폭으로 인해 식량까지의 거리를 과대평가하게 되며, 따라서 위치와 집으로 가는 경로를 잘못 계산할 수도 있다. 인공 언덕을 사용한 실험에서 이들은 오르막과 내리막을 무시하고 실제 지도 거리를 계산함을 보여준다.[6,7] 이 개미들의 작은 뇌는 정말로 똑똑하다.

그러나 사막개미의 작은 뇌에 지도가 있다는 아이디어가 모두에게 받아들여지는 것은 아니다. 걸음 계수를 문서화한 선구자 뤼디거 웨너를 포함해서 말이다.

추측 항법 자체는 인지적인 지도를 요구하지 않지만, 개미는 태양에 대한 방향감각을 데카르트 좌표계Cartesian coordinate와 이동으로 변환해야 한다. 그런 다음 집으로 가는 일은 위치 벡터를 0으로 줄이는 쪽으로 움직이면 된다. 그러나 가장 짧은 경로로 집에 가려면 지도가 필요해 보인다.

구글 맵스가 위치 데이터를 0과 1로 이루어진 숫자 배열로 암호화하는 방식을 생각해 보라. 이 숫자 배열 중 일부는 북쪽, 남쪽, 동쪽, 서쪽, 그리고 특정한 랜드마크와 같은 외부 세계의 실제 위치를 나타낸다. 그런 다음 방향은 이러한 데이터에 대한 산술 계산으로 이루어진다. 25만 개의 뉴런만 존재하는 개미의 뇌는 작을 수 있지만 이 뉴런들은 많은 위치 데이터를 암호화할 수 있을 것이다. 개미들은 랜드마크, 냄새, 그리고 집의 모양에 대한 기억을 활용하여 길을 찾는다. 다시 말해, 구글 맵스가 스트리트 뷰, 레스토랑 및 주유소와 같은 정보를 암호화하는 방식과 아주 비슷하다. 이것들은 결국 더 많은 숫자 집합일 뿐이다.

그런데 사막개미는 아주 특별한 경우일 수도 있다. 사막에 서식하며 다른 개미 종류들이 사용할 수 없는 화학적 자극을 사용하지 못하기 때문이다. 다른 개미들은 경로 통합과 더불어 다른 것들을 셀까? 파리 소르본대학교 패트리치아 데토레가 이끈 연구팀은 프랑스에서 발견되는 목수개미*Camponotus aethiops*라는 종으로 이를 테스트했다.[16] 이 개미들은 먹이를 찾기 위해 벌처럼 랜드마크를 세어볼 수 있을까? 〈그림 2〉는 세 개의 랜드마크를 세는 설정을 보여준다.

개미들은 기나긴 아레나arena의 출발선에 배치되었다. 보상은 항상 세 번째 랜드마크 뒤에 있었지만, 랜드마크의 위치는 다른 훈련에서 조정되곤 했었으므로 개미는 시작 지점으로부터의 거리를 단서로 사용할 수 있었다. 개미 각각은 다섯 개의 랜드마크 중 한 군데에서 훈련되었다. 개미가 훈련된 랜드마크에 관계없이 그 랜드마크에서 먹이를 찾는 속도가 뒤로 갈수록 빨라졌다. 테스트 실험에서는 랜드마크의 공간 배치가 달라졌는데, 예를 들어 개미가 세 번째 랜드마크에서 훈련을 받고 공간 배치가 변경되었더라도 세 번째 랜드마크로 이동했다. 〈그림 4〉를 참조하라.

개미들의 더 직접적인 수 감각 실험은 우리에게 익숙한 매치 투 샘플 패러다임match-to-sample paradigm을 사용하는 것이다(1장을 참조하라). 개미와 함께하는 실험의 경우 때로는 개체보다 개체 집단을 테스트하기도 한다. 다음 연구에서는 벨기에의 폐채석장에서 수집한 붉은개미

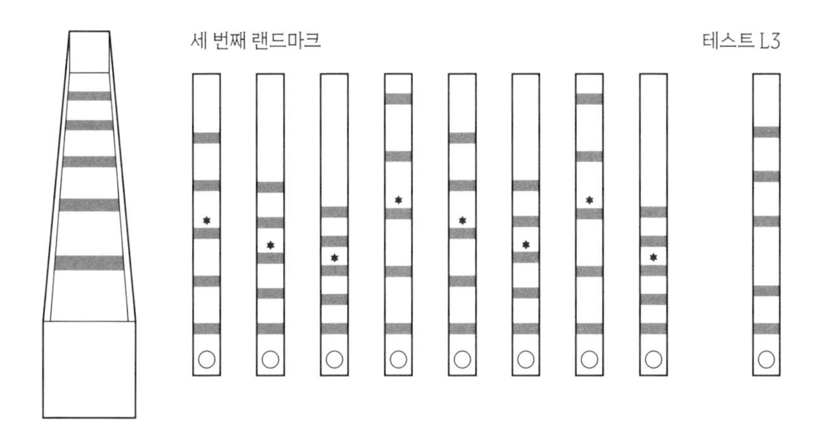

▲ 〈그림 2〉 개미에게 세 번째 랜드마크(L3)에서 먹이를 찾도록 훈련시키기. 각 시도에서는(*) 경로의 시작점(o)으로부터의 거리가 다르므로 개미는 보상의 단서로써 거리를 사용할 수 없었다. 실험에서는 새롭게 랜드마크를 배치하고 먹이 보상이 없었으며, 개미는 신뢰성 있게 세 번째 랜드마크에서 탐색을 실시했다.[16]

Myrmica sabuleti 2,000마리를 200마리 집단으로 나눠 실험을 진행했다. 실험은 벨기에 브뤼셀대학교의 마리클레어 캠마어츠와 벨기에 왈롱 레지온의 자연 및 농업 환경 연구 부서(DEMNA) 소속 로저 캠마어츠가 수행했다.

이 개미들은 7시간, 24시간, 31시간 그리고 48시간 동안 먹이를 찾는 장치 안에서 머물면서 1, 2 또는 3장의 정사각형 종이 근처에서 보상을 받는 식으로 훈련받았다. 동시에 한 개 더 많은 정사각형을 보여주는 비슷한 디스플레이에서는 멀리 떨어져 있었다. 그런 다음 개미들은 모양(정사각형 대신 디스크), 색상, 크기 또는 배열이 다른 종이 자극이 있는 별도의 장치에서 테스트를 받았다.[17] 개미들은 7시간의 훈련 뒤 적절한 수량을 학습했지만, 훈련을 할수록 더 나아졌다.

◈ 실험실에서 셈하기

이전 장에서 설명한 것처럼 더 큰 뇌를 가진 생물이 수행할 수 있는 종류의 계산 작업을 벌도 수행할 수 있다는 증거가 점점 늘고 있다. 예를 들어 벌은 오토 코엘러가 개발한 산술적 매치 투 샘플 과제를 성공적으로 수행할 수 있다(1장을 참조하라).

〈그림 3〉는 독일 뷔르츠부르크와 호주 캔버라의 과학자 팀인 위르겐 타우츠와 샤오우 장이 주도한 연구 시리즈 중 한 가지 실험 결과다. 그들은 꿀벌이 샘플을 이루는 물체의 개수에 따라 샘플을 매치할 수 있음을 보였다. 심지어 샘플의 색상, 물체 유형 및 배열이 제공된 선택지와 달라도, 물체의 개수는 최대 다섯 개까지도 가능했다.[18]

작은 수라면 벌도 덧셈과 뺄셈을 할 수 있다. 벌들은 색상에 민감하다(이전에 언급한대로 자외선도 포함한다). 후속 연구에서 색상은 더하거나 빼기를 지시하는 역할을 했다.[19] 만약 자극 물체가 노란색이라면, 벌은 하나를 뺀 결과물을 찾아야 한다. 예를 들어, 세 개의 노란색 사각형이라는 자극이 주어진다면 벌은 두 개의 노란색 사각형이 있는 디스플레이로 이동할 때 보상을 받는다. 자극이 두 개의 파란색 사각형이라면 벌은 두 개에 하나를 더한 파란색 사각형이 있는 디스플레이를 찾아야 한다.

다소 배우기 복잡한 작업이지만 벌은 30번의 시행을 거치면 어느 정도 잘하게 되고, 100번의 시행 이후에는 약 80% 수준으로 정확한 답을 얻는다. 벌이 실제로 더하거나 빼는 것이 아니라 단순히 파란색으로 지시받으면 더 큰 양을, 노란색으로 지시받으면 더 작은 양을 고

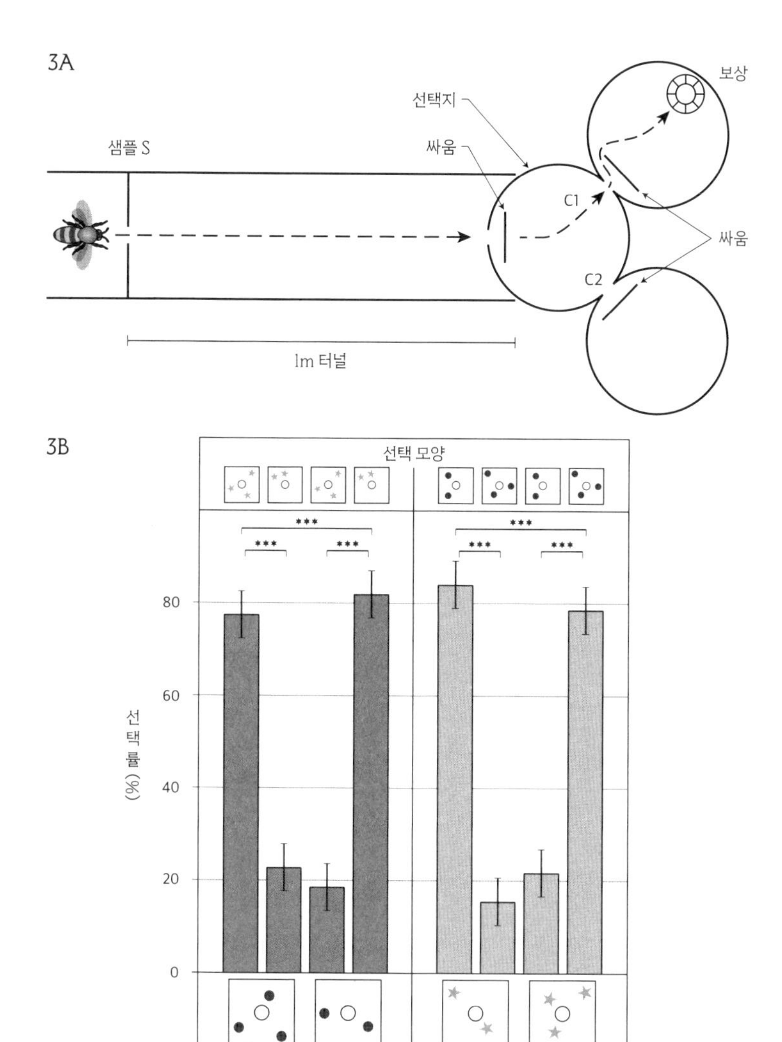

▲ 〈그림 3〉 3A. 벌의 매치 투 샘플 능력을 테스트하기 위한 보편적인 설정. 실험 대상 벌은 샘플 S를 보고 두 가지 선택지 C1 또는 C2 중에서 고를 수 있다. 정답인 경우 보상을 받는다. 3B. 결과. ***은 열 사이에서 $p<0.001$로 통계적으로 유의미한 차이를 나타낸다. 이것은 결과가 우연히 천 번 중 한 번 발생할 것이라는 뜻이다. 샘플은 항상 선택지와 물체 종류 및 배열에서 차이를 둔다는 점에 주목하라(이 연구에서는 색상도 다르다).[18]

르는 것은 아닌지 확인하는 좋은 방법이 있다. 하나를 더하라는 주문을 받으면 올바른 답은 3이고, 잘못된 답은 4일 것이다. 벌이 단순히 샘플보다 더 많은 것을 선택하는 경우, 3만큼이나 4도 자주 답으로 고를 것이다. 마찬가지로 3에서 하나를 빼라는 주문을 받으면 벌은 올바른 답인 2와 틀린 답인 1 사이에서 결정을 내릴 것이다. 다시 말해, 벌이 단순히 세 개 미만을 선택하려고 1을 고를 수도 있다. 그러나 벌들은 그렇게 하지 않는다. 실제로는 올바른 방식으로 덧셈 또는 뺄셈을 하고 있는 것이다.[19]

다시 한번 국제 연구팀이 매치 투 샘플match-to-sample 방법을 사용해서 벌이 정말로 물체의 수를 나타낼 수 있는지에 대한 연구를 수행했다. 여기서 그들의 임무는 더 큰 것 혹은 더 작은 것을 선택하는 대신 특정한 수에 맞추는 것이다. 〈그림 4〉를 보라.

인간의 셈에서 가장 흥미로운 특성 중 하나는 0(zero)을 상상할 수 있는 능력이다. 위대한 그리스, 바빌로니아, 이집트 수학자들은 0에 대한 기호를 알지 못했으며 이러한 기호는 인도 고원에서 7세기에 발명된 이후 12세기에 유럽에 도입되었다. 그래서 0의 개념이 상당히 어려운 것으로 보인다. 그러나 4장에서 보았듯, 침팬지는 이 개념을 소유하고 그것을 기호에 연결할 수 있음이 입증되었다. 이 능력은 다른 생물에서는 거의 관찰되지 않았으며 원숭이와 일부 조류에서만 관찰된 바 있다. 나는 아무도 이러한 작은 뇌에서 이를 테스트할 가치가 있다고 생각하지 않아서였을 거로 의심한다. 그렇다면 벌은 어떨까? 그들의 작은 뇌는 인간이 기호화하는 데 오랜 시간이 걸린 것들을 계산할 수 있을까?

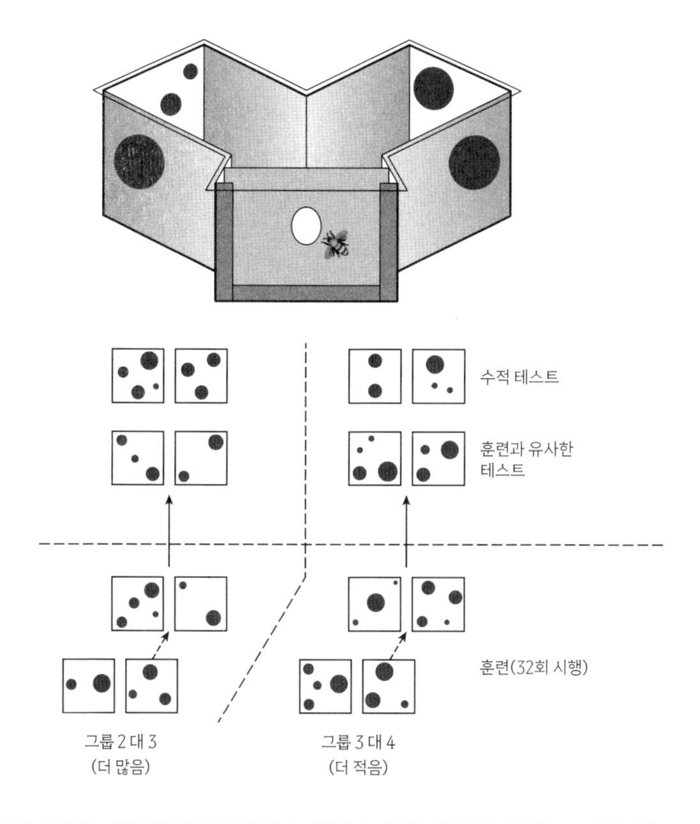

▲ 〈그림 4〉 보상되는 양은 일정하게 유지하면서 시행마다 자극을 다양하게 변경하는 32번의 시행으로 구성한 훈련 단계. 그룹들은 항상 3개를 선택할 때 보상받았는데, 보상받는 선택지가 더 큰 쪽인 그룹 2 대 3과 더 작은 쪽인 그룹 3 대 4가 있었다. 훈련 후 벌들은 강화되지 않는 두 가지 테스트를 받았다. 훈련과 유사한 테스트에서 벌들은 훈련 중에 경험했던 수량 사이에서 선택해야 했으며 이는 새로운 자극으로 표시되었다. 수량 테스트는 보상되는 수량(3)이 반대로 나타나는(더 큰 그룹의 경우 4, 더 작은 그룹의 경우 2) 새로운 상황이었다.[20]

충분한 방법론적 속임수를 쓰면 벌은 0을 인식할 수 있다는 것이 입증되었다. 이를 확인하는 방법은 영을 모든 양의 숫자 나열에서 가장 낮은 위치에 있다고 생각하는 것이다(1장 참조). 먼저 벌이 항상 두 수 중 작은 것을 선택하는 고정 규칙을 따르도록 훈련시킨다. 하나와 넷

사이에서 작은 쪽을 선택하도록 항상 훈련받았다고 가정해보자. 그들에게 물체 하나와 빈 배경 하나, 훈련 중에 본 적이 없는 상황을 제시하면 그들은 비어 있는 배경을 선호했는데, 이 배경을 하나, 둘 또는 그 이상의 항목보다 작은 양으로 취급했다.[21] 이 실험에서 두 수량 간의 차이가 클수록 벌이 0을 선택할 가능성이 더 커진다는 점에서 베버의 법칙이 반복되고 있음을 알 수 있다. 예를 들어, 두 수량 간의 차이가 커질수록(0 대 6은 0 대 1보다 쉽다) 벌의 성취가 향상되었다. 베버의 법칙은 실제로 벌이 우리처럼 이 수량을 크기의 연속체로 다루고 있음을 시사한다.

곤충의 꽃가루받이로 꽃을 피우는 식물들은 꽃잎의 개수가 일정하기 때문에 벌은 꽃잎의 개수를 기반으로 꽃을 식별하는 능력을 진화시켰다. 꽃잎 네 장 정도까지는 봤을 때 꽃을 구별할 수 있을 것으로 보이며, 꽃잎이 이보다 더 많다면 벌은 아마도 전체 모양을 이용할 것이다. 아마도 이것은 공진화co-evolution의 한 예일 것이다. 꽃은 벌을 끌어들이기 위해 벌을 유혹하는 데 필요한 꽃잎 배열을 하도록 진화하며(대칭적이고 상대적으로 꽃잎이 적은 꽃), 벌은 먹이 공급원이 풍부한 꽃을 식별할 수 있도록 진화했다.

경로 탐색에서 얻은 증거는 벌이 '더 큰' 것과 '더 작은' 것을 상당히 구체적인 거리 개념으로 이해한다는 것을 보여준다. 주목할 만한 실험 중 하나는 벌이 여러 차원을 추상적인 '더 많음'과 '더 적음'으로 해석하게 돕는 인지적 프레임워크cognitive framework를 가지고 있음을 제안한다. 이탈리아 트렌토대학교의 마리아 보르토, 지오나타 스탠처 및 조르조 발로르티가라 연구팀은 두 수량 중 더 큰 쪽을 선택하도록 훈련받은 벌이 그 뒤에 자연스럽게 이동해서 점의 개수는 동일하지만, 점의 총 면적이 다른 두 패널 중 하나를 선택하는 모습을 보여주었다.[22] 이것은 인상적이지만 그럼에도 불구하고 앞서 본 것처럼(특히 1장 참조) 수가 변경되면 다른 많은 차원도 함께 변경된다. 예를 들어, 총면적을 동일하게 유지하는 것은 가장자리의 총 길이를 늘리는 것을 의미한다. 나는 수량 훈련부터 면적 테스트에 걸쳐 벌이 하나의 물리적 차원을 추적할 수 있을 것으로 생각한다.

이 연구들은 벌이 실험실 작업에서 수 그리고 수에 대한 계산을 배운다는 점을 보여준다. 이러한 작업은 야생에서 벌이 직면하는 문제 유형이 아니다. 벌이 일상생활에서 수행하는 계산은 경로 벡터 및 특정 위치에서 먹이의 양을 계산하는 것으로 훨씬 복잡하다.

◈ 딱정벌레는 경쟁 상대를 센다

다음은 실험대상이 생물학적으로 관련된 사물의 나열을 세야 하는 색다른 연구다. 다른 곤충 종류와 마찬가지로 수컷 갈색거저리 *Tenebrio molitor*는 '정자 경쟁sperm competition'에서 감지한 위험에 따라 번식 행위를 조절한다. 즉, 주위에 경쟁 상대인 수컷이 더 많이 있을 때, 그들은 자신의 암컷을 지키기 위한 행위를 더 많이 할 것이다. 여기서 이들은 실제로 경쟁 상대를 수를 셀까?

스페인 발렌시아대학교의 포 카라소, 레예스 페르난데스 페레아, 엔리케 폰트는 이러한 아이디어를 매우 기발한 실험으로 테스트했다.

그들은 수컷과 암컷이 생애 처음 짝짓기를 하게 하고, 수컷 실험 대상에게 경쟁 상대인 수컷을 한 마리씩 차례차례 제시했다. 이런 기교를 사용해서 수컷다움의 정도가 중요한지 아니면 수컷의 마릿수가 중요한지를 보려고 했다. 경쟁자가 한 마리인 조건에서 실험대상은 동일한 경쟁 상대를 네 번에 걸쳐 노출시켰는데, 각각 3분 동안 노출시키되 노출 간격은 2분이었다. 네 마리가 경쟁하는 조건에서 실험대상은 동일한 시간표를 따라 서로 다른 수컷 넷을 노출시켰다. 결과는 명확했다. 실험대상은 경쟁 상대가 넷일 때에 짝짓기한 암컷을 지키는 시간이 더 길었다. 그러나 암컷을 지키는 시간이 경쟁 상대의 마릿수에 비례해서 증가한 것은 아니었다.[23]

◈ 매미는 소수를 안다

1장에서 언급한 바와 같이, 1985년의 SF 소설 『콘택트Contact』에서 미국 과학자 칼 세이건은 인간과 외계 문명 간 최초의 접촉을 상상했다. 소설의 주인공 엘리는 신호가 분명 메시지일 것임을 알았다. 왜냐하면, 그 신호에 소수의 순서가 포함되어 있어 지능체로부터 비롯되었음을 알 수 있었기 때문이다. 그녀는 소수에 대해 알 수 있는 것은 선진 문명뿐이라 추론했다. 기원전 300년경까지는 소수의 순서에 대해 알거나 관심을 가진 사람들의 기록이 없다. 유클리드Euclid는 무한히 많은 소수가 있다는 것을 증명하였으며, 각 정수는 본질적으로 고유한 방식으로 소수의 곱으로 나타낼 수 있다는 것을 보였다. 이것을 지금은 '산술의 기본 정리Fundamental Theorem of Arithmetic'라고 부른다. 오일러, 에르되시, 페르마, 가우스, 하디, 메르센, 라마누잔, 리만과 같은 많은 위대한 수학자들은 소수를 이해하기 위해 오랜 시간 숙고했으며 이전의 발견을 기반으로 발전시켰다. 그러므로 다른 생명체, 특히 뇌가 아주 작은 생명체가 소수의 개념을 모를 것으로 생각했다. 하지만 기다려 보라.

여기서 내 개인적인 이야기를 시작하겠다. 여러 해 전에 나는 가족과 함께 멜버른에서 멀지 않은 윌슨스 프로몬토리 국립공원Wilsons Promontory의 한 외딴 지역을 거닐던 중 매미 소리로 귀가 찢어질 것 같았다. 지금은 매미 한 마리가 120dB 크기의 소음을 내고, 이는 헤비메탈 밴드의 소리와 비슷한 크기임을 안다. 이 공원에는 매미 수백만 마리가 있었다. 그 당시에 내 딸의 학교 아이들이 매미를 수집해 수업시간에 발표했고, 애벌레 상자를 모아 화려한 색깔로 꾸몄다. 그러나 내가 모르고 있던 것은 귀가 먹먹했던 이 경험이 7년에 한 번만 일어난다는 것이었고, 이는 아이들이 흥분한 이유였다. 수많은 종의 매미들이 소수를 주기로 어린벌레 상태로 땅속에서 올라온다는 사실이 밝혀졌다. 예를 들어 미국에는 13년과 17년 후에 주기적으로 나오는 종들이 있다(이로 인해 그들은 최장수 곤충이 된다). 왜 소수를 주기로 나타날까? 그리고 매미는 어떻게 이것을 계산할까?

'왜'라는 질문은 사실 더 쉽게 답할 수 있다. 여기에는 진화에 관한 여러 이유가 있으며, 우리는 진화가 특히 세 가지에 관심을 두고 있음을 알 수 있다. 그것은 먹이, 짝짓기 및 죽음이다. 주기성은 이 모든 것과 관련이 있지만, 우리는 오스트레일리아에서 만난 '청록매미

Cyclochila australasiae'와 같은 매미의 생애 주기를 이해해야 한다.

매미의 알은 부화하여 어린벌레가 된다. 어린벌레는 어른벌레와 형태가 비슷하지만, 날개가 없다. 이 애벌레들은 7년 동안 묻혀서 뿌리의 수액을 빨아 먹으면서 지낸다. '이마고imago'라고 불리는 어른벌레로 지상으로 나온다. 여기에서 그들은 먹이를 얻고 포식자로부터 비교적 안전하다.

어른벌레는 약 6주 동안 생존하며 여름 내내 비행하고 짝짓기를 한다. 이때 주위에 짝짓기 대상이 많도록 때맞춰 땅에서 나오는 것이 중요하다. 수컷만이 귀전을 울리는 노래를 부르며, 이 노래는 암컷에게 매력적으로 작용한다. 암컷은 마음에 들면 수컷을 유인하기 위해 흡착음clicking sound을 낼 것이다. 짝짓기가 일어나고 수정된 알들은 나무에 낳는다. 이 나무의 뿌리는 애벌레가 다음 7년 동안 머무를 집이자 먹이가 된다.

집단으로 나타나는 것은 개별 애벌레의 생존 기회를 증가시킨다. 포식자는 수백만 마리가 동시에 나타나면 모두를 사냥할 수 없다. 더 큰 무리가 있는 경우 '포식자 만족predator satiation'이 일어날 확률이 높으므로 어린벌레 무리의 크기와 등장의 동시성은 죽음을 피하는 적응적 전략이다.

왜 소수를 주기로 진화했을까? 스티븐 제이 굴드가 제안한 대답은 다음과 같다. 핵심 요인은 7, 13 그리고 17이 더 작은 수로 나누어떨어질 수 없다는 것이다(1을 제외하고). 굴드는 소수 주기가 작은 수의 배수 주기보다 진화적으로 더 큰 이점이 있다고 언급했다. 그 이유는 간단하다. 소수 주기를 가지는 경우, 매미를 포착하기 어려워진다. '잠재적인 다수의 포식자는 생애 주기가 2~5년이다. 5년 주기의 포식자를 생각해 보라. 만약 15년마다 매미가 나온다면 출현 때마다 포식자에게 노출될 것이다. 큰 소수 주기로 매미는 천적과 만날 확률을 최소화한다(이 경우에는 매 5×17=85년마다)'.[24] 마찬가지로, 7년 주기의 청록매미는 5년 주기의 포식자와 매 5×7년마다 겹치게 되고, 2년 주기의 포식자와 매 2×7년마다 겹치게 된다.

그럼 매미는 어떻게 소수 주기를 추적할까? 대부분 곤충의 주기는 1년보다 짧고 햇빛과 온도에 달려 있다. 매미는 지하에 있으므로 이러한 지표가 거의 적용되지 않다. 또한 어떤 생물학적 시계는 주기를 인식하고 주기의 횟수를 세어야 하며, 시계 카운터clock counter는 응답을 조절하는 신경내분비 경로neuroendocrine pathway와 연결되어야 한다. 매미의 경우에는 매미 어린벌레의 출현과 어른벌레로의 탈바꿈을 조절한다.

리처드 카번은 캘리포니아대학교 데이비스에서 연구를 진행하면서 북미에서 발견되는 십칠년매미*Magicicada septendecim*의 17년 주기를 무엇이 조절하는지가 궁금했다. 지하에서 감지하기 어려운 햇빛과 온도의 변화가 그 원인이라고 보는 건 무리였다. 그들은 이러한 요인들의 직접적인 영향이 아닌, 매미가 지하에서 머무는 동안 수액의 가용성 또는 품질의 계절적 변화를 통해 간접적으로 영향을 받는 것은 아닐까 생각했다.

그들이 한 일은 정말 놀라웠다. 그들은 감자에서 15년 된 어린벌레를 복숭아 품종의 뿌리로 옮겼다. 이 뿌리는 적절한 조건이 맞춰지면 두 번 잘라도 되는, 신중하게 선택된 것이었다. 즉, 복숭아의 연간 주기를 가속화하여 매미가 조기에 나오는지 확인하려는 의도였다. 만약 그렇게 된다면, 이는 17년 동안 지하의 매미를 먹여 살리는 수액이 연간 변화를 조절함을 증명하는 것이다. 그들은 빠르게 자라는 나무 수액을 빨아먹는 매미에서 이 점을 발견했다. 카번과 동료들은 매미가 17년 동안 성장 전 단계를 내적 시간에 기반을 두고 조절하는 것이 아니라 숙주의 계절적 주기의 횟수를 세는 방식에 기반을 둔다고 결론 내렸다.[25] 연구 끝에 카번은 '나는 성인이 된 뒤로 매미들이 조기에 나오도록 속이는 꿈을 항상 꾸어왔다'고 적었다.

그들이 무엇을 세는지는 이제 알았지만, 그들이 어떻게 세는지는 아직 알지 못한다. 나에게 매력적인 가능성 중 하나는 물론 누산기 시스템이다. 이것은 선택자가 계절적 현상 주기와 동기화된 방식으로 누산기의 높이를 증가시키기 위해 어떤 방식으로든 게이트를 열어야 함을 의미한다. 이 과정은 종에 적합한 소수에 도달할 때까지 연간 한 번씩 일어나야 한다. 예를 들어, 청록매미의 경우에는 7, 십칠년매미는 17이다.

◈ 거미

거미의 뇌는 아주 작다. 약 60만 개의 신경 세포를 가지고 있는데, 이는 꿀벌의 뇌보다 작다. 그럼에도 불구하고 거미는 복잡한 행동 양상을 가지고 있는데, 주요 목적 중 하나는 물론 거미줄을 만드는 것이다. 어떤 거미는 먹이를 추적하며 고양이처럼 행동한다. 예를 들어, 도둑거미*Portia fimbriata*가 그렇다. 이 거미는 움직이지 않는 먹이를 향해 빙 돌아가다가 시야에서 이를 놓치기 전에 멀리서 지켜보다가 원뿔 모양의 거미줄의 꼭대기 근처에 나타난다. 이 위치에서 도둑거미는 줄에 매달려 거미줄 중앙에서 먹이를 잡을 수 있게 된다.[26] 또한 원형그물거미*Anapisona simoni*의 성체는 몸집이 40만 배까지 큰 경우도 있다(일반적인 거미 크기의 최소치에 있는 거미와 비교해서). 예를 들어, 몸무게가 0.005mg 미만인 원형그물거미의 어린벌레는 맨눈으로는 먼지 한 알처럼 보이지만 크기가 작아서 능력도 열등하다는 증거는 아직 없다.[27]

거미줄을 만드는 거미들이 세는 것 중 하나는 그들의 거미줄에 걸린 먹이의 개수일 것이다. 이는 먹이를 제거하고 거미가 그것을 찾아다니는지, 그리고 찾는 시간이 제거된 먹이의 개수에 따라 달라지는지 테스트함으로써 확인할 수 있다. 이것이 바로 코스타리카대학교의 라파엘 로드리게스와 그의 동료들이 연구한 내용이다.

그들은 커다란 황금원형그물거미*Nephila clavipes*를 연구했다. 이 거미들은 태양 빛에 노랗게 빛나는 거미줄을 만들어서 황금원형그물거미라고 불린다. 이 거미는 먹이를 저장고에 축적한다. 자연에서는 먹이를 더 많이 잃는 거미들이 먹이를 더 오랜 시간 동안 찾아다닌다고 하며, 이는 거미가 잡은 먹이의 크기에 대한 기억을 형성하고, 이러한 기억을 사용하여 먹이를 잃어버렸을 때 복구하는 노력을 기울임을 나타낸다. 황금원형그물거미는 다른 거미에게 먹이를 도난당한다.[28] 그러나 먹이 탐색 시간은 개별 먹이 항목의 개수가 아니라 먹이의 총 질량에 달려 있을 수 있다. 이것은 이전 장에서 반복적으로 다뤄온 방법론적 문제다. 동물들은 양 또는 수를 추적하고 있는 것일까? 행크 데이비스와 레이첼 페루시는 동물들의 산술적 인식에 대한 주요 리뷰에서 동물들이 수를 '마지막 수단' 전략으로만 사용한다고 제안했다.[29] 그러나 그들은 그들의 리뷰에서 거미를 고려하지 않았다. 이것이 거미에 대해서도 마찬가지일까?

로드리게스와 그의 동료들은 황금원형그물거미가 먹이를 잡고 저장할 수 있게 하려고 거저리 애벌레mealworm larvae를 거미줄에 떨어뜨려 놓았다. 이 애벌레는 거미줄의 끈끈한 나선 부분에 떨어졌으므로 거미가 정상적인 먹이 포획 행동을 수행할 수 있었다. 이 행동은 먹이를 찾아내고 끈끈한 나선에서 떼어내어 중심부로 가져간 다음 거미줄로 싸서 중심부에 고정하고 30초 동안 먹이를 먹는 것까지를 포함한다.

수량 테스트에서 거미들이 작은 먹이 1개, 2개 또는 4개를 축적하도록 내버려 두었고, 그다음 전체 저장고를 제거하고 난 뒤 탐색 시간을 기록했다. 물질 테스트에서는 거미들이 작은 크기의 먹이 1개, 중간 크기(질량으로는 작은 아이템 2개에 해당) 또는 큰 크기(질량으로는 작은 아이템 4개에 해당)의 먹이 1개로 저장고를 형성하도록 내버려 두었고, 그런 다음 먹이 저장고가 제거되었다.

결과적으로 탐색 시간은 먹이 개수에 크게 좌우되었지만, 먹이의 질량에는 그렇게 영향을 받지 않았다. 거미는 물론 먹이의 질량과 개수 모두에 관심이 있지만, 수에 더 관심이 있는 것으로 나타났다.

로드리게스와 그의 동료들은 황금원형그물거미가 각각의 먹이를 하나씩 세기 위해 누산기 메커니즘을 사용할 것으로 추측했다. 각각의 먹이 항목이 하나의 거미줄 중심부에 연결되었으며 거미들은 한 번에 하나의 항목만 섭취했다.

도둑거미와 그들의 전설적인 연구자 로버트 레이 잭슨의 이야기로 돌아가서, 뉴질랜드 캔터베리대학교의 《자연사Natural History》 잡지 특별판에 거미 연구에 소개 글을 쓰도록 요청받았다. 그는 다음과 같이 썼다.

> 도둑거미는 나에게 가장 마음에 드는 거미들이다. 그들의 행동은 거미가 본능이 주도하는 자동화된 행위만을 할 것이라는 통념을 깨버린다. 도둑거미의 일종인 포르티아는 열대의 지배자 거미 종이다. 포르티아는 먹이를 잡기 위해 거미줄을 만들 수 있지만, 거미줄 없이도 사냥한다. 종종 이 거미는 다른 거미의 거미줄에 들어가서 그 주인을 잡아낸다. 이러한 놀라운 습격은 이 거미의 문제 해결 능력을 보여준다. 예를 들어, 포르티아는 몇몇 거미줄에서는 꼭대기로 들어간다. 만약 이러한 거미줄을 아래에서 발견한 포르티아는 주변을 살펴보고, 식물을 이용해 우회해서 꼭대기로 접근한다. 이 방법이 비록 먹이에서 멀어져 시야에서 일시적으로 먹이를 놓치게 하더라도 말이다. 한 번 거미줄에 들어가면 포르티아는 진동 신호를 사용하여 주인을 속이고 조종한다. 종종 시행착오를 거쳐 이러한 신호를 다양하게 결합함으로써 천천히 먹이를 더 가까이 유인한 후에 공격한다.

포르티아는 주인 거미에게 최악의 악몽이 될 것이다. 이 거미는 포유류와 같은 간교함으로 사냥하며 뛰어난 시력과 도둑거미를 포함한

거미의 살점을 좋아한다.[30]

포르티아 아프리카나*Portia africana*는 이름에서 알 수 있듯이, 다른 거미들을 먹이로 하는 아프리카 거미다. 잭슨이 언급한 대로, 포르티아는 시력이 아주 뛰어나고 먹이가 있는 장면을 보고 나면 이를 사냥하기 위해 길을 돌아가기도 한다. 이 일을 성공적으로 수행하려면 포르티아는 먹이가 무엇이며 어디에 있는지를 기억해야 한다. 그러나 포르티아는 먹이의 개수를 기억할까? 이것이 잭슨과 동료 피오나 크로스가 여러 독특한 실험에서 해결하려고 한 질문이다.[31]

그들은 두 개의 탑이 있는 장치를 만들었다. 첫 번째는 포르티아를 넣을 시작 탑이었다. 거기에서 포르티아는 먹이가 있는 장면을 볼 수 있었다. 거미는 그런 다음 자연히 먹이를 공격하기 위해 다른 방향으로 돌아서 가기 시작했다. 그 장치는 거미가 오직 관찰 탑의 맨 위에 도착할 수 있게 설계되었으며 그곳에서 사냥감을 다시 확인하고 공격할 수 있었다. 그러나 여기가 굉장히 영리한 지점인데, 같은 장면이 표시되거나 또는 다른 장면이 표시된다. 장면이 다르면 거미가 이를 알아차리고 이로 인해 행동을 바꿀까? 예를 들어, 공격을 지연시키는 등 행동이 영향을 받을까?

이러한 방법론을 사용하면 실험자들은 관심 있는 속성을 조작할 수 있으며, 기억된 장면과 새로운 장면 간의 차이를 공격 지연 시간으로 측정할 수 있다. 따라서 먹이의 개수는 동일하지만, 먹이의 크기가 두 배로 증가하면 실험 대상인 거미는 공격을 지연할까? 정답은 '아니다'. 먹이의 개수는 같지만, 그 배치가 변경되면 실험 대상인 거미는 공격을 지연할까? 정답은 또 '아니다'. 장면의 먹이 개수가 변경된다면?

답은 다음과 같다. 먹이 하나가 둘로 바뀌거나 둘이 하나로 바뀌면 '그렇다', 먹이 하나가 셋으로 바뀌거나 셋이 하나로 바뀌면 '그렇다', 먹이 하나가 넷으로 바뀌거나 넷이 하나로 바뀌면 '그렇다', 마찬가지로 둘이 셋으로, 둘이 넷으로, 둘이 여섯으로 바뀌면 '그렇다'이다. 그러나 셋이 넷으로 또는 셋이 여섯으로 바뀌면 '아니다'. 따라서 작은 수에 대해서는 비율 차이가 충분할 경우 거미는 먹이의 정확한 개수를 기억하고 기억을 새로운 장면과 비교할 수 있다. 이것은 포르티아가 우리와 마찬가지로 작은 수에 대한 시각적 셈 시스템을 가지고 있음을 시사한다. 이 경우에 한계는 3까지이며, 4 이상의 큰 수에 대한 다른 시스템이 있지만 두 수 간의 비율 차이가 충분히 큰 경우에만 효과적이다. 즉, 이러한 큰 수에 대해서는 베버의 법칙이 적용된다.

포르티아는 작은 어린 거미(길이 2.5mm)와 다른 종의 거미를 사냥하는데, 그들은 '공동 사냥communal predation'을 연습한다. 어린 거미는 먹이의 둥지를 찾고, 그 둥지에 다른 거미가 몇 마리나 정착했는지 확인한다. 결과적으로, 그들은 아무도 없는 둥지보다는 한 마리 다른 포르티아가 있는 둥지를 선호한다. 다른 포르티아가 두세 마리 있을 때도 선호하지 않았다. 이 흥미로운 연구를 수행한 뉴질랜드 캔터베리대학교의 지메나 넬슨과 로버트 잭슨은 '포르티아가 정착 여부를 결정할 때 숫자가 중요한 신호로 보인다'라고 생각하지만, 그들은 덧붙여 다음과 같이 말한다.

> 포르티아의 결정이 '진정한 셈'과 특별히 밀접하게 관련이 있다고 제안할 근거가 없다. 왜냐하면, 진정한 셈은 수를 나타내는

것을 기반으로 하며, 이는 집합 내의 객체의 정체성이 바뀌더라도 동일하게 유지되는 집합의 속성이다. 하지만 우리가 조사한 산술 능력의 표현은 특정한 특성(즉, 이미 먹이 둥지에 정착한 다른 포르티아)을 가진 객체와 꽤 밀접하게 관련되어 보인다.[32]

이전 장에서 주장한 바와 같이, 종 간의 차이는 세는 능력보다는 그들이 세는 데 사용할 수 있는 대상의 범위와 어디까지 세어낼 수 있는지에 있다. 따라서 이 관점에서 보면 이 어린 거미는 세고 있다. 큰 수는 아니지만 다른 포르티아나 다른 거미의 거미줄에 있는 먹이 묶음을 셀 수 있다. 아직 아무도 포르티아가 다른 두 포르티아와 먹이 두 개를 같은 방식으로 나타내는지를 테스트하지는 않았다. 그러나 자연에서는 각각 다른 상황에서 서로 다른 포르티아를 세고, 다른 둥지에서 다르게 배열된 다른 먹이 묶음을 세어야 할 것이다. 물론 다른 대상도 셀 가능성이 있지만, 아직 아무도 이를 실험하지 않았다.

◈ 곤충의 뇌

곤충의 뇌는 내가 강조해온 대로 아주 아주 작다. 그렇다면 100만 개 이하의 뉴런을 가진 뇌는 실제로 수를 셀 수 있을까? 누산기 시스템을 구현할 수 있을까? 베라 바사스와 라스 치트카는 단순히 하나의 작업만 하는 간단한 메커니즘인 '뉴런' 네 개로 이루어진 작은 벌 뇌를 모델링 했다.[33]

이제 벌은 차례로 센다. 예를 들어, 꽃 아래를 기어간다면 꽃잎 집합의 수를 파악한다.[34] 바사스와 치트카의 벌 카운팅 컴퓨터 모델은 먼저 빛의 '뉴런'으로 시작한다. 이것은 벌이 디스플레이를 따라 경로를 추적하면서 단순히 빛의 변화를 기록하는 것으로, 이것이 위에서 설명한 실험에서 벌이 사용하는 방법이다. 어두운 곳에서 밝은 곳으로 이동할 때 이 변화를 누산기 '뉴런'이 셈하며, '평가 뉴런evaluation neuron'에서는 셈한 수를 확립한다. 벌 카운팅을 모델링 하는 데는 가상의 뉴런 네 개만 필요하다.[33]

◈ 갑오징어

두족류인 갑오징어는 뇌가 아주 크지만, 정확한 크기를 알기는 매우 어렵다. 이것을 합리적으로 추정하기란 매우 어려운데, 뇌의 신경계가 그의 다리로 뻗어 나가기 때문이다. 이 다리는 중앙 신경계에서 독립적으로 작동할 수 있으며, 같은 두족류인 문어도 마찬가지다. 뇌가 어디서 시작하고 끝나는지 명확하지 않다. 사실, 문어한테는 대부분의 뉴런이 다리 자체에 있으며 중앙 '뇌'에 있는 뉴런의 거의 두 배에 달한다.

> 이스라엘 과학자 비니아민 호크너에 따르면, 현대 두족류 신경계를 몸무게로 정규화한 크기는 척추동물 신경계와 동일한 범위 내에 있다. 이는 새와 포유류보다는 작지만, 물고기와 파충류

보다는 크다. 전체 뉴런 수를 비교하면 신경계는 다른 연체동물보다 약 5억 개의 신경 세포를 포함하며, 이는 다른 연체동물보다 4배 이상 더 많다(예: 정원달팽이는 약 1만 개의 뉴런을 가지고 있음).[35]

두족류의 인지 능력을 조사하는 연구는 아리스토텔레스의 시대부터 시작되었다. 아리스토텔레스는 저서 『동물 탐구』에서 '문어는 어리석은 동물이다. 사람이 손을 물속으로 내리면 다가올 것이며, 그래서 잡히고 먹힌다'고 썼다. 반면 그는 갑오징어를 똑똑한 동물이라고 생각했다. '연체동물 중에서 갑오징어는 가장 교활하며, 두려움 때문만이 아니라 은폐를 위해 어두운 액체를 사용하는 유일한 종류다. 문어와 오징어는 두려움 때문에만 분비한다'.

그러나 더 최근의 연구 결과는 두족류(문어 포함)는 실제로 아주 똑똑하며 많은 과제를 배울 수 있고 의식을 가질 수도 있다는 것을 시사한다. 내가 글을 쓰는 시점에서 알고 있는 바로는 두족류의 산술 능력에 관한 연구가 단 한 건 있으며, 그 연구는 갑오징어에 관한 것이다. 이 연구는 대만의 두 연구원 촨친 차오와 그의 동료 창이 양에 의해 수행되었다.[36]

그들은 어린 갑오징어*Sepia pharaonis*가 실제 새우 1마리 대 2마리, 2마리 대 3마리, 3마리 대 4마리, 4마리 대 5마리 등 두 가지 선택지에서 하나를 강제로 선택하는 과제를 받았을 때, 더 큰 수를 선호하는 경향을 보일지를 조사했다. 갑오징어는 물고기를 먹이로 삼으며, 물고기를 볼 때 두 개의 척수를 쏘아서 잡는다. 갑오징어는 4 대 5를 포함해 모두 구별할 수 있었는데, 이는 원숭이 등 많은 종류의 동물을 포함해서 봐도 한계를 초과하는 수준이다(4장 참조). 두 수 사이의 비율 차이가 감소할수록 반응 시간이 증가하는 것으로 나타났다. 다시 말하면, 베버의 법칙이 적용되는데, 논문에 체계적인 영향을 보여주는 통계적 테스트는 없다는 점을 감안해야 한다. 차오와 양은 '1 대 5 및 4 대 5 테스트에서 갑오징어가 성공했다는 결과는 이들이 적어도 유아나 포유류와 동등한 수준의 수적 감각이 있으며, 그들이 하는 수 구별은 산술 표현에 있어 아날로그 크기 메커니즘이라고 할 수 있고, 아마도 수 시스템의 연속일 것'이라고 결론을 내렸다.[35]

다만, 이 갑오징어에 대한 매우 흥미로운 사실 하나가 있다. 그들의 산술적 선택이 배고픈지에 따라 달라진다는 것이다. 살아있는 큰 새우 한 마리와 작은 새우 두 마리 중에서 선택할 때, 그들은 배고플 때는 전자를, 포만감을 느낄 때는 후자를 선택했다.

갑오징어는 확실히 8장에서 묘사한 구피처럼 행동하지는 않은 것 같다. 구피는 비교할 수가 4 이하인 경우 비율 효과를 보이지 않는다. 이 효과는 4보다 큰 수에서만 나타나며, 이로 인해 산술적 추정에서 최소한 두 개의 시스템이 있다는 제안에 논란이 있었다. 두 시스템은 작은 수(객체 파일) 시스템과 더 큰 수(아날로그 크기) 시스템을 말한다. 1장과 2장에서 언급한 바와 같이, 동물의 베버 분수가 0.25 이하면 1에서 4까지의 수량을 비교하는 모든 경우(예: 2 대 4는 0.5이며, 3 대 4조차 베버 분수가 0.25)에는 비율 효과가 나타나지 않는다. 이들이 동등한 수준으로 쉽기 때문이다. 이는 적어도 인간에게는 낮은 숫자에 대한 특별한 메커니즘이 필요하지 않다는 의미다(2장 참조). 현재 우리는 갑오징어의 베버 분수가 실제로 얼마인지 정확히 알지 못한다. 이것은 갑오징어의 산술 능력에 관한 연구 중 하나일 뿐이며, 한 종류의 테스트다. 예를 들어 갑오징어가 모든 적절한 제어 조건이 있는 매치 투 샘플 작업이나 먹이가 아닌 물체를 어떻게 처리할지 우리는 모른다. 이러한 연속성이 여전히 나타날까? 4 대 5에 한계를 보일까? 이것은 매우 흥미로운 사항이 될 것이다.

◈ 갯가재

갯가재에 대해 첫 번째로 언급할 점은 이것이 새우와는 다르다는 것이다. 갯가재는 자루눈 끝에 놀랄 만큼 복잡한 눈이 있다. 그들은 먹이를 잡도록 변형된 강력한 앞다리를 가지고 있어서 '사마귀 새우'라고도 불린다. 앞다리를 사용하여 먹이를 찌르거나 기절시키거나 해체해서 사냥한다. 일부 갯가재 종은 강력한 힘으로 타격할 수 있는 특수한 석회화된 '클럽'을 가지고 있다. 이들에 대해 일반적으로 잘 알려지지 않았지만, 최근 메릴랜드대학교의 리케시 파텔과 토머스 크로닌이 그들의 신비로운 삶에서 중요한 부분 하나를 밝혀냈다.[37]

갯가재는 먹이와 암컷을 찾기 위해 굴을 떠났다가 포식자를 피하기 위해 빨리 돌아온다. 이러한 외출은 종종 4m까지 이를 수 있으며, 일반적으로 3~5cm 정도인 동물에게는 실제로 상당한 거리다. 하지만 개미나 벌과 비교하면 그리 먼 거리는 아니다. 그렇다면 어떻게 먹이를 찾고 집으로 돌아가는 경로를 계획할까? 사실, 파텔과 크로닌은 이런 작은 무척추동물들이 7장에서 본 새 그리고 이 장에서 본 벌과 개미와 마찬가지로 경로 통합을 사용한다는 것을 보여주었다.

이 실험은 아름답고 우아하다. 갯가재는 시야를 조작할 수 있도록 가상의 굴이 있는 필드에 놓인다. 예를 들어, 태양을 가리기 위해 판자가 사용되거나 태양의 위치를 이동시키기 위해 거울이 사용된다. 태양이 가려져 있을 때도 집으로 가는 경로는 여전히 옳으며, 이것은 갯가재가 다른 단서를 사용할 수 있다는 것을 보여준다. 그러나 태양의 위치가 거울로 반전될 때, 갯가재는 태양을 따라 반대 방향으로 이동한다. 인공 '하늘'의 광선 이등분화 패턴을 회전시킴으로써 비슷한 결과가 나왔다. 태양이나 하늘이 있는 경우, 갯가재는 내적 나침반, 가시적인 랜드마크에 대한 기억 등 내성 단서를 사용할 것이다. 실제로 단서에는 순서가 있다. 먼저, 태양을 사용하려고 노력한다. 태양이 없으면 광선 이등분화 패턴을 사용하며, 그것이 불가능하면 내부에서 생성된 것을 포함해 자신이 가진 모든 단서를 사용한다. 그것 중 아무것도 작동하지 않을 때, 그들은 특별한 눈으로 볼 수 있는 랜드마크를 사용한다.[37] 갯가재의 뇌 구조는 곤충과 놀랍게도 매우 유사하며, 집으로 가는 경로를 계산하는 방식도 매우 비슷할 것이다.

◈ 달팽이의 셈

달팽이의 셈 능력을 테스트하려면 독창성과 인내가 많이 필요하며, 파도바대학교의 두 과학자는 지중해 연안의 모래언덕달팽이*Theba pisana*를 테스트할 때도 마찬가지였다.

> 이 달팽이의 서식지는 드문 식물, 그리고 이 종이 감내할 수 있는 온도를 크게 웃도는 주간 토양 온도가 특징이다. 맑은 날에는 모래 온도가 75°C에 이를 수 있으며, 이는 열 감내 한계를 크게 벗어나기 때문에 달팽이는 생존하기 위해 매일 새벽에 드물다는 키 큰 허브 중 하나를 찾아 올라가서 낮 동안 이 고립된 피난처에 머문다.[38]

비사차와 가토는 달팽이가 피난처가 더 많은 쪽을 선호할 것으로 추측하고, 선택지 간의 차이를 구별하는 그들의 능력을 테스트하기로 했다.

실험 설정에서 피난처는 수직선으로 다양하게 표현되었고, 선택은 매우 쉬운 것(4 대 1)에서 매우 어려운 것(5 대 4), 그리고 매우 어려운 것 중에서도 동물 대부분이 해내지 못한 것(6 대 5)까지 있었다. 달팽이가 여러 선의 총면적을 활용하는지 확인하기 위해 두 번째 실험에서는 동일한 비율의 검은 정사각형을 선택하는 능력을 테스트했다. 후자의 경우 달팽이는 가장 쉬운 비율만 처리할 수 있었다. 다양한 통제가 별도 실험에서 이루어졌다.

비사차와 가토의 결론에 따르면, 원숭이와 몇몇 다른 척추동물들(침팬지, 레서스원숭이, 비둘기 등)만이 이산 수량을 더 정확하게 구별했고, 다른 많은 종은 산술적 감각이 훨씬 낮았다(붉은등살라만더는 2 대 3, 말은 2 대 3, 엔젤피시는 2 대 3). 따라서 달팽이는 이 책에 기록된 동물 중에서도 뇌가 아주 작고, 1~2만 개의 뉴런만 가졌음에도 불구하고 산술에서는 일종의 챔피언이다.

◈ 무척추동물은 수를 셀 수 있는가?

내가 지금까지 설명한 동물 중에서 가장 큰 뇌를 가진 동물 중 하나인 해삼은 가장 적게 연구된 동물 중 하나다. 지금까지 알려진 정보로는 해삼은 새우의 수량을 다섯 마리까지 구별할 수 있다. 다섯이 넘는 능력에 대해서는 아무것도 알려지지 않았으며, 매치 투 샘플 테스트는 없었고, 단순히 수량을 비교하는 테스트만 있었다. 셈한 결과가 실제로 그것이라면, 계산도 할 수 있는지는 아직 확립되지 않았다.

거미 또한 겨의 실험되지 않았지만, 그들은 자신의 거미줄에 있는 먹이의 마릿수를 최소한 네 개까지 기억할 수 있다. 이 능력은 먹이를 훔치는 다른 거미들에 의해 그들의 식량 창고가 약탈당할 때라야 사용되는 것으로 보인다. 거미가 셈을 어떻게 응용하는지는 그들이 셀 수 있는 것, 그들이 세고 싶은 것이라는 측면 모두에 있어 알려진 것이 거의 없다. 거미가 셈하고 계산할 수 있는지는 아직 알려지지 않았다.

개미들의 산술 능력에 관한 연구는 상대적으로 적다. 그들은 추상적인 모양의 개수를 일치시키고 수에 하나를 더할 수 있는 것으로 보인다. 이 능력이 야생에서 어떻게 사용되는지는 알려지지 않았다. 알려진 것은 사막개미의 한 종류가 둥지와 먹이 사이의 거리를 계산하기 위해 수천 걸음을 센다는 것이다. 따라서 개미의 수 세기 결과는 계산에 적용될 수 있으며, 실제로 계산되기도 한다.

아마도 동물 왕국에서 우리를 제외하고 벌은 어떤 식으로든 8자 춤을 통해 먹이에서 벌집까지의 거리를 나타내는 방식으로 수적 정보를 상징적으로 전달하는 유일한 동물로서 가장 흥미롭다. 이를 위해 그들은 거리를 계산했을 것이며, 계산 방법의 하나는 랜드마크를 계산하는 것이다.

벌들은 집에서 먹이까지의 경로를 그리기만 하는 데에도 기본적으로 수로 된 계산이 필요하다. 다시 말해, 여기서 내 모델은 구글 지도로, 새의 항법에 대해 논할 때와 마찬가지다. 그 안에는 지도가 숫자와 방향의 배열로 저장되며, 방향은 그 수에 관한 계산 결과다. 이것은 현재 위치를 제공하고 벌에게 집으로 돌아가는 '직선거리'를 계산할 수 있게 한다. 이러한 계산은 방향과 거리의 오차와 함께 제공될 수 있지만 보통 벌을 집 가까이 이끌기에 충분하다.

아마도 보이는 랜드마크와 냄새가 집의 정확한 위치를 찾을 때 필요할 것이다. 구글 지도는 랜드마크 정보(레스토랑 및 주유소와 같은)와 거리뷰를 포함하며 매우 상세하다. 나에게 문제는 벌의 뇌에 지도가 있는지가 아니라 그것이 얼마나 자세하고 완전한지다. 그것은 단지 먹이 장소(레스토랑)로 돌아가기 위한 주요 벡터를 저장하고 집의 입구와 같은 랜드마크(선택된 스트리트뷰), 집으로 가는 가장 짧은 경로를 위한 계산을 기억하는 것일까?

실험에서 벌들은 또한 작은 수에 대한 샘플을 일치시키고, 신호가 제공되면 하나를 더하거나 빼는 법을 배울 수 있다.

1장에서 설명한 간단한 누산기 메커니즘은 이러한 작업을 수행할 수 있다. 누산기 메커니즘은 세 가지 구성 요소로 구성된다. 그것은 누산기 자체, 각 누산기마다 최종 셈한 결과를 저장하는 메모리, 그리고 셈할 대상 또는 사건을 식별하는 선택자다. 누산기는 연속적인 양으로부터 입력을 저장할 수 있지만, 메모리로의 출력은 이산 객체나 사건을 셈한 '공통 통화(화폐)' 형태여야 하며, 이를 통해 빈도와 확률을 계산할 수 있다. 종 간의 주요 차이는, 내가 주장했듯이, 무엇을 세어야 하는지에 대한 차이이며, 셈하는 메커니즘 자체에 대한 차이가 아니다.

갯가재는 태양의 방위각을 활용하거나 흐린 날씨에는 태양에서 나오는 편광된 빛의 패턴과 같은 외부 단서를 써서 방향을 알고 직선 거리를 계산할 수 있다.

무엇을 세어야 하는지는 각 종에게 중요한 것에 따라 다를 것이지만, 먹이, 짝짓기 및 죽음 중 하나 이상일 가능성이 크다. 생물체가 배고플 때는 먹이가 선택될 것이고, 번식 시기에는 짝짓기가 선택될 것이며, 경쟁자나 포식자와의 갈등에서는 죽음을 피하는 것이 다른 고려 사항을 압도할 것이다. 예를 들어 모래 달팽이의 경우 뜨거운 모래로부터 멀리 떨어지는 것이 우선이다.

벌과 개미의 경우, 둘 다 둥지에서 먹이의 거리와 방향이 중요하다. 일꾼들은 둘 다 생식이 불가능한 암컷이므로 성별은 관련이 없으며, 일꾼들은 보통 집단의 이익을 위해 희생할 준비가 되어 있으므로 개체의 생존을 피하는 것이 우선 순위가 아닐 수 있다. 수컷 딱정벌레에게는 수컷 경쟁자를 세는 누산기가 있으며, 성별 및 번식과 관련이 있다. 매미에게는 누산기가 나무 수액의 계절적 변화를 세며, 성과 관련이 있다. 수컷과 암컷은 번식을 위해 지하에서 동시에 나와야 한다. 그러나 이것은 또한 죽음과 관련이 있다. 소수 주기를 사용하여 포식자를 피할 확률을 낮춘다. 우리는 갑오징어를 포함한 대부분 무척추동물의 셈, 번식과 죽음에 대한 정보를 알지 못한다. 오직 먹이에 대한 정보만 알고 있다. 벌과 기타 무척추동물의 뇌에서 어떻게 그것이 구현되는지는 아직 밝혀지지 않았다.

그래서 큰 뇌가 더 좋은가? 셈에서는 그렇지 않다. 누산기는 가장 작은 뇌에 맞출 수 있는 작은 시스템이므로 개미와 달팽이조차도 셈할 수 있다. 더 큰 뇌는 다양한 유형의 대상을 더 많이 세는 것을 가능하게 하며, 이것이 선택자의 기능이다.

10장

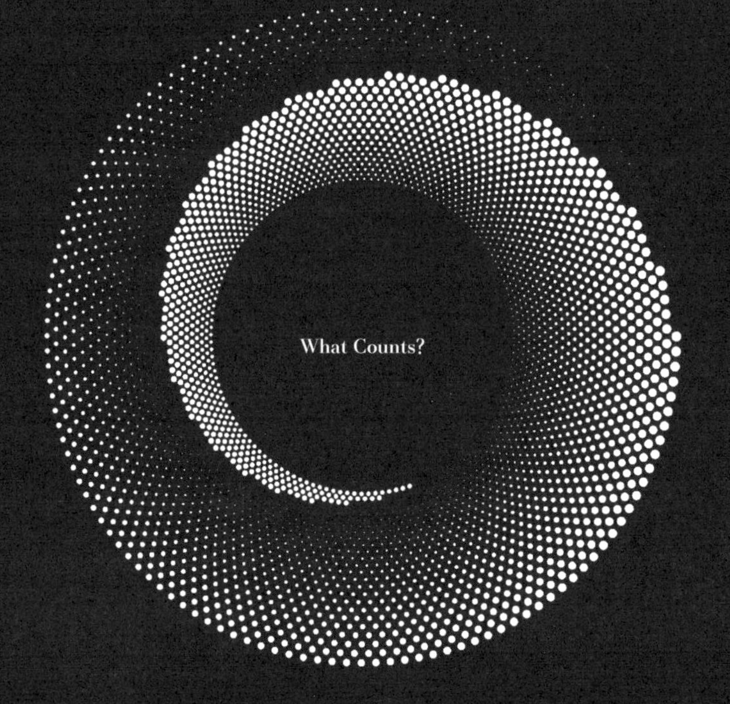

누가 수를 셀까?

Can fish count?

보통 사람들은 셈을 떠올릴 때 의도적이고 목적이 있고 의식적이며 일반적으로 셈하는 단어를 동반하는 과정을 생각한다. 이 정의는 대부분의 동물 연구, 어쩌면 모든 동물 연구를 배제한다. 그들은 앵무새 알렉스를 제외하면 셈하는 단어를 가지고 있지 않으며(6장 참조), 말로 보고되지 않으면 산술 평가가 의도적인 것인지 아니면 단순히 세상을 색깔로 본 것처럼 자동적인 것인지 구분하기 어렵다. 목적성은 또 다른 수수께끼일 수 있다. 작은 물고기의 무리를 짓는 것과 수적으로 밀릴 때 후퇴하는 것은 분명한 적응이지만, 물고기가 목적을 갖고 행동하는 것일까? 인간이 아닌 동물이 의식적인지에 대한 질문은 더 어려운 수수께끼다. 우리는 원숭이, 반려동물, 어쩌면 새에 의식을 할당할 수 있을지도 모르지만, 곤충이나 물고기에게는 그럴 의향이 생기지 않는다.

그래서 우리는 말하는 인간들이 어떻게 수를 세는지는 잊고, 대신 다른 생명체가 환경에서 산술 정보를 추출하는 방법에 중점을 둘 것이다. 이것은 '우주의 언어를 이해하는 것' 또는 적어도 집합과 그 크기에 관련된 작지만, 근본적인 언어에 관한 것이다. 이것은 내가 주장한 바와 같이 먹이, 번식, 경쟁 및 길 찾기를 위해 적응하는 방법이다.

셈에 관한 우리의 진화에 대한 조사는 1장에서 제시된 두 가지 지침 원칙에 따라 진행되었다. 여기서 나는 갈리스텔의 제안을 따랐으며, 동물 또는 인간이 실제로 뇌에서 숫자를 표현할 수 있는 능력이 있는지 평가하기 위한 것이었다.[1] 그는 두 가지 기준을 제시했는데, 그중 하나는 동물이 수를 집합의 특성으로써 나타낼 수 있는지, 그 집합을 구성하는 항목의 특성과 분리할 수 있는지였다.

그와 나, 그리고 수많은 철학자에게 수는 집합의 추상적인 특성이다. 철학자 마르쿠스 지아퀸토는 수를 집합의 크기라고 명시적으로 정의한다. 따라서 3개의 사과, 3번의 종소리 또는 3번의 키스는 항목 간에 공통점이 없더라도 동일한 집합 크기를 갖는다.[2] 우리가 본 바와 같이 선구자인 오토 코엘러를 뒤따라 연구자들은 동물이 집합을 구성하는 항목들의 비산술적 수단을 사용하여 실험과제를 해결할 수 없도록 하려고 애써왔다. 예를 들어 각 항목이 차지하는 부피나 면적과 같은 다른 시각적 특성 또는 냄새 등이 그것이다. 비록 자연에서는 이러한 다른 차원의 문제가 수량과 동시에 나타나지만 말이다. 일부 실험은 동물에게 차례로 제시된 항목을 추적하도록 요구하는데, 예를 들어 어떤 것이 바구니 또는 화면 뒤로 사라지는 경우다. 이렇게 특히나 영리한 실험에서는 항목의 나열로 제시된 집합이 한 번에 모든 항목이 제시되는 디스플레이의 수와 일치해야 한다. 코엘러가 새를 데

리고 한 실험에서 한 것처럼 말이다.[3]

우리 인간들은 거의 모든 것을 세어볼 수 있지만, 그렇다고 인간이 아닌 동물이 어떤 물체나 사건, 또는 행동을 세거나 시각, 청각 또는 행동 감각과 일치시킬 수 있다는 말은 아니다. 그들은 주로 생존과 번식에 관련된 항목만 자발적으로 셈하는데, 비록 그들이 하나 또는 몇 가지 유형의 물체를 세는 데에만 성공하더라도 동물의 셈을 배제해서는 안 된다는 것을 의미한다. 그들은 그들이 셀 수 있는 물체의 특징들을 추상화하고 있다. 꽃잎을 세는 벌은 특정 위치와 배경에 있는 특정 꽃을 추상화하고 있다. 그리고 내가 묘사한 동물들은 비자연적인 객체(예: 점들의 배열)를 세거나, 야생에서 하지 않아도 될 행동(예: 레버 누르기)을 학습할 수 있지만, 보통 어렵고 오랜 훈련을 거친 후에야 그렇게 된다.

야생에서는 집합의 항목 수를 세는 데에 그치는 것만으로는 충분하지 않다. 동물은 셈한 결과를 유용하게 활용할 수 있어야 한다. 계산할 수 있어야 한다는 뜻이다. 즉, 갈리스텔이 '조합 연산combinatorial operation'이라고 부른 특정 형태를 해내야 하는데, 이는 수 체계를 정의하는 산술 연산(=, <, +, −, ×, ÷)과 동일한isomorphic 형태다.

대부분의 동물 연구는 우리가 보았듯이 동물이 주로 집합의 크기를 나타낼 수 있음을 증명하기 위해 시작되었으며, 대부분의 연구에서 세 가지 산술 연산(=, <, >)을 묵시적으로 사용한다. 동물들에게 두 개의 집합 중 어떤 것의 수량이 더 큰지, 또는 드물긴 하지만 어떤 것의 수량이 더 작은지를 결정하는 과제를 부여한다. 암시적으로 사용되는 연산은 < 또는 >다. 다른 패러다임인 매치 투 샘플은 샘플과 일치하는 집합을 찾는 과제가 동물에게 부여되며, 이것은 =을 의미한다. 연구실에서는 이 외 다른 산술 연산을 테스트하는 일은 드물었다.

◈ 우리도 갖고 다른 동물들도 가진 것

이 책에서 나는 인간과 다른 연구 대상 동물들이 뇌에 누산기 메커니즘을 가지고 있다고 주장했다. 이것은 많은 뇌세포가 필요하지 않은 작은 메커니즘이며, 퉁가라개구리의 경우 로즈가 보여주었으며(237쪽 참조), 치트카가 시연한 것처럼 모델링 하기 위해서는 4가지 요소가 필요하다(308쪽 참조). 이 작고 효율적인 메커니즘이 모든 뇌에서 동일한 디자인으로 구성되기 때문에 뇌는 누산기를 하나 이상 가질 수 있다. 예를 들어, 벌의 뇌는 벌집에서 먹이까지의 거리를 추정하는 데 도움이 되는 랜드마크를 계산하기 위한 누산기 하나와 가장 가능성이 높은 먹이로 가기 위해 꽃의 꽃잎을 세는 데 사용되는 누산기를 하나 더 가질 수 있다.

누산기를 처음 제안한 워렌 메크, 러셀 처치, 존 기번은 누산기가 두 가지 모드에서 작동할 수 있다고 했다. 하나는 객체와 사건을 세는 데 사용되고, 다른 하나는 기간을 측정하는 데 사용된다. 누산기의 복제품이 있는 경우, 하나는 수량을 전달하고 다른 하나는 기간을 측정하기 위해 사용될 것이다. 이 경우, 두 누산기는 비율이나 확률(기간/수량)을 계산하기 위해 공통 언어로 통신해야 한다.

다중 누산기는 동물의 수 개념의 본질적인 추상성을 제한하지만 그렇다고 완전히 제거하지는 않는다. 벌의 경우, 각 랜드마크 집합은 다른 객체를 포함할 수 있다. 즉, 위치와 배경을 포함해서 꽃은 어떤 면에서는 유일할 것이다.

뇌세포와 경험 요소가 더 많이 필요한 누산기 시스템의 구성 요소 중 하나는 세어야 할 객체 또는 사건을 결정하는 선택자다. 1장에서 양과 염소의 수를 비교하는 과제를 상상했다. 이것은 적어도 나에게는 꽤 어려운 문제다. 양과 염소는 네 발 달린, 털이 있는 초원 동물로, 크기도 비슷하며 때로는 같은 울타리를 공유하기도 하고 각각 종과 품종이 많다. 선택자는 양과 염소에 대해 상당히 많은 것을 알아야 하며, 이러한 지식은 뇌 자원을 많이 소모한다.

전체적인 인간 방식의 셈을 하기 위해서는 먼저 사과와 종소리 및 키스를 식별한 뒤, 세 개의 사과, 세 번의 종소리 또는 세 번의 키스가 단일 누산기를 따라 흘러가거나 또는 조직화된 누산기를 따르는 경로를 지정하게 해야 한다. 그래서 최소한 사과, 종소리 및 키스의 수를 평가하고 비교할 수 있게 해야 한다.

뇌의 누산기 메커니즘은 더 많은 객체 또는 사건을 경험함에 따라 더 많이 반응한다. 이러한 메커니즘에 대한 일부 증거가 앞서 설명한 바와 같이 인간,[4] 원숭이[5], 고양이[6]의 두정엽에서 관찰되었다.

인간의 수량 처리 모델은 일반적으로 누산기 구성 요소를 포함한다.[7] 내 예전 학생이자 현재는 유럽에서 가장 창의적인 수 연구실 중 하나를 이끄는 연구자 마르코 조르지와 함께 우리는 수 처리의 신경 네트워크 모델을 제안하고 이 시스템이 '상속된inherited' 누산기를 가지고 있다는 아이디어를 검증한 연구를 수행했다. 우리의 연구와 그 이후에 마르코 조르지, 카를로 우밀타, 이빌린 스토이아노프가 파도바대학교에서 수행한 작업에서 이 접근법은 인간이 수량 비교, 기호 계산 및 수량 점화 작업에서 보여준 정확도와 시간 데이터를 매우 정확하게 모델링 할 수 있었다.[8] 이와 비슷하지만 상속된 구성 요소가 없는 모델은 인간 데이터를 모델링 하지 못했다.

다음은 조르지, 스토이아노프 및 우밀타에 의해 개발된 모델의 개요다. 이 모델은 간단한 누산기 유형의 메커니즘을 구현하여, 예를 들어 점 패턴에서 세는 각 항목이 수량 노드에 하나의 단위를 추가한다. 다섯 가지 그리고 세 가지 구성 요소는 두 개의 누산기에서의 상대적

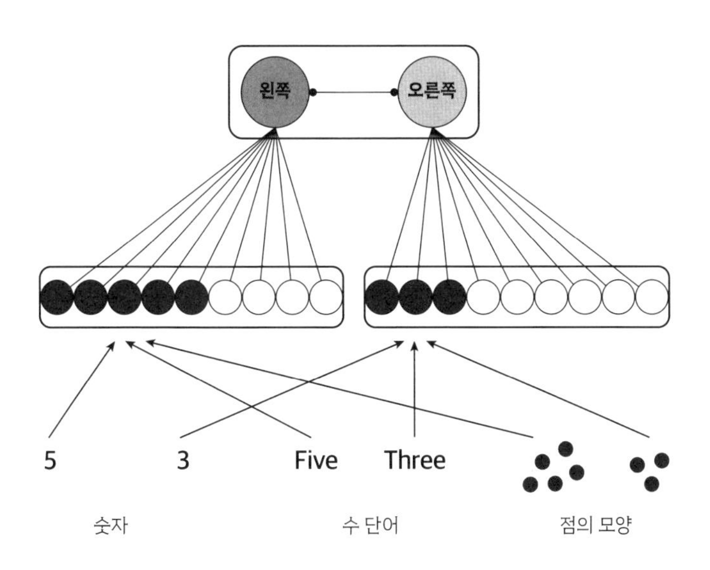

▲ 〈그림 1〉 수 비교를 위한 기본 모델. '수량 코드'는 수 크기를 활성화된 단위 수로 간단하게 나타낸다(누산기와 동등함). 이러한 노드는 경쟁적 상호 작용(측면 억제)을 통한 두 가지 가능한 응답(왼쪽 또는 오른쪽)을 활성화하며, 이 모델은 수와 단어 또는 점 패턴을 비교하는 기본 반응 시간 데이터를 설명한다.[8]

인 수준과 같으며, 여덟 가지 구성 요소는 다섯과 세 구성 요소의 간단한 선형 합계다. 이 모델에서는 누산기 덧셈에 더 가까운 근사를 만들기 위해 필요한 '스칼라 가변성', 즉 노이즈의 명시적 표현이 없다. 대신에 의사 결정 과정이 노이즈를 포함하고 있다.

우리는 또한 이 모델을 이전에 수집한 단일 자릿수 덧셈 반응 시간 데이터를 모델링하는 데 사용했다.

〈그림 2〉의 모델은 1+1부터 9+9까지 모든 단일 자릿수 덧셈에 대

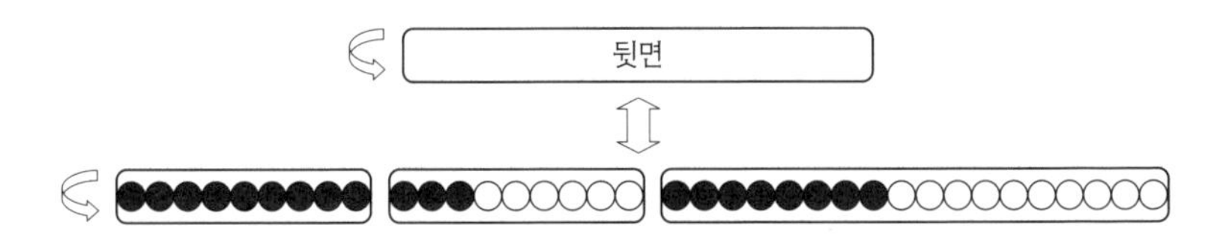

▲ 〈그림 2〉 연상 기억 네트워크에서의 덧셈 학습. 이 모델에서 숫자 5, 3, 8은 수량 노드로 해석된다. 시스템은 5, 3, 8 사이의 관계에 걸쳐 순환하며 익숙하고 올바른 상태 5+3=8로 정착한다.[8]

해 잘 알려진 인간의 반응 시간 데이터를 매우 정확하게 모델링 했다. 이는 '문제 크기 효과(더 큰 합을 갖는 문제에 대한 답변에 더 오랜 시간이 걸림)' 및 '동등 효과(같은 합에 대해 숫자가 같으면 반응 시간이 더 짧음, 예: 3+3은 4+2보다 빠름)'와 같은 현상을 포함한다.

마르코와 나는 그 후 돌로미트에 있는 그의 집에서 매우 행복한 일주일을 보냈다. 이동 버전 모델을 더 상세한 버전으로 개발하고, 우리와 다른 사람들이 이전에 수집한 인간 데이터에 더 정확하게 맞추기 위해 노력했으며, 누산기 형식의 수량 코드 없이는 모델이 이러한

데이터에 맞지 않았음을 입증했다. 아쉽게도 논문은 아직 우리 컴퓨터에 남아 있다. 언젠가 빛을 보게 될지 모르겠다.

또한 원숭이 뇌에는 누산기처럼 작동하지 않는 뉴런도 있다. 이 뉴런들은 특정한 수량에 대해 최대로 응답한다. 예를 들어, 다섯 개의 객체에 최대로 응답하는 뉴런이 있는데 네 개 또는 여섯 개의 객체에 대해서는 덜 강하게 응답한다. 이러한 뉴런은 안드레아스 니더가 MIT에서 얼 밀러 연구실에서 일할 때 처음으로 발견했으며, 현재는 튀빙겐대학교에서 연구하고 있다. 그는 원숭이 전두엽과 인간의 측두엽의 유사한 위치에서 뉴런을 발견했다.[9]

인공 지능 및 기계 학습 모델과 유사한 컴퓨터 모델은 누산기 레이어(합산 필드summation field라고 부름)를 제안하며, 이 레이어는 니더의 수 뉴런과 유사하게 작동하는 요소를 가진 레이어로 이어진다.[10] 다른 접근법은 누산기에서 수준을 보정하고 높이를 세는 단어와 연결한다.[11]

조르지, 스토니아노프 그리고 우밀타는 그들의 모델을 사용하여 계산 곤란증, 즉 뇌 손상으로 인한 성인의 산술 능력 저하를 탐구했다. 이 모델은 수량 코드와 기호 코드를 포함하므로 네트워크는 수량 코드 간의 연결(다섯 점 문자열과 세 점 문자열을 더해서 여덟 점 문자열을 얻는 것)을 학습했다. 또 숫자 5, 3, 8 사이의 기호 간 연결도 학습했다. 훈련된 네트워크는 두 합을 제시할 때 올바른 합계를 생성하는 데 98%의 정확도를 보였으며, 문제 크기 효과를 나타냈다. 그런 다음, 훈련된 네트워크에서 수량 코드 또는 기호 코드 중 하나를 임의로 손상시켰으며, 수량 코드 또는 기호 코드 사이의 연결 중 20%, 50%, 또는 80%를 임의로 제거했다.

결과는 매우 명확했다. 수량 코드에 대한 손상이 성능에 훨씬 더 큰 영향을 미쳤으며, 기호 코드에 대한 손상은 매우 작은 영향만 미쳤다. 20%의 연결을 제거하더라도 성능이 60% 하락한 반면, 기호적 연결을 제거한 효과는 미미했다.[12]

이는 네트워크가 수량에 대한 산술을 어떻게 '이해'하는지가 중요하며, 해석되지 않은 기호 사이의 연결을 단순히 암기하는 것은 좋은 아이디어가 아님을 시사한다. 물론, 이 모델이 인간의 덧셈 사실 기억을 잘 표현한 경우임을 가정했을 때 이야기다.

이 결과는 간접적으로 동물 능력과 관련이 있다. 누산기 유형의 시스템에서의 수량 코드는 적어도 덧셈에서 중요하다.

계산 곤란증은 획득된 유형과 다르다. 이것은 산술 능력의 정상적인 발달을 방해하며, 모델에서 나타난 수량 코드 누산기와 매우 유사한 것에 대한 '핵심 결함'으로 인한 것이다. 예를 들어 환자가 덧셈을 배우기가 매우 어렵다는 것을 의미한다.

왜냐하면, 그들은 수에 대한 중요한 수량 표현을 갖고 있지 않기 때문이다.[13] 이것은 태어날 때부터 존재하며 성인기까지 계속되고, 다른 인지 능력이나 장애와는 상당히 독립적이며 아마도 수학의 다른 측면의 능력과도 독립적일 것이다. 이것은 운이 나빴거나 유전적 이상이라 할 수 있는 색맹과 꽤 비슷한 형태라고 생각할 수 있다. 위쪽 신호등이 빨간색이고 아래쪽 신호등이 녹색임을 배우는 것과 같이 보상 전략을 개발할 수 있다.

현재, 색맹의 유전학에 대해 많은 것을 알고 있지만, 계산 곤란증의 유전에 대해서는 알려진 것이 많지 않다. 단, 많은 경우에 유전적 요인이 크다고 한다. 어떤 개별 동물들도 계산 곤란증을 가질 수 있다. 예를 들어, 수량 판별과 수량 일치 테스트에서 꽤 뛰어나다. 그러나 우리의 실험에서 일부 개별 구피는 다른 구피보다 일관되게 더 못했다.[14] 현재 우리는 이러한 차이의 유전학적 기초를 조사하고 있다.

많은 동물이 사냥하거나 번식하거나 알을 낳거나 겨울을 견디기 위해 상당한 거리를 이동한다. 나는 많은 동물이 자신의 환경에 대한 인지 지도를 가지고 있으며, 환경에서 움직이는 모든 동물은 방향과 거리를 포함한 계산을 수행해야 하며, 이 계산은 지도를 포함한다고 주장했다. 마치 인간 항해사들이 나침반, 크로노미터(속도, 시간 및 거리 측정을 위한 장치), 지도에 의존하여 자신이 어디에 있는지, 어디에서 왔는지 및 어디로 가고 있는지를 나타내는 것과 마찬가지로, 이러한 계산은 숫자를 통해 이루어진다. 다른 방법은 없다.

쥐가 인지 지도를 가지고 있다는 아이디어는 1948년에 에드워드 톨먼에 의해 처음 제안되었다. 이 논문은 주요 심리학 저널인 《심리학 리뷰Psychological Review》에 게재되었지만, 혁신적인 제안일뿐만 아니라 개인적이고 매력적인 방식으로 작성되었으며, 현재의 편집자에게는 적합하지 않을 것이라고 확신한다.[15] 예를 들어, 그는 다음과 같이 실험을 소개한다.

> 실험은 대학원생(또는 저임금 연구 보조 연구원)들에 의해 시행되었으며, 이들은 아마도 나로부터 몇 가지 아이디어를 얻었을 것이다. 그리고 아주 적은 수의 실험은 실제로 내가 직접 수행했다. 전형적인 실험에서는 배고픈 쥐가 미로 입구에 놓이고, 이제 마지막

> 으로 먹이 상자에 도착하여 먹이를 먹을 때까지 다양한 경로 일부와 막다른 골목을 헤매게 된다.

쥐가 미로를 배우면서 먹이 보상을 찾는 것이 더 효율적이며, 알려진 막다른 골목을 피하려고 할 때, 쥐가 다른 위치에서 시작하더라도 그렇다는 점을 발견했다.

> 미로에 대한 정보는 '중앙 사무실'이 수신하며 그것은 구식 전화 교환보다는 지도 제어실과 더 닮았다. 허용된 자극은 반응에 단순한 일대일 스위치로 연결되는 것이 아니다[그 당시 행동주의자들이 사랑한 자극-반응 연결]. 오히려 들어오는 자극은 대개 중앙 제어실에서 처리되고 확장되어 환경과 유사한 인지적 지도처럼 작동한다. 그리고 최종적으로 동물이 어떤 반응을 보일지를 결정하는 것은 이러한 임시 지도인데 경로 및 환경 관계를 나타낸다.[15]

그는 쥐를 사용한 미로와 보상의 다양한 조작의 인간에 대한 함의를 일반적인 톨만식 방식으로 결론짓는다. '내 주장은 간단하고 거만하며 독단적일 것입니다'. 하지만 현재의 저자라면 이것을 그대로 표현하기 어려울 것이라고 생각한다. 그러나 그럼에도 불구하고 저자는 그의 독특한 스타일과 흥미로운 연구 내용으로 기억되고 있다.

그러니까 우리는 결국 아이들과 우리 자신을 (친절한 실험자처럼) 적당한 동기부여와 불필요한 좌절감의 부재의 최적 조건에 놓아야 할 것이다. 인간 세계인 신의 지도 앞에 우리가 놓일 때마다 그렇게 해야 할 것이다. 나는 우리가 이것을 할 수 있을지, 허용될지 예측할 수 없지만 그렇게 할 수 있고 허용된 한 우리에게 희망의 이유가 있다.[15]

포유류가 인지 지도를 가지고 있다는 것은 더는 논쟁의 여지가 없다. 우리는 하늘 나침반이나 지구의 자기장과 같은 방향을 그려내는 방법에 대한 아이디어를 어느 정도 가지고 있으며 때로는 둘 다 사용한다. 노벨 생리의학상 수상자인 UCL의 존 오키프, 노르웨이 과학기술대학교의 에드바르드 모세르와 마이브리트 모세르 부부의 연구를 통해 이를 구현하는 뉴런 메커니즘에 대한 아주 좋은 아이디어를 얻을 수 있었다.

쥐는 그들의 인지 지도를 암호화하기 위한 두 가지 뇌 시스템을 태어날 때부터 가지고 있다. 해마의 장소 세포grid cell는 고유한 환경에서 고유한 위치를 암호화한다.[16] 격자 세포Grid cells는 인접한 내후각 뇌피질은 동물이 외부 랜드마크를 참고해 움직이고 경로 통합을 계산하기 위해 방향과 거리 정보를 제공할 때 활성화된다.[17] 이러한 종류의 세포는 다른 지도와 지역적인 특징도 암호화한다. 예를 들어, 먹이 냄새 - '여기에 먹이가 있다'와 같은 것이다. 이러한 지도는 지속적으로 업데이트되며 한 번에 다른 스케일과 다른 장소에 대한 여러 지도가 쥐의 뇌에 포함될 것이다. 이론가들은 현재 공간 방향과 관련하여 장소 세포와 격자 세포의 활동을 모델링하고 있다. 0과 1까지 숫자를 사용해서 디지털 컴퓨터를 프로그래밍함으로써 그렇게 하고 있다.

철학자 블레즈 파스칼(1623~1662)과 임마누엘 칸트(1724~1804)는 공간, 시간, 운동, 수의 원리가 인간에게 선천적으로 갖추어져 있다고 제안했으며, 지금은 선천적 또는 유전적으로 갖추어져 있다고 할 것이다. 신경과학자 스탠리슬라스 데안과 엘리자베스 브랜넌은 '임마누엘 칸트나 블레즈 파스칼이 오늘날에 태어났다면 아마도 인지 뇌과학자가 될 것'이라고 선언했다.[18]

해마와 내후각 뇌피질는 포유류 뇌에서 발견되므로 비포유류 동물도 인지 지도를 가지고 있는지에 대한 질문이 제기된다. 6장에서는 이주하는 새들의 놀라운 길 찾기가 인지 지도가 있어야만 가능하다고 주장했고, 7장에서는 이주하는 바다거북도 그렇다고 제안했다. 새와 파충류는 포유류의 해마 및 뇌피질과 기능적으로 동등한 뇌 구조를 가지고 있다고 제안했다. 그래서 아마도 이러한 구조가 인지 지도를 구현할 수 있다고 제안하는 것은 그리 어렵지 않을 수 있다. 그러나 곤충의 경우 경로 찾기 - 경로 통합 - 에 대한 의존성은 훨씬 논란이 많다. 형태와 뇌 구조가 무척 다른 동물이다. 물론 새, 쥐, 인간은 모두 무척추 조상에서 진화했으므로 아마도 무척추동물의 신경 구조가 포유류 지도 시스템으로 진화했다는 가정은 그리 무리는 아닐 것이다.

◈ 우리는 가졌지만 다른 동물들에겐 없는 것

작가 장 아우엘이 네안데르탈인의 생활을 상상하면서 구조적으로 현대인인 5세 소녀 아일라Ayla 와 그들 사이의 핵심적인 인지 차이점을 기록했다. '수는 동족의 사람들에게 이해하기 어려운 개념이었다. 대부분은 3 이상을 생각할 수 없었다. 너, 나, 그리고 다른 누군가가 전부였다. 이것은 지능의 문제가 아니었다'.[19] 하지만 아일라는 즉시 탤리 집계의 수와 그 위의 손가락 수가 동일하며 여성이 될 때까지의 연령을 계산하기 위해 손가락을 사용할 수 있었다. 그녀의 스승이자 모든 부족에서 가장 위대한 마술사는 '요컨대 여자아이로서 그런 결론을 이렇게 쉽게 내리는 것은 상상하기 어려웠다'고 말했다. 나는 아우엘이 버트런드 러셀의 『수학 철학 입문』(1919)[20]을 읽었는지 모르지만, 그 책에서 러셀은 '두 마리의 꿩과 두 날짜'가 둘 다 수 2의 사례임을 발견하는 데 오랜 시간이 걸렸을 것이라고 썼다. 이러한 추상화의 정도는 결코 쉽지 않다고 했다. 따라서 네안데르탈인들은 아마도 아직 이러한 추상화 수준에 도달하지 못했을 것이다.

아우엘의 소설 『동굴 곰족』은 과학이 아니지만, 그 당시 1980년대의 과학에 깊이 영향을 받았으며 실제로는 그 이후에 나올 과학을 예견했다. 아우엘의 네안데르탈족은 하에클의 '*Homo stupidus*'가 아니라 숙련된 공구 제작자로서 정교한 손짓 언어, 복잡한 신화와 의식을 가졌지만 그들의 발음기관에 기인한 언어는 제한됐다고 말했다. 그들은 해부학적으로 '다른 사람'이며 현대인인 인간들과 상호 작용하며 가끔 결혼도 했다. 아우엘은 이 소설에서 그들이 각각의 막대와 함께 세는 단어를 가지고 있을 수도 있다고 언급한다. 따라서 나는 셈 기술의 부족이 우리의 가까운 친척들이 사라진 이유를 설명하지는 않을 거로 생각한다.

사람들이 소리 내서 세어보지 않을 때, 그들은 다른 동물과 마찬가지로 행동한다. 2장에서 언급한 예 중 하나는 'the'를 최대한 빠르게 반복하면서 주어진 횟수만큼 키를 눌러야 하는 경우다. 그들의 오류

분포는 마우스와 놀랍게도 유사하며(다만 마우스는 'the'를 반복하지 않는다), 오류는 '스칼라 변동성'을 보인다. 즉, 오류의 수와 크기는 목표 수에 비례하여 증가한다. 수가 클수록 오류가 더 많고 크다. 그러나 사람 참가자들이 말로 세어보도록 허용하면 오류 패턴이 변경된다. 이제 변동성은 주어진 목표의 평균의 제곱근에 비례한다('이항 변동성').[21]

이것은 말이 된다. 'the'를 반복해서 말로 세어보지 않을 때, 사람은 스칼라 변동성을 가진 누산기에만 의존하며(1장 참조), 말로 세어보도록 허용하면 셈을 놓치거나 물체를 중복으로 세어 버릴 때 오류가 발생하며, 목표 수가 클수록 이러한 오류 확률이 더 높아지므로 이항 변동성이 나타난다.

세는 단어는 사람들에게 계산 오류를 줄이는 것 외에도 다른 이점을 제공한다. 예를 들어 더 큰 집합의 크기를 비교할 때 두 개의 축적기 수준을 비교하는 것과 비교해 더 정밀한 차이를 만들어낸다. 예를 들어, '서른셋' 대 '서른넷'과 같다. 둘째, 장기간 셈 결과를 기억하기에 효과적인 방법을 제공한다. 정확한 수를 나타내는 '서른넷'이라는 단어를 기억할 수 있다. 노이즈가 많은 누산기 높이가 아니다. 세 번째로, 세는 단어를 새로 생성하기 위한 적절한 규칙을 사용하면 필요한 만큼 높은 수를 셀 수 있다.

놈 촘스키와 그의 동료들은 사람들이 순환을 위한 계산 메커니즘을 독특하게 갖추고 있으며, 이것이 무한히 긴 문장을 사용하는 언어를 사용할 수 있게 한다고 주장했다.[22] 이 메커니즘을 사용하여 '그녀는 씰룩씰룩 움직이는 거미를 잡은 새를 삼켰고, 그녀는 파리를 잡은 거미를 삼켰는데 그런데 왜 그녀가 파리를 삼켰는지 모르겠다'와 같은 문장을 만들 수 있다. 같은 메커니즘으로 무한한 크기의 수를 생성할 수도 있다. 여기서 주의할 점은 영어 수 단어 구문의 특징이다. 'and'는 백의 자리 다음에만 나타난다. 사실, 다른 양 표현과 비교할 때 수 구문의 특징이 많다. '너무 많다', '아주 많다', '얼마나 많다'는 할 수 있지만 '너무 여섯', '아주 여섯' 또는 '얼마나 여섯'은 할 수 없다. 이러한 예제는 영어 구문의 일반적인 규칙에 따라 생성된다. 그러나 여섯 예제는 그렇지 않으며 따라서 문법적으로 틀리다. 반면에 '정확히 여섯', '여섯 미만', '거의 여섯'은 할 수 있지만 '정확히 많다', '많지 않다', '거의 많다'는 할 수 없다. 이는 수 구문과 그렇지 않은 구문의 차이를 나타낸다.[23] '삼천 칠백'은 가능하지만 '삼천 영백'은 가능하지 않은 이유다. 그럼에도 불구하고 우리는 단어를 기록하는 시스템이 있다면 세는 단어를 사용하여 수를 영구적으로 기록할 수 있다.

세는 단어는 사람들에게 중요한 이점을 제공할 뿐만 아니라 (큰 집합을 정확하게 열거하고 셈한 결과를 기억하는 방법) 중요한 단점도 있다. 그것들은 십 년(ten, twenty, thirty)과 같은 수십 자리와 백, 천, 백만과 같은 제곱에 대한 구분된 이름-값 시스템이다. 이 시스템은 그것에 대한 단어가 없으면 문제가 발생함을 의미한다. 이는 아르키메데스가 직면한 단점이었다. 그는 모래로 가득 찬 우주를 채울 모래알의 수를 계산하고 싶었고, 그를 위해서는 매우 큰 수가 필요했다. 그 시기의 그리스어에는 10,000(10^4)에 대한 단어만 있었다. 그것은 '만Myriad'이라고 불렸다. 고대의 가장 위대한 수학자인 아르키메데스는 문제를 해결하기 위한 방법을 찾았다.

먼저 그는 '첫 번째 단위unit of the first order'라고 부르면서 동시에 10^8

인 '만 만(Myriad Myriad)'을 제안했다. 그런 다음 '두 번째 단위unit of the second order'가 있었으며 $10^8 \times 10^8$이었다. 그런 다음 두 번째 단위가 두 번째 단위의 지수가 되는 '기간period'을 정의했다. 즉, 10^8의 10^8승. 계속 이런 식으로 진행되었다. 따라서 그는 곱셈과 제곱이라는 산술 시스템을 인더스강 계곡 문명이 있기 600년 전에 발명했고, 1,000년 뒤에 유럽에서 널리 사용되기 시작했다.

세는 단어는 계산을 쉽게 만들지 않는다. 확립되고 널리 사용되는 세는 단어가 있는 문화조차도 계산에 이러한 단어를 사용하지 않는다. 로마와 그리스, 잉카와 같은 문화는 셈판을 사용했다(3장 참조). 중국과 일본은 주판abacus을 사용했다. 셈판과 주판은 이름-값 시스템이 아닌 장소-값 시스템이며, 단위, 십, 백 자리를 별도의 열에 두고 있다. 이것은 숫자를 유럽에 소개한 피보나치가 왜 중요한지를 말해준다.

◈ 표시, 표시, 표시

'불필요한 일을 뇌로부터 해방함으로써, 훌륭한 표기법은 뇌가 고급 문제에 집중할 수 있도록 하며 사람들의 정신력을 사실상 늘린다'.[24] 수학자이자 철학자인 알프레드 화이트헤드(1861~1947)가 1911년에 쓴 것이다.

익숙한 숫자들은 불필요한 일을 뇌로부터 해방하는 데 엄청난 발전을 이루었다. 로마의 숫자로 325×47을 계산할 때 숫자에 뛰어난 로마 시민이 어떤 일을 해야 했을까 상상해보라. 내가 이 예를 그레이엄 플레그가 쓴 책에서 가져왔다.

> 'CCCXXV와 XLVII를 곱해 보라. 먼저 나타나는 문제는 XLVII를 X+L+V+I+I로 나눌 수 없다는 것인데, 이것은 XL 표기법이 감산적subtractive이기 때문이다. XXXX 대신 XL을 쓰려고 시도하고, 첫 번째 요소 C, X 또는 V를 두 번째 요소 X, V 또는 I와 곱해서 결과를 더하는 방식으로 CCCXXV와 XXXXVII의 곱을 계산하려고 할 수 있다. 이 방법은 42개(6×7)의 단일 곱셈을 포함하며 그 결과를 더하는 것이다'.[25]

어떤 이유로 유럽 전역의 상인들이 그들의 아들들을 새로운 숫자를 배울 수 있는 곳으로 보냈는지 상상해 보라(딸들을 보낸 증거는 없다). 이탈리아에서는 마에스트로 다바코가 운영하는 스쿨 다바코라고 불리는 곳이 목적지였다. 레오나르도 다 빈치도 피렌체에서 한 곳에 다녔다. 이런 스쿨로 유명한 도시 중 하나는 베네치아였다. 리알토 다리 옆에 있는 오래된 우체국은 현재 고급 백화점으로 사용되고 있지만 원래는 독일 상인의 아들들이 새로운 숫자와 이중 분개 회계를 배우던 폰다코 데이 테데스키로 학생들의 목적지였다.[26]

어떠한 예도 눈에 띄지 않게 장려하고 깊이 있는 이야기 '더 마스터즈The Masters'에서 우르술라 르 귄(1929~2018)은 로지의 의식과 신비를 배운 사람들만이 산술을 할 수 있는 세계를 상상한다. 모든 사업은 일상적인 비즈니스 문제를 해결하는 데 도움이 되기 위해 로지에서 마스터로 이끄는 사람이 필요하다. 르 균의 회색 비가 내리는 세계에서 이단의 마스터는 영웅에게 0을 상징하는 기호를 사용하여 10진 위치 표기법을 만드는 방법을 가르쳐 준다. "숫자는 지식의 핵심이며 그 언어입니다"라고 마스터는 말한다.[27]

위치 표기법은 글로 쓴 계산에만 유용한 것이 아니다. 우리와 모든 위대한 계산자는 정신적인 계산에도 이 표기법을 사용한다. 그들은 로마, 그리스 또는 히브리어 이름-값 표기법을 사용하지 않는다. 주판 마스터와 경쟁자는 숫자를 정신적인 주판으로 변환하고 그것을 사용하여 계산을 수행한다. 3장에서 보았듯이 초기 역사 시대와 선사 시대의 인간들은 말로 사용하는 수 개념과 독립적으로 뼈, 돌 및 동굴 벽에 새겨 그들의 계산 결과를 기록했다.

◈ 교육, 교육, 교육

우리는 가졌지만 다른 동물들이 가지지 않은 것은 교육이다. 교육은 위치 표기법과 같은 발명품을 발명자에게서 학습자로 전파하는 것을 가능하게 한다. 이러한 종류의 교육은 동물 세계에서는 드물게 발생하며 주로 도구 사용과 먹이 찾기에 제한되는 것으로 보인다.

동물 훈련 실험을 선생님과 함께 하는 교육의 한 형태로 생각할 수 있다. 일반적으로 실험실에서 동물을 훈련하거나 또는 엔터테인먼트를 위해 하는 경우, 동물 대상은 자연스럽게 하는 것이 아니기 때문에 이 과정은 느리고 고되다. 예를 들어, 유명한 침팬지 아이는 첫 번째 숫자 기호 (1과 2)와 관련된 집합 크기를 배우는 데 4시간이 넘도록 1,821회를 시행했다.[28] 캔틀론과 브랜넌의 '기초적인 수학에서 원숭이와 대학생' 연구는 원숭이와 인간의 차이를 보여준다. 원숭이들은 1+1=2, 4 또는 8과 같은 문제에서 우연보다 나은 결과를 얻기 위해 500회의 시행이 필요했다.[29] 쥐와 함께 한 메크너의 초기 연구에서는 '장기간의 훈련 후'에 특정 횟수만큼 키를 누를 수 있었다.[30] 메크너와 처치의 고전적인 누산기 연구에서는 숫자를 인식하기 위해 쥐에게 15일의 훈련이 필요했으며 이후 2일 동안 테스트를 했다. 앵무새 알렉스는 30년 동안 언어와 숫자에 대한 훈련을 받았으며 거의 매일 어떤 종류의 연습을 했다.

◈ 0의 문제

나는 이 문제를 피하려고 노력해왔는데, 이 문제는 한 가지 큰 문제와 함께 제기된다. 토비아스 단치히(1884~1956)의 고전적인 저서 『수, 과학의 언어』(1930)에서는 '0의 발견은 언제나 인류의 가장 위대한 업적 중 하나로 기억될 것입니다'라고 썼다.[31] 이것은 600년 경에 인더스 계곡의 훌륭한 수학자들, 아마 특히 뛰어난 수학자 한 명이 개발한 것으로 첫 번째로 빛을 보게 된 어려운 업적이었다. 그리고 피보나치의 『산반서』(343쪽 참조) 발행 이후에도 600년이 흐른 후에 유럽에서 0이 채택되었다. 실제로는 메소아메리카의 마야 문명에서 인더스 계곡 수학자들보다 400년 앞서 0을 나타내는 기호를 발명했다. 유클리드와 아르키메데스를 포함한 위대한 그리스 수학자들에게는 0을 나타내는 기호가 없었다. 따라서 위대한 그리스 수학자들조차 0이 없었고, 이를 찾기 위한 위대한 발견이 필요했다면 비인간 동물은 이 개념을 가질 수 없을 것이라 생각된다.

그런데도 안드레아스 니더와 튀빙겐대학교의 동료들은 2021년에 하나의 연구 논문을 발표하여 까마귀가 0을 다른 물체 수와 구별할 수 있다는 것을 보여줬으며, 이는 0인 물체를 다른 수처럼 다루는 것으로 보인다.[32] 게다가 까마귀 뇌의 한 지역에서 제로 물체에 반응하는 뉴런을 발견했다. 이러한 뉴런들은 다른 수에도 반응하는 뇌의 동일한 부분에 있으며, 동일한 방식으로 조정되어 선호하는 수에 가장 크게 반응하면서 인접한 수에도 약간 반응했다. '3 뉴런'은 또한 두 개와 네 개 물체에도 예측 가능한 수학적인 방식으로 반응했다. 따라서 0인 물체를 가진 디스플레이(화면의 점)에 가장 많이 반응하는 '0 뉴런'은 비어 있는 집합, 즉 아무 물체도 없는 디스플레이에 약간 반응하고 한 개의 물체에도 약간, 두 개, 세 개, 네 개의 물체에도 아주 조금 반응한 것이다.

이 연구는 다른 생물이 0인 물체에 독특하게 반응하는 것을 보여주는 첫 번째 연구가 아니었다. 도쿄대학교 영장류 연구소의 마츠자와 데츠로는 1에서 9까지의 기호를 무작위로 배치된 점의 개수와 정확하게 일치시킬 수 있는 침팬지가 '0'이라는 기호를 아무 점도 없는 디스플레이와 일치시킬 수 있다는 것을 보여줬다.[33]

듀크대학교 엘리자베스 브래넌 연구실은 유치원생들[34]과 레서스 원숭이[35]에게 0을 테스트했다. 이들은 두 가지 크기의 집합 중 더 작은 것을 선택하여 보상을 받도록 배운 뒤에 테스트에서 더 큰 집합 크기 대신 빈 집합을 선택하는 경향이 있었다. 이는 그들이 내부 수 척도에서 0을 더 작은 값으로 인식한다는 것을 나타낸다.

더 작은 뇌를 가진 생물, 예를 들어 100만 개 미만의 뉴런을 가진 꿀벌과 같은 생물도 0의 감각을 가질 수 있다는 것을 놀라운 실험가들이 보여주었다(우리는 860억 이상의 뉴런을 가지고 있다). 에드리언 다이어가 이끈 호주 팀은 심지어 벌들이 연속된 수에서 0을 정렬할 수 있음을 훌륭하게 입증했다.[36] 먼저 벌들을 두 디스플레이 중 가장 많은 물체를 선택하도록 훈련시켜 맛있는 수크로스 보상을 받았고, 더 작은 수의 디스플레이를 선택하면 쓴맛이 나는 퀴닌을 보상받았다. 그들은 또 다른 벌들을 동일한 방식으로 훈련시켰지만 이번에는 더 적은 물체를 선택하도록 했다. 그런 다음 벌에게 아무 물체가 없는 경우도 포함한 새로운 디스플레이를 소개했다. 더 많은 것을 선택하도록 훈련된 벌들은 빈 집합을 선택하지 않았으며, 더 적은 것을 선택하도록 훈련된 벌들은 빈 집합을 선택했다. 양쪽 경우 모두 차이가 클수록 벌이 올바른 선택을 더 많이 했다. 다시 한번 베버의 법칙이 적용된 것이다. 저자들은 '벌들이 나중에 연속 수치의 하위 부분에 0을 정렬할 수 있었다'고 결론지었다.

이제 동물과 인간이 아무 것도 없는 것과 다른 것을 구별할 수 있는 것은 놀라운 일이 아닐 수 있으며, 아마 그들과 우리 모두에게 아무 것도 없는 것과 다른 것을 구별하는 것은 한 가지와 아무 것도 없는 것을 구별하는 일보다 쉬울 수 있다. 이것이 인간들이 0을 발명하는 데 10만 년 이상이 걸린 이유는 아니다.

석기 시대의 인간, 그중에서도 네안데르탈인은 수 시스템을 나타내기 위해 뼈, 돌, 동굴 벽, 아마도 지금은 남아 있지 않을 막대기를 사용했다. 물체를 세면 뼈에는 하나의 절취, 벽에는 황록 칠을 남겼다. 비어 있는 집합의 경우 표시가 없을 것이다. 우리 구석기 사냥꾼이 오늘 사냥한 사슴 수를 나타내고, 비어 있는 사슴 집합만 죽였다면 표시가 추가되지 않았을 것이라 가정해보자.

비어 있는 집합을 나타내기 위해 0을 사용하는 것은 그것을 생각하는 유일한 방법은 아니다. 인간들이 0을 나타내는 기호를 발명하는 데 그렇게 오래 걸린 이유는 이 기호가 훨씬 더 넓고 뿌리 깊은 숫자 표현 방식 일부이기 때문이다(자리 표기법). 기호 0은 시스템의 일부로서만 의미가 있다. 인간의 언어로 하는 셈은 일찍이 자리값이 아닌 이름값이었다.

각 10의 승수마다 별도의 단어나 구절이 있다: 십, 백, 천, 만, 십만 그리고 하나의 0, 하나의 00, 하나의 000…… 어린이들은 단어를 숫자 기호로 변환하는 절차를 배워야 하며 그것은 시간이 걸린다. 이것이 실제로 꽤 복잡하기 때문에 오랫동안 그것을 잘못 이해하는 단계를 겪는다. 따라서 예를 들어 그들은 '백 개'가 자리값 표기법에서 100이라는 것을 배우고 '백 개와 셋'을 1003으로 쓰거나 '백스물세 개'를 10023으로 쓰는 단계를 거칠 수 있다. 가장 오른쪽의 0을 덮어쓰는 규칙을 마스터하는 데 시간이 걸린다.

뇌는 이 절차를 위한 특별한 영역을 가지고 있는 것으로 보인다. 런던 국립신경학병원의 신경심리학자인 리사 치폴로티는 한 환자 D.M.을 조사했다. D.M.은 한동안 4, 5 그리고 6자리 숫자를 따라 쓸 때 퇴화하는 것처럼 보였다.[37] 그의 모든 오류는 0을 추가로 삽입하는 것과 관련이 있었다. 예를 들어 '3200'를 쓰라는 요청에 대해 그는 '3000,200'라고 썼으며, '2만 4105'를 '24000,105'로 썼다. 그러나 그는 항상 숫자를 올바르게 읽었으며 이틀 후에 자신의 오류를 깨닫고 정확하게 쓰기 시작했다.

우리는 파도바대학교에서 이탈리아 동료들과 함께 오른쪽 반구 insula의 특정 영역을 발견했으며, 이 지역은 0이 포함된 숫자를 읽고 쓰는 문제와 관련이 있었다. 예를 들어 70,002는 '7천 2'로 읽혔으며 '1만 50'은 100,050으로, '10만 3'은 10,003으로 쓰였다.[38]

이러한 환자들은 0의 매우 중요한 특성, 즉 자리값 표기법의 발전에 있어서 필수적인 역할을 보여주며, 이 표기법에서 0을 사용하는 방법을 배우는 것은 어린이들에게 쉽지 않고 인간들에게도 늘 어려웠다. 『산반서』는 상인들에게 계산 및 계좌 관리를 간단하게 해내는 방법을 보여주었으며 이것은 말 그대로 세상을 바꿨지만 그런 변화에는 오랜 시간이 걸렸다.[39]

◈ 우리가 모르는 것

데이비스와 페루스는 인간 외 동물의 산술 능력에 대한 리뷰에서, 산술 능력 연구가 현재 비교심리학의 중요한 분야로 성장하여 많은 종들이 자연 및 실험실 환경에서 연구되고 있음을 나타내기 위해 '비교심리학의 후미에서 주류로'라는 제목을 붙였다. 그리고 그들은 동물들이 '원래 숫자 자극에 민감하지 않지만, 지원 환경 조건에서 이러한 사건에 반응할 수 있다는 명확한 증거가 있다'고 결론내렸다.[40]

일부 동물 그룹은 다른 그룹에 비해 더 많은 조사를 받았다. 여기서 2017년까지 발표된 논문의 편수를 기준으로 다른 동물 그룹의 산술 능력에 관한 연구를 그림으로 보여주었다. 또한 무척추동물에 관한 논문에서 얻은 데이터도 추가했다.

보다시피 대부분의 연구는 우리 가장 가까운 친척에게 집중되어 있다. 물고기들은 따라잡고 있지만, 아직 갈 길이 멀다. 물고기 중에서도 테스트된 종은 몇 가지뿐이다. 구피*Poecilia reticulata*는 민물고기 중에서 가장 인기 있는 종으로, 수족관과 수 인지 과학 모두에서 많이 연구된다.

내 경험상 구피는 산술적 선택을 할 수 있도록 훈련시키기가 분명히 제브라피시보다 더 쉽다. 제브라피시는 인지 능력에서 유전자의 영향을 테스트하기 위해 널리 사용되는데, 이는 그들의 게놈이 배열순서가 모두 밝혀졌고, 이식 유전자가 상대적으로 개별 유전자의 효과를 검사하기 쉽기 때문이다. 애벌레 형태는 투명한데, 이는 일부 이식 유전자를 가진 종류에서 뇌 이미징이 가능하게 한다. 가장 큰 증가는 무척추동물에 관한 연구에서 일어났다.

2017년 왕립학회 회의 이후 또 다른 경향은 다른 동물에서의 연구 결과를 참조하는 37개의 실질적인 인간 연구다. 이는 경제, 미디어 영향 및 교육 분야의 연구를 포함한다.

내 주장은 모든 동물이 우주의 언어를 읽을 수 있어야 하지만, 아마도 1,000만 종의 동물 중 일부만 테스트되었다는 것이다. 그것도 동물만이 아니다. 적어도 일부 식물은 계산할 수 있다고 주장한다. 찰스 다윈은 파리지옥*Dionaea muscipula*을 '세계에서 가장 놀라운 식물'이라고 불렀다. 다윈은 이 배고픈 식물이 파리를 유인하기 위해 빨간색 내부 덫을 개발하며, 함정이 닫히는 것은 두 번의 연속적인 접촉 횟수가 발생할 때임을 관찰했다. 독일의 식물학자 라이너 헤드리히와 에르빈 네어는 식물이 이를 어떻게 하는지에 대한 방법을 조사했다. 함정 표면에는 머리카락과 유사한 터치 감응 기계 수용체가 있으며 이들은 전기 신호를 생성한다. 이러한 감각이 약 30초 이내에 두 번 발생하면 함정이 닫히고 곤충이 식물의 소화액으로 소비된다. 이것은 파리지옥이 적어도 30초 동안 접촉을 기억하고 두 번째 접촉이 발생했다는 것을 셀 수 있는 능력이 있음을 의미한다.[41]

지구상의 1조 개 이상의 미생물 종(은하수의 별 개수보다 더 많음) 중 계산할 수 있는 능력을 가진 또 다른 생명 형태가 있을까? 예를 들어 박테리아는 계산할 수 있을까? 이 부분은 내 지식이 부족한 분야이며, 안드레아스 니더의 『숫자를 다루는 뇌』라는 책에서 박테리아가 하는 유사 계산을 설명하는 흥미로운 내용을 통해 질문이 제기되었다.[42] 박테리아는 매우 사교적인 생물체로, 생식 성공에 중요한 몇 가지 행동을 다른 박테리아와 함께 한다. 이를 '정족수 감지quorum sensing'라고 한다. 해양 박테리아인 발광박테리아*Vibrio fischeri*는 발광을 가능하게 하는 유전자를 가지고 있다는 것이 밝혀졌다.[43] 이 발광박테리아는 자신과 동일한 종인 박테리아가 일정 수만큼 근처에 있을 때만 빛을 내며 모두 함께 발광한다. 발광박테리아는 다른 박테리아가 자신의 존재를 인식할 수 있도록 하는 분자를 생성한다. 그리고 정족수 감지는 해로운 박테리아의 번식을 막기 위해 이 메커니즘을 억제하는 치료 경로일 수 있다.[43] 그러나 이것은 적어도 100만 개의 다른 박테리아의 존재를 필요로 하며, 이러한 단일 세포 생물체가 이를 세어낼 수 있을지는 의문이다. 또 현재까지는 산술 연산과 동형인 연산을 계산할 수 있는 능력이 있는지에 대한 증거가 없다. 이 부분에 대한 입증을 기다리고 있다.

퍼즐에서 빠진 또 다른 조각은 생태학이다. 야생에서 셈과 계산이 어떻게 사용되는지에 대한 정보는 아직 상대적으로 부족하다. 실험실에서 쥐의 산술 능력에 대해 많은 것을 알고 있지만, 그들이 일상생활에서 이 능력을 어떻게 활용하는지에는 거의 알려지지 않았다.

반면, 개미, 벌, 파충류 그리고 조류의 실제 비행에서 필요한 계산에 대한 많은 정보를 알고 있으나, 이러한 실제 계산 능력은 주로 개미, 벌, 갯가재에서 집중적으로 연구되었다. 그들이 하늘 나침반 또는 지구의 자기장을 이용하여 자신의 방향을 평가하고 각 방향에서 이동한 거리를 어떻게 추정하는지 알고 있다. 사막 개미는 걸음 수를 세고, 벌은 랜드마크를 세며, 아마도 이런 항해사들은 자신의 움직임과 그 지속 시간을 감지하여 각 방향에서 이동한 거리를 계산한다(경로 통합). 그래서 자신이 어디에 있는지를 알고, 필요한 경우 최단 경로로 집으로 어떻게 돌아갈지를 안다.

비행에 필요한 이러한 산술 계산은 중요하지만, 우리의 두뇌나 다른 생물의 두뇌가 수를 어떻게 나타내는지에 관해서는 아직도 미해결된 질문들이 많다.

로이트만 및 동료들은 원숭이의 두정엽에서 '그들의 고전적 수용장 안에 있는 요소의 총 개수를 2에서 32까지 다양한 수치 범위에서 점진적으로 암호화하는' 뉴런을 확인했다.[44] 더욱이, 시각적 수량에 대한 뉴런 활동의 변조는 자극 시작 100ms 내에 신속하게 발달했으며, 주의, 보상 기대, 크기, 밀도 또는 색상과 같은 자극 특성과는 독립적이었다. 이러한 뉴런의 반응은 수 처리의 계산 모델에 제안된 '누산기 뉴런accumulator neuron'의 출력과 유사하다. 일반적으로 뉴런의 반응은 입력 양에 비례한다. 세부 사항을 구체화해야 하긴 하지만 이것은 그리 놀라운 일이 아니다. 산술 누산기 뉴런은 이전 니더의 '수 뉴런number neuron'과 같은 특정 기수 값, 예를 들어 4를 암호화하는 입력값을 제공할 수 있으며, 이러한 뉴런은 특정 수에 맞춰진다.[42] 누산기 뉴런과 니더의 뉴런이 원숭이 뇌에서 가까운 이웃인 것은 아마 우연이 아닐 것이다.

니더 형식의 개별 뉴런이 실제로 어떻게 수를 암호화하는지에 대한 질문의 답은 아직 알려지지 않았다.

이제 니더 뉴런과 누산기 뉴런은 수에 대한 뇌의 반응에 특별한 것이 있다고 가정한다. 예를 들어, 우리는 이러한 뉴런을 태어날 때 가지고 있을 수 있으며, 이러한 뉴런은 동물이 세상을 경험하기 시작할 때 작동하기를 기다리고 있는 것일 수 있다.

또 다른 접근 방법은 현대 AI와 매우 일치하며 '딥 러닝'이라고 불린다. 이것은 현재 토론토대학교와 구글에서 연구하는 제프리 힌턴과 그의 동료들이 처음 개발한 알고리즘을 사용하여 학습하는 계산 네트워크다. 파도바대학교의 마르코 조르지 연구실은 데이터의 수에 대한 특별한 정보 없이 네트워크가 학습하도록 수적 비교 작업을 모델링 했다. 이 접근 방법은 '감독되지 않은 학습'이라고 불리며, 이는 감각 입력인 데이터의 통계적 정규성을 사용하는 학습의 한 유형이다. 이것은 얼굴 인식 소프트웨어에 사용되는 모델의 유형이다. 이 모델을 사용하여 두세 개, 또는 그 이상의 얼굴이 동일한지를 판단할 수 있다.

질문은 네트워크가 두세 개 또는 그 이상의 디스플레이가 동일한지를 배우고, 점들의 두 세트 중 큰 것을 선택하는 데 이를 사용할 수 있는지다. 조르지와 동료들은 이 작업을 특히 두 가지 방법으로 어렵게 만들었다.

첫째, 점들의 크기, 간격 및 배열을 다양하게 바꿔 작업을 어렵게 만드는 모든 시각적 특성을 포함시켰다. 그래서 예를 들어 더 큰 영역을 덮는 점 배열 또는 가장 밀도 높은 점 배열에 더 적은 점이 있을 수 있다. 결과적으로 숫자는 데이터를 살펴보기만 해도 자동으로 암호화되며 세트의 숫자를 구별하는 작업이 없어도 암호화된다.

둘째, 40명의 참가자에게 컴퓨터와 동일한 작업을 수행하도록 요청했다. 결과는 컴퓨터 네트워크가 인간의 성능을 정확하게 모델링할 수 있었으며, 더욱이 인간과 마찬가지로 작업의 가장 중요한 측면은 실제로 숫자였다. 즉, 컴퓨터는 특별히 그렇게 훈련되지 않아도 디스플레이에서 숫자를 자동으로 추출했다.[45] 이것은 〈그림 1〉 및 〈그림 2〉에서 묘사했듯 조르지가 최근 이메일에서 '원시적 모델링 작업 prehistoric modelling work'이라고 부른 것과 매우 다르다. 이러한 작업의 뛰어난 창의성과 독창성에도 불구하고 네트워크에서 실제 숫자가 어디에 있는지는 명확하지 않다.

◈ 형이상학적 토끼굴

미래에 발표될 논문에서 갈리스텔은 인지 지도에 대한 자신의 의견을 다음과 같이 요약한다.

> 인지 지도 가설에 따르면 신경 조직에 수의 연속체가 있어야 하며, 이 연속체에서 신경 기계가 작동한다. 그러나 일부 뇌과학자들 - 실제로는 많은 사람, 심지어 대부분 - 은 수의 연속체가 신경 조직에서 어떻게 보일 수 있는지에 대해 반대 의견을 제기할 수 있다. 그런데 이 신경 생물학적 환상 위에서 작동하는 기계는 어떻게 보일까? 수가 신경 조직에 존재한다고 상상하는 것은 화살이 존재한다고 상상하는 것만큼 덜 비합리적일까? 그렇지 않다! 그러나 이를 실현하려면 우리는 컴퓨터 과학자가 이해하는 바와 같은 수에 관해 이야기하고 있음을 명확하게 알아야 한다. 우리는 수의 본질적인 문제에 관해 형이상학적인 토론의 미로에 빠지지 말아야 한다(이 논문을 언급하면서 나는 대부분의 뇌과학자와 많은 인지과학자가 그 미로에서 멀어지지 못한다는 것을 깨달았다).

갈리스텔의 주장과는 달리, 우리 과학자로서 종종 토론의 미로로 들어가야 한다. 그러나 그것에서 벗어나는 방법은 무엇일까? 문제는 이곳에서 철학자 마르쿠스 지아퀸토를 따라가면서 발생한다. '숫자는 볼 수도, 들을 수도, 만질 수도, 맛 볼 수도, 냄새를 맡을 수도 없다. 신호를 내거나 반사하지 않으며, 아무 흔적도 남기지 않는다'.[46] 그들은

1장에서 언급한 대로 추상적이다. 숫자 3은 실제로 어떤 세 가지 물건의 집합을 가리킬 수 있다. 즉, 세 가지의 특성은 집합의 특성이며, 그것은 추상적인 특성이다. 이것은 인식론적인 문제로 이어진다. 추상적인 객체는 세계의 객체가 아니며, 따라서 우리를 포함한 아무것과도 인과 관계를 가질 수 없다. 이것은 적어도 플라톤(기원전 428?~기원전 348?) 시대부터 깨달은 것이다. 그는 우리가 이러한 객체를 인식하기 위한 특별한 종류의 직관을 갖고 있다고 주장했으며, 이러한 객체들은 현실 세계나 우리 생각의 세계에 있는 것이 아니라 수학적 객체를 포함한 추상적 객체의 '제3의 세계'에 존재한다고 말했다. 소크라테스(기원전 470?~기원정 399?)가 '메노Meno'라는 대화에서 숙련된 소크라테스식 질문을 통해 문맹인 노예 소년이 배운적 없는 기하학적 사실을 기억한다고 주장했듯 이 직관은 이전 생애의 기억의 한 형태이다.

이제 여러분은 이러한 추상적인 객체에 대한 이러한 회상 관점이 불합리하다고 생각할 수 있지만, 많은 수학자는 이러한 의미에서 플라톤학파의 사람들이다. 그들은 소수의 세계 및 다른 추상적 객체의 세계에서 수학적인 진리를 발견한다고 이야기하지만, 마치 새 대륙이나 산소 요소의 새로운 특성을 발견한 것처럼 이야기한다. 20세기의 최고의 논리학자 중 한 명인 쿠르트 괴델(1906~1978)이 이러한 종류의 수학자 중 대표적인 예다.

예를 들어, 유클리드의 무한한 소수가 존재함을 증명한 것은 소수의 무한성을 발견한 것이라고 말할 수 있다. 그는 분명히 세상의 물체를 세어서 이를 발견한 것이 아니었다.

그러나 '세 개'의 특성이 모든 세 개의 집합의 특성이라면, 만약

'세 개'가 세계에서 인과 역할을 하지 않는다면 어떻게 이를 알 수 있을까? 지아귄토의 주장은 우리는 인과론적 지식 이론을 재고해야 한다는 것이다. 실제로 우리는 추상적인 것들에 대해 많은 것을 알고 있다. 사실, 우리가 아는 대부분은 사례나 경험을 통한 추상적인 것들이며 이들은 실제로 인과성을 가진다. 이 책의 모든 독자는 영어의 알파벳을 알고 있지만, 이를 크기, 색상, 글꼴, 대소문자 여부, 인쇄 또는 필기 여부와 관계없이 인식할 수 있으므로 'A'를 추상적인 방식으로 알고 있다. 따라서 인간 독서에 대한 이론은 '문자letter' 대신 '문자소grapheme'이라고 불리는 'A'의 유형을 포함하며, 이것은 이 글자의 모든 버전을 담은 범주를 나타낸다. 이와 유사하게 우리는 말로 된 단어를 알고 있으며, 그 단어를 남성 또는 여성, 높은 또는 낮은 음성, 사투리, 음량 등과 관계없이 인식한다. 마찬가지로, 우리는 생일 노래 'Happy Birthday'를 알고 있으며, 이 노래가 밴조로 연주되거나 관현악단에서 연주되는지에 관계없이 인식한다. 이러한 객체들을 실제로 어떻게 알게 되는지는 철학보다는 인지과학에 대한 복잡한 문제다.

지아귄토에 따르면, 다수성은 물리적이고 인지 가능한 세계의 특성이다. 제1장에서 몇 가지 예를 들었다. 이러한 것들은 실제 세계의 실제 특성이다. 예를 들어, 우리에게 세 개의 팔과 세 개의 눈이 있는데, 이러한 수가 변경된다면 상황은 매우 다를 것이다.

이 개념의 또 다른 버전은 MIT 물리학자 맥스 테그마크가 그의 책 『우리의 수학적 우주Our Mathematical Universe』에서 제안한 것이다.[47] 그는 물리적 우주가 수학으로만 설명되는 것뿐만 아니라 수학 자체인 것이라 주장한다. 그에게 수학적 존재는 물리적 존재와 동일하며, 수학적으로 존재하는 모든 구조는 물리적으로도 존재한다. 그래서 우리는 다시 '모든 것은 수다'라고 말한 피타고라스로 돌아오게 된다. 이 위치에는 다른 사람들이 지적한 것과 같은 명백한 문제가 있다. 자연수의 구조는 무한성을 내포하지만, 우주에는 무한히 많은 것이 없다. 수학적 구조에 중점을 두는 것이 해법일 수 있다.

그래도 지아귄토는 이 인식론적 문제를 다루기 위해 우리가 추상적인 다수성을 그것들의 사례를 통해 안다고 주장한다.

하지만 잠깐. 그것이 전부일 수는 없다. 뇌는 경험에서 다수성의 수를 식별할 준비가 되어 있어야 한다. 뇌는 이 두 집합이 동일한 다수성을 가지고 있는지 또는 다른 다수성을 가지고 있는지를 인식할 수 있어야 한다. 이를 위해 뇌는 누산기 시스템 또는 그와 동등한 것을 갖추어야 하며, 선택기를 포함한 전체 시스템은 서로 다른 사례를 통해 일반화할 수 있어야 한다. 이것이 추상화의 기초다.

1장에서 주장한 대로 추상화는 전부 또는 아무것도 아님이 아니다. 사람은 어떤 종류의 물체 집합에서도 일반화할 수 있지만 다른 종은 적응적으로 관련된 물체 집합에서만 일반화할 수 있을 것이다. 이 시스템은 자동적이며 강제로 작동한다. 즉, 3개의 사과로 된 집합이 있다면 그것의 '3'은 뇌에 자동으로 등록되며, 이 등록은 끄거나 무효로 할 수 없다. 동물은 이 정보를 활용하거나 하지 않을 수 있다. 이것은 다른 뇌 시스템이 결정하는 사항이다.

뇌는 백지 상태tabula rasa가 되지 않는다. 산술을 배우기 위한 스타터 키트는 먼 혹은 덜 먼 조상으로부터 물려받은, 일부 내장된 메커니즘을 가져야 한다.

다수성을 등록하는 데 내장된 메커니즘이 있고, 실제로 동물이 상속받는 것은 자연계에서 표준적인 관행의 일부다. 우리는 출생부터 환경의 물체와 사건을 수로 표현하는 방법을 알고 있다. 우리는 인간 아기가 출생 후 처음 며칠 동안 다수성에 반응한다는 것을 보았다(2장). 갓 부화한 병아리(6장)와 구피(8장)도 교육이나 경험 없이도 환경의 다수성에 반응한다.

또한 이러한 내장된 메커니즘들이 환경의 모든 종류의 물체와 사건을 인식하고 표현하는 데 중요하다는 것을 알고 있다. 두 개체가 동일한 색상을 가졌는지 또는 다른 색상을 가졌는지 판별하려면 작동하는 내장된 색상 감지 시스템이 필요하다. 색맹인 경우 이것을 수행할 수 없을 수 있다. 이 경우 눈과 뇌의 메커니즘(사실 망막의 색상 감지 원추세포는 사실상 뇌의 일부다)이 잘 연구되어 있다. 심지어 색상 감지 시스템을 구축하는 데 관여하는 유전자도 마찬가지로 잘 분석되어 있다.

동물은 우리와 다른 색상 감지 시스템을 가질 수 있다. 황소가 빨간색을 보지 못하는 것은 유명하다. 투우사의 망토가 움직이기 때문에 돌진하는 것이다. 개와 고양이는 우리보다 훨씬 덜 발달된 색상 감지 능력을 가지고 있다. 개는 다소 긴 파장의 빛(빨강/녹색)에 민감한 두 가지 종류의 원추세포를 가지고 있고, 짧은 파장의 빛(파랑)에 민감한 다른 종류를 가지고 있지만, 우리의 망막에는 세 가지 파장의 빛(빨강, 녹색, 파랑)에 민감한 원추세포가 있다. 이것은 개가 우리와 같이 빨강과 녹색을 구별하지 못한다는 것을 의미하며, 이것은 일반적인 형태의 인간의 색상 감지 결함과 유사하다.[48]

마츠자와는 침팬지 아이가 인간과 매우 유사한 색상 감지 능력을 가지고 있음을 보여 주었으며,[28] 다른 영장류에게도 해당되는 것으로 보인다. 꿀벌도 훌륭한 색상 감지 능력을 가지고 있으며, 실제로 우리가 볼 수 없는 색상을 볼 수 있다. 꿀벌은 하늘에서 자외선을 사용하여 부분적으로 흐린 조건에서 태양 방위각을 찾는다(9장). 갯가재는 태양 광선의 극성을 볼 수 있으며(우리에게는 보이지 않음), 이는 먹이로 가고 오는 경로를 계획하는 데 도움을 준다(9장).

마찬가지로 우리는 음높이를 나타내는 내장된 시스템을 가지고 있다. 다시 말해, 이 시스템이 없는 개인은 선천성 실음악증congenital amusia을 앓으며, 음높이 인식 및 기억에 문제가 생기는 평생 질환을 겪게 된다. 이는 또한 말의 음높이를 듣고 질문의 높아지는 억양과 같은 다양한 억양을 인식하는 데 영향을 미친다.[49] 이러한 환자들에게는 음악의 다양한 예제를 인식하는 것이 거의 불가능하다.

내가 언급한 대로, 인간 중 작은 비율인 약 5%는 작은 집합의 수량을 인식하는 데 어려움을 겪고 이로 인해 일상 산술을 학습하는 데 심각한 문제가 발생하며 이를 '계산 곤란증'이라고 부른다.[50] 이 질환의 유전 기반을 아직 발견하지 못했지만, 쌍둥이 연구로부터 이 질환은 많은 경우에 유전된다는 것을 알고 있다. 계산 곤란증은 다른 95%의 사람들이 집합의 수량을 인식하는 효율적인 시스템을 가지고 있으며, 이것이 우리의 산술 능력을 발전시키는 기초를 형성한다는 것을 의미한다.

이 시스템이 없으면 일반적인 방식으로 산술을 배우는 데 어려움이 있다. 아직 우리는 색맹과 마찬가지로 이 질환이 개입에 굴하지 않고 보상 전략에만 굴러가는지, 또는 충분히 일찍 적용된 적절한 개입으로 치료 가능한지는 알지 못한다. 내 현재 연구의 중점은 계산 곤란증의 유전 기반 및 학교에 입학한 계산 곤란증 아이들에게 가장 적합한 개입 유형에 관한 두 가지 문제에 집중되어 있다.

◈ 셈의 진화

다수의 과학자는 인간 외 동물의 수적 능력 주장에 대해 회의적이었지만, 다윈의 추종자와 동료인 조지 로메인스(1848~1894)와 윌리엄 로더 린제이(1829~1880) 같은 사람들은 '낮은 동물들'이 '계산 능력'을 상속했다고 확신하고 있었다.[51]

〈그림 3〉은 각 동물 집단에 대한 증거를 요약한 것으로, 이러한 집단들은 대략적으로 분류군에 해당한다. 예외인 양서류와 파충류를 제외하고 모든 분류군은 고유의 분류군이다. 모든 분류군이 공통 조상에서 기원한 것을 고려할 때, 이 공통 조상은 무엇이든지 간에 계산할 수 있어야 하며 모든 동물은 어느 정도 성장하려면 우주의 언어를 이해해야 한다. 물론 이 계통 구조에서 제외되는, 계산할 수 없는 동물들도 있다. 그러나 테스트 된 동물들은 연구실에서 적어도 어려운 훈련 후에도 종종 어떤 형태의 셈 능력을 보여준다.

알려진 경우에 야생에서 계산 능력이 어떻게 자발적으로 사용되며, 이 능력이 개별 동물이 먹이를 찾고, 죽음을 피하고, 번식하는 데 도움을 주는 방법을 설명했다.

〈표 1〉은 이러한 생물들의 생활에서 셈의 역할에 대한 증거를 간

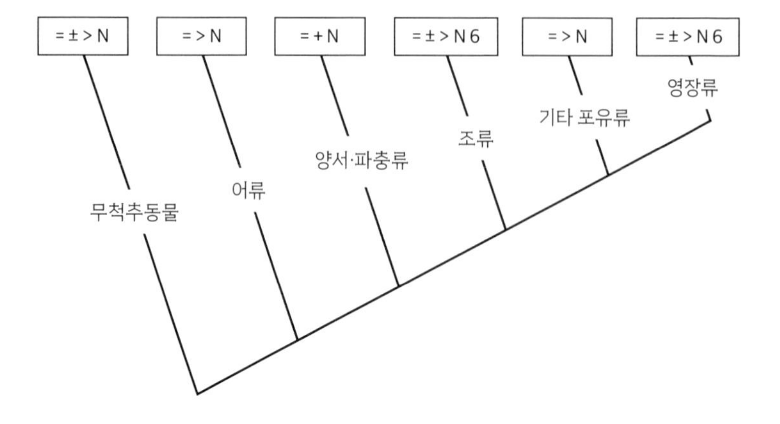

▲ 〈그림 3〉 책에서 설명한 증거를 기반으로 한 셈 능력의 진화. 적절한 통제된 연구에서 성공적으로 수행된 작업들:
= 수 매치 투 샘플,
± 더하거나 빼기 가능,
> 더 큰 것(또는 더 작은 것)을 선택할 수 있음,
N 항법 계산 수행 가능,
6 숫자 사용 가능.

략하고 매우 대략적으로 요약한 것이다. 계산이 먹이에 적응적임을 알 수 있는 한 가지 이유는 대부분의 실험실 실험에서 먹이를 자극물 또는 보상으로 사용했기 때문이다. 길찾기를 포함하지 않은 이유는 두 가지 때문이다. 첫째, 거의 모든 동물이 먹이나 번식 또는 죽음을 피하기 위해 항해한다. 둘째, 동물들이 지도와 나침반을 사용하는 방법에 대해 많은 것이 알려져 있지만, 실제로 경로 통합에 필요한 산술 계산을 어떻게 수행하는지는 제대로 알고 있다고 확신하지 못하기 때문이다.

6억 년 전 캄브리아기 폭발부터 현재의 산술적 교양까지, 최초의 절지동물부터 위치 표기법까지, 물고기가 더 큰 무리를 선택하고 투자

분류 집단	성별	먹이	죽음
무척추동물	X	X	?
어류	X	X	X
양서류와 파충류	X	X	?
조류	X	X	X
포유류	?	X	X
영장류	?	X	X

▲ 〈표 1〉 동물 분류군별로 계산의 테스트 된 적응적 가치에 대한 증거. '성별Sex'은 계산이 번식 성공률을 향상한다는 것을 의미하며, '먹이Food'는 계산이 사냥 성공을 증가시킨다는 것을, '죽음Death'은 계산이 생존을 증가시킨다는 것을, '길 찾기Navigation'는 여정에서 수치 계산이 이루어지는 경우를 나타낸다. 'X'는 이러한 목적을 위해 종이 셈을 한다는 것을 보여주는 책에 나온 증거를 나타낸다. '?'는 이러한 목적을 위해 계산의 역할이 제대로 확립되지 않았음을 나타낸다. 물론, 이러한 범주들은 중첩되는 경우가 있다. 동물은 먹이와 번식을 위해 이주하며, 사냥은 이주를 돕는다. 생존은 성과 번식을 가능하게 한다. 열에 나열된 목적을 위해 분류군의 모든 종이 계산을 했음을 보여주는 것은 아니다.

자가 최적의 이자율을 선택하는 것까지 계산의 진화는 지속적인 역사적 과정의 일부다. 다른 동물들과 초기 사람속 구성원에 관한 연구로부터 분명해진 것은 우리가 셈을 할 때 세는 단어가 필요하지 않다는 것이며, 위치 표기법조차도 계산에서 필요하지 않다는 것이다. 그러나 과거 존 로크 씨가 말했듯이,[52] 이러한 요소들은 '잘 계산하는 데 기여한다'.

감사의 말

나의 벗 랜디 갈리스텔은 내가 쓴 수많은 것에 영감을 주었다. 분명 그는 특히 동물의 항법 문제를 포함해서 내가 항상 과학적이고 엄밀한 태도를 유지할 수 있도록 힘써주었다. 일부 챕터를 주의 깊게 읽고 수정해 주기도 했다. 그럼에도 불구하고, 나는 최종 버전 곳곳에서 그가 다른 의견을 내놓을 것이라고 확신한다. 나는 아침, 점심 또는 저녁식사 중에 이런 의견을 나눌 기회가 오길 고대하고 있습니다. 봅 리브는 모든 챕터를 읽고 훌륭한 조언을 해주었고, 나는 그 조언을 따르려고 노력했다. 피오나 레이놀즈는 일부 챕터의 텍스트 오류를 수정해주었다. 도라 비로와 로사 루가니는 그들의 전문 지식으로 새에 관한 챕터를 발전시켰다. 게리 로즈는 양서류 및 파충류에 관한 장을 주의 깊게 읽어주었고, 라스 치트카는 무척추동물, 특히 그의 특별한 주제인 벌에 대한 증거를 명확하게 제시했다. 로셸 겔만은 인간 발달에 관한 현명한 조언을 해주었다. 크리스티안 아그릴로는 처음으로 내가 물고기에 관심을 가지게 했고, 캐롤라인 브렌넌과 그녀의 팀의 제브라피시 프로젝트에 함께하게 돼 기뻤다. 사빈 하일랜드와 제프리 퀼터는 내가 잉카 및 마야 어휘로 미숙하게 셈하는 것을 참을성 있게 이해해 주었다. 사샤 아이켄발드는 아마존 언어에 대한 나의 혼란을 해결하는 데 도움을 주었다. 라스 치트카, 프란체스코 데리코, 안젤로 비사차, 랜디 갈리스텔, 사라 벤슨-암람은 동물 산술 인식에 대해 그들이 서술한 이메일을 인용할 수 있도록 허락해 주었다.

이 책은 2017년 런던의 왕립학회에서 내가 랜디, 조르지오 발로르티가라와 함께 조직한 회의에서 시작됐다. 이 주제가 나와《뉴욕 타임스》에게 매우 흥미로웠기 때문에 일반 독자들이 이해하기 쉽게 바뀌어야 한다고 생각했다. 왕립학회의 자금 지원과 행정적 지원에 무한한 감사를 드린다. 참가자 중 많은 이들이 내게 이 회의가 그들이 참석한 가장 좋은 모임이었다고 말했고, 나는 그들이 공손하게만 얘기하는 것은 아니라고 생각하고 싶다.

이 책은 나의 문학 에이전트인 사이언스 팩토리의 피터 탈랙 그리고 이 책이 좋은 책이 될 거라 믿어 의심치 않았던 출판사 퀘르쿠스의 리처드 밀너의 지원과 조언 없이는 만들어지지 못했을 것이다.

마지막으로 지혜의 최고봉인 아내 다이애너 로릴라드에게 언제가 감사의 말을 전하고 싶다. 또한 내가 동물의 셈을 발견하고 신이 났을 때 함께 웃어준 우리 딸 에이미와 안나에게도 감사의 인사를 전한다.

- 참고 -

1장

1 리처드슨, N. 우리는 당신에게 얘기하지 않고, 토성에게 얘기하고 있습니다. ≪런던 북 리뷰≫ 42, 23~26 (2020).

2 지아퀸토, M. 『수 인식에 관한 옥스퍼드 안내서』에서 수 철학.(R 코언 카도시 & A 다우커 편집) 17~31 (옥스퍼드대학교 출판부, 2015).

3 갤리스텔, C.R. 동물의 인지: 공간, 시간 그리고 수의 표현. ≪연간 심리학 리뷰≫ 40, 155~189 (1989).

4 겔만, R., 갤리스텔, C.R. 『아이의 수 이해』. 1986년판 (하버드대학교 출판부, 1978).

5 로크 J. 『인간 이해에 관한 에세이』. 다섯 번째 판, J. W. 올튼 편집 (J. M. 덴트, 1690/1961). 제II장, 제XVI장.

6 칸맨, D., 트레이스먼, A., 기브스, B.J. 객체 파일의 검토: 정보의 객체 특정 통합. ≪인지적 심리학≫ 24, 174~219 (1992).

7 메크, W.H., 처치, R.M. 세기와 시간 과정의 모드 제어 모델. ≪실험심리학 저널: 동물의 행동≫ 9, 320~334 (1983).

8 데한느, S., 샹쥐, J.-P. 기본적인 수적 능력의 발달: 신경 모델. ≪인지신경과학 저널≫ 5, 390~407 (1993).

9 웨일런, J., 갈리스텔, C.R., 겔만, R. 인간의 비언어적 세기: 수 표현의 심리물리학. ≪심리과학≫ 10, 130~137 (1999).

10 페이겐슨, L., 데한느, S., 스펠크, E. 수의 핵심 시스템. ≪인지과학 트렌드≫ 8, 307~314 (2004). 캐리, S. 우리의 수 개념은 어디에서 오는가. ≪심리학 저널≫ 106, 220~254 (2009).

11 맨들러, G., 쉬보, B.J. 직산: 그 구성 과정의 분석. ≪실험심리학 저널: 일반≫ 11, 1~22 (1982).

12 바라크리슨난, J.D., 애쉬비, F.G. 직산: 마법의 숫자인가 아니면 단순한 미신인가? ≪심리학 리뷰≫ 54, 80~90 (1992).

13 캔틀론, J.F., 브랜넌, E.M. 원숭이와 인간에서 작은 수와 큰 수를 정렬하는 데 공유되는 시스템. ≪심리과학≫ 17, 401~406 (2006).

14 피아자, M., 메첼리, A., 버터워스, B. & 프라이스, C.J. 순식간의 숫자 파악과 세기가 분리되어 있는가 아니면 기능적으로 중첩되는 프로세스로 구현되는가? ≪뉴로이미지≫ 15, 435~446 (2002).

15 차이, Y 등. 지형적 숫자 맵이 직산과 추정 범위를 다룬다. ≪네이처 커뮤니케이션≫ 12, 3374 (2021).

16 브랜넌, E.M. & 메릿, D.J. 『우주에서, 뇌에서의 시간과 수』 (편집 스타니슬라스 데한느 & 엘리자베스 M. 브랜넌) 207~224. (아카데믹 프레스, 2011).

17 브랜넌, E.M., 워소프, C.J., 갈리스텔, C.R. & 기븐, J. 비둘기의 숫자 빼기: 선형 주관적 숫자 척도에 대한 증거. ≪심리과학≫ 12, 238~243 (2001).

18 카롤리스, V., 아이우쿨라노, T. & 버터워스, B. 숫자 크기를 오른쪽 방향으로 매핑: 척도와 편향을 구별하는 것. ≪실험심리학 저널: 일반≫ 140, 693~706 (2011).

19 이자드, V. & 데하네, S. 정신적 숫자 선을 보정하는 것. 인지 106, 1221~1247 (2008). 시글러, R.S., 오퍼, J.E. 수량의 다중 표현을 위한 증거인 수적 추정의 발달. ≪심리과학≫ 14, 237~243 (2003).

20 홀링워스, H.L. 판단의 중심 경향. ≪철학과 심리학 및 과학적 방법 저널≫, 461~469 (1910).

21 데이비스, H.『수적 역량의 개발: 동물 및 인간 모델』(S T 보이슨, E J 카팔디 편집) (LEA, 1993)에 대한 것.

22 코엘러, O. 새들의 수적 파악 능력. ≪동물행동 회보≫ 9, 41~45 (1950).

23 바라미, B 등. 어두운 숫자 프라임이 양안 억제에도 불구하고 존재한다. ≪심리과학≫ 21, 224~23 (2010). 데하네, S 등. 무의식적 의미 프라임의 이미징. ≪네이처≫ 395, 597~600 (1998). 쾨클린, E., 나캐시, L., 블록, E., 데하네, S. 프라임된 숫자: 수적 표현의 모듈러리티를 숨겨진 및 숨겨지지 않은 의미 프라임을 통해 탐구한다. ≪실험심리학 저널: 인간의 인식≫ 25, 1882~1905 (1999). 나캐시, L., 데하네, S. 의식적 의미 프라임의 뇌 대응. ≪메디신 사이언스≫ 15, 515~518 (1999).

24 파슨스, S., 바이너, J.『수적 능력이 더 중요한가요?』(성인 문해 및 숫자 연구 및 개발 센터, 교육 연구소, 2005).

25 그로스, J., 허드슨, C., 프라이스, D.『수적 능력의 장기적 비용』. (런던, 2009).

26 바이너, J., 파슨스, S.『수적 능력이 더 중요한가요?』. (1997).

27 베반, A., 버터워스, B. 수학 장애에 대한 교실에서의 대응 (2007). http://www.mathematicalbrain.com/pdf/2002BEVANBB.PDF

28 프랭클린, J. 회복을 믿고: 영국의 교육 수준을 높이는 데 수리 능력의 역할 (2021). https://www.probonoeconomics.com/news/press-release-covid-job-losses-disproportionately-impact-people-with-low-numeracy-skills

29 스미스, S.G 등. 고갈된 지역 사회 샘플에서 목적적 수적 능력과 대장암 검사 지식, 태도 및 방어적 처리 간의 관련성. ≪심리건강 저널≫ 21, 1665~1675 (2014).

30 버터워스 B.『계산 곤란증: 과학에서 교육까지』. (라우틀리지, 2019).

31 베딩턴. J. 등, 편집. 섬기는 정신적 자본과 웰빙 프로젝트: 최종 프로젝트 보고서 (정부과학부처, 2008).

32 콕크로프트, W.H. 수학의 가치: Dr. W H 콕크로프트 재임 시기 학교 수학 가르치기 조사 보고서 (HMSO, 1982).

33 유아 초기의 수학 학습: 우수성과 공평성을 향한 경로 (교육 연구소, 행동 및 사회 과학 및 교육 부문, 2009).

34 OECD. 낮은 교육 성과의 고비용: 교육 성과 개선의 장기적 경제적 영향 (2010).

2장

1 버터워스, B.『전문가와 전문 성과의 케임브리지 핸드북』(편집 K.A. 에릭슨, R.R. 호프만, A. 코즈벨트, A.M. 윌리엄스) 616~633 (케임브리지대학교 출판부, 2018).

2 스미스, S.B.『위대한 정신적 계산자들: 계산 기적의 심리, 방법 및 생활』(콜럼비아대학교 출판부, 1983).

3 헌터, I.M.L. 계산적 사고에 대한 특별한 재능. ≪영국심리학회지≫ 53 (1962).

4 하디, G.H.『어느 수학자의 변명』(1940; 케임브리지대학교 출판부, 1969).

5 https://www.youtube.com/watch?v=JawF0cv50Lk.

6 https://www.youtube.com/watch?v=_vGMsVirYKs.

7 비넷, A.『대단한 계산자와 체스 선수들의 심리학』. (하셰트, 1894).

8 호르비츠, W.A., 데밍, W.E., 윈터, R.F. 정신 지체자들에 관한 추가적인 연구: 달력 전문가. ≪미국정신건강의학회지≫ 126, 160~163 (1969).

9 스크립처, E.W. 산수 기적 아이들. ≪미국정신건강의학회지≫ 4, 1~59 (1891).

10 바흐라미, B 등. 양안 억제에도 불구한 의식적인 숫자 프라임. ≪심리과학≫ 21, 224~233 (2010).

11 콘콜리, K.R 등. REM 수면 중 실험자와 꿈꾸는 사람 간의 실시간 대화. ≪커런트 바이올로지≫, doi:10.1016/j.cub.2021.01.026.

12 푸손, K.C.『아이들의 세기와 수 개념』(스프링거, 1988).

13 겔만, R., 갈리스텔, C.R.『아동의 수 이해』(하버드대학교 출판부, 1978; 1986년판).

14 푸손, K.C., 권, Y.『세기 발달에 관한 경로: 아동의 발전하는 수적 능력』(편집 J. 비데오, C. 멜작, J.P. 피셔) (LEA, 1992).

15 미우라, I.T., 김, C.C., 장, C.-M., 오카모토, Y. 언어 특성이 아동의 숫자에 대한 인지 표현에 미치는 영향: 국가 간 비교. ≪아동발달≫ 59, 1445~1450 (1988).

16 미우라, I.T., 오카모토, Y., 김, C.C., 스티어, M., 페이욜, M. 초등학교 1학년생의 수에 대한 인지적 표현과 자릿수 체계 이해: 프랑스, 일본, 한국, 스웨덴 및 미국 간의 국제적 비교. ≪교육심리학회지≫ 85, 24~30 (1993).

17 피아제, J.『아동의 수 개념』. (라우트리지 & 키건 폴, 1952).

18 캐리, S. 우리의 수 개념이 어디서 오는가. ≪철학회보≫ 106, 220~254 (2009).

19 누녜스, R.E. (2017). 수에 대한 진화된 능력이 실제로 존재하는가? ≪인지과학트렌드학회지≫ 21(6): 409~424.

20 바웬, C., 젠츠, J. 호주어 언어의 숫자 체계 다양성. ≪인류언어학≫ 54, 133~160 (2012).

21 자이든버그, A. 셈의 의식적 기원. ≪정확한 과학사 아카이브≫ 2, 1~40 (1962).

22 로크 J.『인간 이해에 관한 에세이』. 다섯 번째 판, J. W. 욜튼 편집 (J. M. 덴트, 1690/1961). 제2권, 제16장.

23 아이켄발트, A.Y.『아마존의 언어들』(옥스퍼드대학교 출판부, 2011).

24 피카, P., 르메르, C., 아이자드, V., 데하네, S. 수적 어휘가 축소된 아마존 원주민 그룹에서의 정확하고 근사한 계산. ≪사이언스≫ 306, 499~503 (2004).

25 헤일, K.『언어학과 인류학: C.F. 보겔린을 기리며』(편집 M.D. 킨클레이드, K. 헤일, O. 베르너)(피터 드 리더 프레스, 1975).

26 와스만, J., 다센, P.R. 엽노(Yupno) 수 체계와 셈. ≪비교문화심리학 저널≫ 25, 78~94 (1994).

27 켄든, A.『호주 원주민 수화 언어: 문화, 기호 및 의사소통 관점』(케임브리지대학교 출판부, 1988).

28 엡스, P., 바웬, C., 한센, C., 힐, J., 젠츠, J. 수렵채집 종족 언어에서의 숫자 복잡성에 관하여. ≪언어유형학≫ 16, 41~109 (2012).

29 버터워스, B., 리브, R., 레이놀즈, F., 로이드, D. 수에 대한 생각과 단어의 유무: 호주 원주민 아이들의 증거. ≪미국국립과학원회보≫ 105, 13179~13184 (2008).

30 라그후바르, K.P., 반즈, M.A., 헥트, S.A. 작업 기억과 수학: 발달, 개인 차이 및 인지적 접근 방식에 대한 리뷰. ≪학습과 개인차≫ 20, 110~122 (2010).

31 리브, R., 레이놀즈, F., 폴, J., 버터워스, B. 문화에 독립적인 초기 산술을 위한 사전 조건. ≪심리과학≫ 29, 1383~1392 (2018).

32 케린스, J. 호주 원주민 사막 지역 아이들의 시각적 공간 기억. ≪인지심리학≫ 13, 434~460 (1981).

33 다이아몬드, J.『총, 균, 쇠: 인류 사회의 운명』(조나단 케이프, 1997).

34 캔틀론, J., 핀크, R., 새포드, K., 브랜넌, E.M. 다양성이 유아의 수적 일치에 장애를 일으키지만 수적 정렬에는 영향을 미치지 않음. ≪발달과학≫ 10, 431~440 (2007).

35 윈, K. 유아에 의한 덧셈 및 뺄셈. ≪네이처≫ 358, 749~751 (1992).

36 맥크링크, K., 윈, K. 9개월 아동에 의한 대수적 큰 수 덧셈과 뺄셈. ≪심리과학≫ 15, 776~781 (2004).

37 조던, K.E., 브랜넌, E.M. 유아의 다중 감각적 수적 표현. ≪미국국립과학원회보≫ 103, 3486~3489 (2006).

38 아이자드, V., 산, C., 스펠케, E.S., 스트레리, A. 신생아 아동들은 추상적인 수를 인식합니다. ≪미국국립과학원회보≫ 106, 10382~10385 (2009).

39 버, D.C., 로스, J. 시각적인 수적 감각. ≪커런트 바이올로지≫ 18, 425~428 (2008).

40 웨일런, J., 갈리스텔, C.R. 겔만, R. 인간의 비언어적인 계산: 수적 표현의 심리물리학. ≪심리과학≫ 10, 130~137 (1999).

41 코드, S., 겔만, R., 갈리스텔, C.R. & 웨일런, J. 변동성 서명은 대규모와 소규모 숫자에 대한 언어와 비언어적 계산을 구분합니다. ≪심리작용학회보≫ 8, 698~707 (2001).

42 하트넷, P., 겔만, R. 초기 수 이해: 새로운 이해를 구축하는 데 경로 또는 장애물이 있을까? ≪학습과 지도≫ 8, 341~374 (1998).

43 청, P., 루벤슨, M., 바너, D. 무한과 더불어: 아동은 더 큰 수를 세는 법을 학습한 몇 년 후에 후속자 기능을 모든 가능한 숫자에 일반화합니다. ≪인지심리학≫ 92, 22~36 (2017).

44 사르네카, B.W., 겔만, S.A. 여섯은 많다는 것만을 의미하지 않습니다: 유치원 아동들은 숫자 단어를 구체적으로 보고합니다. ≪인지≫ 92, 329~352 (2004).

45 시폴로티, L., 버터워스, B., 데네스, G. 집중된 계산 장애에서 수에 대한 특별한 결점. ≪브레인≫ 114, 2619~2637 (1991).

46 워링턴, E.K., 제임스, M. 단측 병변 환자의 시간 간격 추정. ≪신경학·신경외과·정신의학회지≫ 30, 468~474 (1967).

47 베터, P., 버터워스, B., 바흐라미, B. 주의적 열거 중 오른쪽 TPJ의 세트 크기 특정 조절 후보. ≪인지신경과학지≫ 23, 728~736 (2010).

48 아르살리두, M., 테일러, M.J. 2+2=4인가요? 수와 계산에 필요한 뇌 영역의 메타분석. ≪뉴로이미지≫ 54, 2382~2393 (2011). 피아자, M., 메셀리, A., 버터워스, B., 프라이스, C.J. 직산과 계산이 별도로 구현되거나 기능적으로 중첩되는 과정입니까? ≪뉴로이미지≫ 15, 435~446 (2002).

49 카스텔리, F., 글레이저, D.E., 버터워스, B. 뇌 회화 및 아날로그 양 처리: 기능성 자기공명영상 연구. ≪미국국립과학원회보≫ 103, 4693~4698 (2006).

50 피아자, M., 메셀리, A., 프라이스, C.J., 버터워스, B. 시각 및 청각 숫자의 정확 및 근사 판단: fMRI 연구. ≪브레인 리서치≫ 1106, 177~188 (2006).

51 산텐스, S., 로게만, C., 피아스, W., 베르구츠, T. 인간 두정엽에서 수 처리 경로. ≪대뇌피질≫ 20, 77~88 (2010).

52 선 그리기(출처: https://neupsykey.com/2-landmarks/)

53 페센티, M 등. 특수한 천재 아동의 오른쪽 전두 및 매개뇌 속에서 지속되는 정신적 계산 기술. ≪네이처 뉴로사이언스≫ 4, 103~107 (2001). 버터워스, B. 무엇이 천재를 만드는가? ≪네이처 뉴로사이언스≫ 4, 11~12 (2001).

54 아이딘, K 등. 수학자의 두정엽에서 회색물질 밀도 증가: 복셀 기반 모포메트리 연구. ≪미국신경영상의학회지≫ 28, 1859~1864 (2007). 아말릭, M., 데하네, S. 고급 수학을 위한 뇌 네트워크의 기원. ≪미국국립과학원회보≫ 113, 4909~4917, (2016).

55 알라르콘, M., 디프리즈, J., 길리스 라이트, J., 페닝턴, B. 수학 장애에 대한 쌍둥이 연구. ≪학습장애학회지≫ 30, 617~623 (1997).

56 코바스, Y., 하스, C.M., 데일, P.S., 플로민, R. 초등학교 초기에 학습 능력과 장애의 유전 및 환경적 기원. ≪아동발달연구학회의 모노그래프≫ 72, 1~144 (2007).

57 토스토, M.G 등. (2014). 숫자 감각의 차이는 왜 발생할까요? 유전적으로 민감한 조사 결과. ≪지능≫, 43, 35~46.

58 비숍, D.V.M., 스나울링, M. (2004). 발달성 난독증과 특이 언어 장애: 같은 것일까 다른 것일까? ≪심리학보≫ 130, 858~886. 파울레스, E 등. (2001). 난독증: 문화 다양성과 생물학적 단일성. ≪

사이언스≫ 291, 2165. 스타인, J., 월시, V. (1997). 읽지만 볼 수 없다: 난독증의 매그노셀룰러 이론. ≪신경과학동향≫ 20, 147~152. 초르치, M 등. (2012). 넓은 글자 간격은 난독증에서 읽기를 개선합니다. ≪국립과학아카데미학회 보고서≫ 109, 11455~11459.

59 버터워스, B.『계산 장애: 과학부터 교육까지』. 루틀리지 출판. (2019). 버터워스, B., 바르마, S., 라우릴라르, D. 계산 장애: 뇌에서 교육까지. 과학, 332, 1049~1053. (2011). 피아자, M. 등. 수적 감각의 발달 경로는 발달성 계산 장애에서 심각한 장애를 나타냅니다. ≪인지≫ 116, 33~41 (2010).

60 란푸라 등, 심사 중

61 거텀, P 등. 태전 알코올 노출이 백색 물질 부피의 개발 및 실행 기능 변화에 미치는 영향. ≪뉴로이미지: 임상≫ 5, 19~27. (2014). 코페라-프라이, K., 데하네, S., 스트라이스거스, A.P. 태전 알코올 노출로 인한 수적 처리의 장애. ≪뉴로사이콜로지아≫ 34, 1187~1196. (1996).

62 아이작, E.B., 에드먼즈, C.J., 루카스, A., 가디언, D.G. 아주 낮은 출생 체중 아동의 계산 어려움: 뇌적 대응. ≪브레인≫ 124, 1701~1707. (2001).

63 버터워스, B 등. 언어와 수적 기술의 기원: 터너 증후군의 카리오타입 차이. 뇌 및 언어, 69, 486~488. 브뤼앙데, M., 몰코, N., 코언, L., 데하네, S. (2004). 유전적 기원의 발달 계산 장애의 기능 및 구조적 변화. ≪뉴론≫ 40, 847~858. (1999).

64 세멘차, C 등. (2012). 유전자 및 수학: FMR1 프리 뮤테이션 여성 휴대자. ≪뉴로사이콜로지아≫ 50, 3757~3763.

65 바론-코언, S 등. 수학 능력에 대한 유전체 와이드 연구: 3q29 염색체의 연관성, 자폐증 및 학습 장애와 연관된 로커스: 예비 연구. ≪플로스 원≫ 9, e96374, doi:10.1371/journal.pone.0096374. 페티그루, K.A 등. (2015). 수학 능력에 대한 미오신-18B 연관성에 대한 복제 부재. ≪유전자, 뇌 및 행동≫ 14, 369~376. (2014).

3장

1 프리버그, J. 초기 기록에서의 수와 측정. ≪사이언티픽 아메리칸≫ 250, 78~85.(1984).

2 프리버그, J. 메소포타미아 수학 텍스트의 육십진법 숫자 3,000년. ≪정확한 과학사 아카이브≫ 73, 183~216.(2019).

3 마테시, R. (1998). 3,000기원기 메소포타미아 회계의 최근 연구 - 토큰 회계의 후계자. ≪회계사 연구 저널≫ 25, 1~27.

4 이프라, G.『수의 보편사. 선사시대부터 컴퓨터 발명까지』(하빌 프레스, 1998).

5 베가, G.『이카 왕의 평전』(2008).

6 아셔, M., 아셔, R.『 퀴푸의 암호: 매체, 수학 및 문화 연구』(미시건대학교 출판부, 1981).

7 하일랜드, S., 웨어, G.A., M, C. 중앙 안데스 지역의 퀴푸/알파벳 텍스트에서의 매듭 방향. ≪라틴아메리카 앤티쿼티≫ 25, 189~197 (2014).

8 하일랜드, S. 가닥, 특수성 및 중복성: 안데스 퀴푸가 정보를 인코딩하는 데 어떻게 기여했는지에

대한 새로운 증거. ≪아메리칸 앤트로폴로지스트≫ 116, 643~648 (2014).
9 퀼터, J 등. 페루 북부 해안에서 발견된 잃어버린 언어와 수 체계의 흔적. ≪아메리칸 앤트로폴로지스트≫ 112, 357~369 (2010).
10 샤러, R.J. 『고대 마야』 제5판 (스탠퍼드대학교 출판부, 1994).
11 https://mayaarchaeologist.co.uk/2016/12/28/maya-numbers/.
12 데리코, F 등. 수적 감각에서 숫자 기호로: 고고학적 관점. ≪왕립학회 B: 생물학 과학의 철학적 거래≫ 373 (2018).
13 플레그, G. (맥밀란과 오픈 유니버시티 협력 출판, London, 1989).
14 파월, A., 셰난, S., 토머스, M.G. 후기 플레이스토세인 인구학과 현대 인간 행동의 등장. ≪사이언스≫ 324, 1298 (2009).
15 데리코, F 등. 수적 감각에서 숫자 기호로. 고고학적 관점. ≪왕립학회 B: 생물학 과학의 철학적 거래≫ 373, (2018).
16 헨쉴우드, C.S., 데리코, F., 와츠, I. 남아프리카 블롬보스 동굴에서의 매선색 오어크. ≪인간진화저널≫ 57, 27~47 (2009).
17 데리코, F. 기술, 움직임 및 구석기 예술의 의미. ≪커런트 앤트로폴로지≫ 33, 94~109 (1992).
18 데리코, F 등. 초기 유럽 동굴 회화의 기술: 스페인의 엘 카스티요 동굴. ≪고고과학회지≫ 70, 48~65 (2016).
19 쇼베, J.-M., 데샹, E.B., 힐레어, C. 『쇼베 동굴: 세계에서 가장 오래된 회화의 발견』(템스 앤 허드슨, 1996).
20 클로트, J. 『니오 동굴』(뒤 세이유 편집, 1995).
21 https://www.youtube.com/watch?v=R1R8yrEGAgw.
22 호프만, D.L 등. 탄산염층의 우라늄-토륨 연대 측정은 이베리아 동굴 회화의 안데르탈 인류 기원을 보여줍니다. ≪사이언스≫ 359, 91 (2018).
23 하디, B.L 등. 네안데르탈 섬유 기술과 그 인지 및 행동적 함의에 대한 직접적인 증거. ≪사이언티픽 리포트≫ 10, 4889 (2020).
24 조르덴스, J.C.A. 등. 자바의 트릴릴에서 활용된 조개껍데기를 도구 생산과 조각에 사용한 호모에렉투스. ≪네이처≫ 518, 228~231 (2015).
25 루이스 윌리엄스, D. 『신을 상상하다: 종교의 인지적 기원과 진화』(템스 앤 허드슨, 2011).
26 페겔, M., 미드, A. 수 단어의 심층 역사. ≪왕립학회 B: 생물학 과학의 철학적 거래≫ 373 (2018).
27 바웬, C., 젠츠, J. 호주 언어의 수 체계 다양성. ≪인류언어학≫ 54, 133~160 (2012).
28 딕슨, R.M.W. 『호주의 언어』(케임브리지대학교 출판부, 1980).
29 켄든, A. 『호주 원주민 수화: 문화, 기호 및 의사소통 관점』(케임브리지대학교 출판부, 1988).

4장

1 마츠자와, T. 아이 프로젝트: 역사적 및 생태학적 맥락. ≪동물인지능력≫ 6, 199~211, doi:10.1007/s10071-003-0199-2 (2003).

2 파우츠, R., 밀스, S. 『최근의 친척』(마이클 조셉, 1997).

3 도모나가, M., 마츠자와, T. 빠르게 제시된 항목의 열거: 동부침팬지(*Pan troglodytes*)와 인간(*Homo sapiens*). ≪동물의 학습과 행동≫ 30, 143~157 (2002).

4 이노우에Inoue, S. & 마츠자와, T. 침팬지의 수적 작업 기억. ≪커런트 바이올로지≫ 17, R1004~R1006 (2007).

5 마츠자와, T. 『침팬지의 인지 발달』(마츠자와 데츠로, 마사키 도모나가 & 마사유키 다나카 편집), 3~33 (스프링어 출판사 도쿄, 2006).

6 멘젤, E.W. 침팬지의 공간 기억 구조. ≪사이언스≫ 182, 943, doi:10.1126/science.182.4115.943 (1973).

7 보슈, C. 야생 침팬지들 사이의 가르침. 동물행동학 41, 530-532 (1991).

8 비로, D., 소자, C., 마츠자와, T. 『침팬지의 인지 발달』(T. 마츠자와, M. 도모나가 & M. 다나카 편집) 476~508 (스프링거 출판사, 2006).

9 하누스, D., 콜, J. 대형 초상에 대한 침팬지의 이산 수량 판단: 전체 세트 대 개별 항목 제시의 영향. ≪비교심리학 저널≫ 121, 241~249 (2007).

10 마틴, C.F., 비로, D., 마츠자와, T. 침팬지는 공동 직렬 주문 작업에서 스스로 차례대로 한다. ≪사이언티픽 리포트≫ 7, 14307, doi:10.1038/s41598-017-14393-x (2017).

11 보슈, C. 야생 침팬지 사이의 기호 의사소통. ≪인류의 진화≫ 6, 81~89, doi:10.1007/BF02435610 (1991).

12 윌슨, M.L., 하우저, M.D., 랭햄, R.W. 야생 침팬지에서 군간 충돌 참여는 수적 평가, 범위 위치 또는 순위에 따라 달라집니까? ≪동물행동학≫ 61, 1203~1216 (2001).

13 보이센, S.T. 『수치 능력 개발: 동물과 인간이라는 비교인지와 신경과학 모델』(S.T. 보이센 & E.J. 카팔디 편집) (LEA, 1993).

14 브랜넌, E.M., 테라스, H.S. 원숭이에 의한 숫자 1부터 9까지의 순서. ≪사이언스≫ 282, 746~749 (1998).

15 사와무라, H., 시마, K., 탄지, J. 원숭이의 두정엽에서의 행동을 위한 숫자 표현. ≪네이처≫ 415, 918~922 (2002).

16 데이비스, H., 페뤼세, R. 동물의 수적 능력: 정의적 문제, 현재 증거 및 새로운 연구 계획. ≪행동 및 뇌과학≫ 11, 561~579 (1988).

17 데이비스, H., 매멋, J. 동물의 계수 행동: 중요한 평가. ≪심리학회보≫ 92, 547~571, doi:https://doi.org/10.1037/0033-2909.92.3.547 (1982).

18 캔틀론, J.F., 브랜넌, E.M. 원숭이(*Macaca mulatta*)에게 수가 얼마나 중요한가요? ≪실험심리학저

널: 동물행동학 프로세스≫ 33, 32~41, doi:https://doi.org/10.1037/0097-7403.33.1.32 (2007).

19 캔틀론, J.F., 브랜넌, E.M. 원숭이와 인간 모두에게 작은 수와 큰 수를 정렬하기 위한 공유 시스템. ≪심리과학≫ 17, 401~406, doi:10.1111/j.1467-9280.2006.01719.x (2006).

20 캔틀론, J.F., 브랜넌, E.M. 원숭이와 대학생 모두의 기본 수학. ≪플로스 생물학≫ 5, e328, doi:10.1371/journal.pbio.0050328 (2007).

21 리빙스턴, M.S 등. 원숭이에 의한 기호 추가는 정규화된 양 코딩에 대한 증거를 제공한다. ≪미국국립과학원회보≫ 111, 6822, doi:10.1073/pnas.1404208111 (2014).

22 하우저, M.D., 캐리, S., 하우저, L.B. 반 야생적인 마카크원숭이의 자발적인 숫자 표현. ≪왕립학회 B 학회회보≫ 267, 829~833 (2000).

23 조던, K.E., 브랜넌, E.M., 로고데티스, N.K., 가잔파르, A.A. 원숭이는 듣는 목소리의 수를 본 얼굴의 수와 일치시킨다. ≪커런트 바이올로지≫ 15, 1034~1038 (2005).

24 조던, K.E., 브랜넌, E.M. 유아기의 다중 감각적 숫자 표현. ≪미국국립과학원회보≫ 103, 3486~3489 (2006).

25 플롬바움, J.I., 융게아, J.A., 하우저, M.D. 레서스원숭이(*Macaca mulatta*)는 큰 수에 대한 덧셈 연산을 자발적으로 계산한다. ≪인지≫ 97, 315~325 (2005).

26 브롯코른, F 등. 울루와투 사원 (발리, 인도네시아)에서 긴꼬리원숭이의 도난과 물물 교환에 대한 군간 차이. ≪영장류≫ 58, 505~516, doi:10.1007/s10329-017-0611-1 (2017).

27 레카 J.-B., 군스트, N., 가디너, M., 응아 완디아, I. 무료로 이동하는 긴꼬리원숭이에서 물건 훔치기 및 물건/음식 교환 행동의 습득: 문화적으로 유지되는 토큰 경제. ≪왕립학회 B의 철학적 거래≫ 376:20190677, doi: https://doi.org/10.1098/rstb.2019.0677 (2021).

28 락클리프, R. 발리의 도둑 원숭이는 높은 가치의 물건을 인질로 분별할 수 있다. ≪가디언≫ (2021).

29 캔틀론, J.F., 피안타도시, S.T., 페리그노, S., 휴즈, K.D., 바너드, A.M. 계산 알고리즘의 기원. ≪심리과학≫ 26, 853~865, doi:10.1177/0956797615572907 (2015).

30 스트랜드버그-페슈킨, A., 파힌느, D.R., 쿠진, I.D., 크로풋, M.C. 야생 바분에서 공유 의사 결정이 집단 이동을 주도한다. ≪사이언스≫ 348, 1358, doi:10.1126/science.aaa5099 (2015).

31 산텐스, S., 로게만, C., 피아스, W., 베르구츠, T. 인간 두정엽에서의 숫자 처리 경로. ≪대뇌피질≫ 20, 77~88, doi:10.1093/cercor/bhp080 (2010).

32 카스텔리, F., 글레이저, D.E., 버터워스, B. 두정엽에서 이산 및 아날로그 양 처리: 기능적 자기 공명 이미징 연구. ≪미국국립과학원회보≫ 103, 4693~4698 (2006).

33 피아자, M., 메셀리, A., Price, C.J., 버터워스, B. 시각 및 청각적 수의 정확하고 대략적인 판단: fMRI 연구. ≪브레인 리서치≫ 1106, 177~188 (2006).

34 로이트먼, J.D., 브랜넌, E.M., 플랫, M.L. 맥락 측면에서 원숭이 측뇌 물질에서의 수적 단조 코딩. ≪플로스 생물학≫, doi:10.1371/journal.pbio.0050208 (2007).

35 델라 푸파, A 등. 오른쪽 두정엽 및 계산 처리: 뇌종양으로 영향을 받은 환자에서의 수술 중 기능적 매핑. ≪신경외과학회지≫ 119, 1107~1111, doi:10.3171/2013.6.JNS122445 (2013).

36 니더, A., 프리드먼, D.J., 밀러, E.K. 포유류 전두피질에서 시각 항목의 양을 나타내는 방식. ≪사이언스≫ 297, 1708~1711 (2002).

37 니더, A., 디에스터, I., 투두시우크, O. 포유류 두정엽에서의 시간 및 공간 열거 프로세스. ≪사이언스≫ 313, 1431~1435 (2006).

38 니더, A.『두뇌의 수: 수 본능의 생물학』(MIT 출판부, 2019).

39 세멘차, C., 살리야스, E., 드 펠레그린, S., 델라 푸파, A. 간단한 계산에서 두 반구의 균형: 직접 뇌피질 전기 자극의 증거. ≪대뇌피질≫ 27, 4806~4814, doi:10.1093/cercor/bhw277 (2017).

40 살리야스, E 등. 시간과 양의 처리에 대한 MEG 연구: 파이에털 피질의 겹침 및 기능적 분화. ≪심리학프론티어 저널≫ 10, 139 (2019).

41 자오, H 등. 산술 학습은 정면 및 파이에털 네트워크의 기능적 연결성을 수정한다. ≪피질≫ 111, 51~62, doi:https://doi.org/10.1016/j.cortex.2018.07.016 (2019).

42 마테이코, A.A. 안사리, D. 백색 물질과 숫자 및 수학 인지 사이의 연결을 그리는 것: 문헌 고찰. ≪신경과학과 생물행동학 리뷰≫ 48, 35~52, doi:http://dx.doi.org/10.1016/j.neubiorev.2014.11.006 (2015).

5장

1 그리넬, J., 패커, C., 퓨지, A.E. 수컷 사자 간의 협력: 친척성, 상호 보상 또는 상호 주의? ≪동물행동학≫ 49, 95~105 (1995).

2 맥콤, K., 패커, C., 퓨지, A. 암컷 사자 그룹 간의 대결에서 고함과 수적 평가. ≪동물행동학≫ 47, 379~387 (1994).

3 맥콤, K. 사슴의 암컷에서 고함 속의 고함율 선택. ≪동물행동학≫ 41, 79~88 (1991).

4 벤슨-암람, S., 길필런, G., 맥콤, K. 야생에서의 수적 평가: 사회 육식동물로부터 얻은 통찰력. ≪왕립학회 B 학회 회보: 생물학≫ 373 (2018).

5 벤슨-암람, S., 헤이넨, V.K., 드라이어, S.L., 홀캠프, K.E. 점박이하이에나(*Crocuta crocuta*)의 수적 평가 및 개별 호출 구별. ≪동물행동학≫ 82, 743~752 (2011).

6 메크너, F. 비율 보감에 따른 응답 순서 내의 확률 관계. ≪행동실험분석학회지≫ 1, 109~122 (1958).

7 메크, W.H., 처치, R.M. 셈과 시간 프로세스의 모드 제어 모델. ≪실험심리학회지: 동물행동학 프로세스≫ 9, 320~334 (1983).

8 판텔리바, S., 레즈니코바, Z., 비고냐일로바, O. 얼룩 밭쥐의 위험/보상 결정 문맥에서 수량 판단: 먼저 '세고' 그다음 '사냥'. ≪심리학프론티어 저널≫ 4, 53 (2013).

9 차브다롤루, B., 발즈, F. 생쥐는 세어서 수량 기반 결정을 최적화할 수 있다. ≪심리작용학회보≫, 23, 1-6 (2015).

10 모텐슨, H.S 등. 돌고래 신전 질의 정량적 관계. ≪프런트 뉴로아나트≫ 8, 132 (2014).
11 필즈, R.D. 고래와 사람에 관하여. ≪사이언티픽 아메리칸≫, https://blogs.scientificamerican.com/news-blog/are-whales-smarter-than-we-are/ (2008).
12 폭스, K.C.R., 무투크리슈나, M., 슐츠, S. 고래와 돌고래 뇌의 사회 및 문화적 기원. ≪네이처 생태와 진화≫ 1, 1699~1705 (2017).
13 프라이어, K., 린드버그, J. 브라질에서의 돌고래-인간 어업 협동체. ≪해양포유류과학≫ 6, 77~82 (1990).
14 가리구에, C., 클래펌, P.J., 가이어, Y., 케네디, A.S., 제르비니, A.N. 위험에 처한 남태평양 흰수염고래의 새로운 이주 패턴과 산호의 중요성. ≪영국 왕립 오픈 사이언스 학회지≫ 2, 150489 (2015).
15 파츠케, N 등. 다른 많은 포유동물과 달리 고래류는 상대적으로 작은 해마를 가지고 있으며 성인 신경 발생이 없는 것처럼 보인다. ≪뇌의 구조와 기능≫ 220, 361~383 (2015).
16 애브람슨, J.Z., 에르난데스-로레다, V., 콜, J., 콜메나레, F. 무스티카고래(*Delphinapterus leucas*)와 큰돌고래(*Tursiops truncatus*)에서 상대적 수량 판단. ≪행동프로세스≫ 96, 11~19.
17 킬리안, A., 야만, S., 폰 페르센 L., 귄튀르퀸, O. 큰돌고래는 수가 다른 시각 자극을 구별한다. ≪학습과 행동≫ 31, 133~142 (2003).
18 데이비스, H., 브래드퍼드, S. A. 모의 자연환경에서 쥐의 계수 행동. ≪동물행동학≫ 73, 265~280 (1986)
19 스즈키, K., 고바야시, T. 쥐의 수량 능력: 데이비스 및 브래드퍼드 (1986) 확장. ≪비교심리학 저널≫ 114, 73~85 (2000)
20 톰슨, R.F., 메이어스, K.S., 로버트슨, R.T., 패터슨, C.J. 고양이의 연상 피질에서의 숫자 부호화. ≪사이언스≫ 168, 271~273 (1970).

6장

1 페퍼버그, I.M., 윌너, M.R., 그래비츠, L.B. 회색앵무(*Psittacus erithacus*)에서 Piaget의 물체 영구성 개발. ≪비교심리학 저널≫ 111, 63~75 (1997).
2 페퍼버그, I.M. 회색앵무(*Psittacus erithacus*)에 의한 동일/다른 개념의 습득: 색상, 모양 및 재질 범주에 대한 학습. ≪동물 학습과 행동≫ 15, 423~432 (1987).
3 페퍼버그, I.M. 회색앵무(*Psittacus erithacus*)의 수치 능력. ≪비교심리학 저널≫ 108, 36~44 (1994).
4 페퍼버그, I.M. 회색앵무(*Psittacus erithacus*) 수학 능력: 덧셈 및 숫자 0과 유사한 개념에 대한 추가 실험. ≪비교심리학 저널≫ 120, 1~11 (2006).
5 페퍼버그, I.M., 캐리, S. 회색앵무(*Psittacus erithacus*) 수치 습득: 숫자 목록에서 서수 위치에 대한 기수 값 추론. ≪인지≫ 125, 219~232 (2012).

6 사르네카, B.W., 겔만, S.A. 여섯이 많은 것을 의미하지 않는다: 유치원 아동들은 숫자 단어를 특정하게 본다. ≪인지≫ 92, 329~352 (2004).

7 페퍼버그, I.M. 『수학 인지 및 학습』 제1권(데이비드 C. 기어리, 다니엘 B. 버치 & 캐슬린 만 켑키 편집), 67~89 (엘스비어, 2015).

8 코엘러, O. 새의 계수 능력. ≪동물행동 보고서≫ 9, 41~45 (1950).

9 코엘러, O. 큰까마귀의 '계수' 실험 및 인간과의 비교 실험. ≪동물심리학 저널≫ 5, 575~712 (1943).

10 소프, W.H. 『동물의 학습과 본능』, 제2판 (메슈언, 1963).

11 디츠, H.M., 니더, A. 교외 노래 조류 뇌에서 시각 항목 수에 대한 선택적 뉴런. ≪국립과학아카데미회보≫ 112, 7827~7832 (2015).

12 스카프, D., 헤인, H., 콜롬보, M. 비둘기는 수적 능력에서 원숭이와 동등하다. ≪사이언스≫ 334, 1664 (2011).

13 루가니, R. 수치 인식의 기원을 향하여: 1일 된 가정용 병아리로부터 얻은 통찰. ≪왕립학회 B 학회 회보: 생물학≫ 373, 2016.0509 (2018).

14 루가니, R., 폰타나리, L., 시모니, E., 레골린, L., 발로르티가라, G. 새끼 병아리의 수학 능력. ≪왕립학회 B 학회 회보≫ 276, 2451~2460 (2009).

15 릴링, M. 『수치 능력 개발: 동물과 인간 모델. 비교 인지와 뇌 과학』(S.T. 보이센, E.J. 카팔디 편집) (LEA, 1993).

16 리옹, B. 알 인식 및 계수는 조류 동종체 유충 번식의 비용을 감소시킨다. ≪네이처≫ 422, 495~499 (2003).

17 화이트, D.J., Ho, L., 프리드-브라운, G. 알이 부화 준비 상태의 시간을 정할 수 있다. ≪심리과학≫ 20, 1140-1145 (2009).

18 서시, W.A., 노빅키, S. 노래 학습, 조류 인지 및 언어 진화. ≪동물행동학≫ 151, 217~227 (2019).

19 노테봄, F. 조류의 뇌 기반. ≪플로스 생물학≫ 3, e164 (2005).

20 길, R.E 등. 고비트 타일의 환경-규모 바람 선택은 태평양의 바다 표류를 용이하게 만든다. ≪동물행동학≫ 90, 117130 (2014).

21 오케손, S., 비앙코, G. 장거리 이동 조류의 벡터 항법 평가. ≪행동생태학≫ 27, 865~875 (2016).

22 암스트롱, C 등. 귀소 비둘기는 비행장을 보고하더라도 시간 보정된 태양 신호에 반응한다. ≪플로스 원≫ 8, e63130 (2013).

23 파젯, 등. 해안앵무새는 집에 가는 방향과 거리를 알지만 자유롭게 먹이 사냥 후 걸어가는 동안 중간 장애물을 인코딩하지 못한다. ≪미국국립과학원회보≫ 116, 21629, (2019).

24 토릅, 등. 여행 노래 조류의 대륙 미국에 걸쳐 뻗어있는 항법 지도의 증거. ≪미국국립과학원회보≫ 104, 18115 (2007).

25 https://sites.google.com/site/michaelhammondhistoryofscience/project/chip-log.

26 콜렛, T.S. 경로 통합: 꿀벌 왈글 댄스의 세부 내용과 사막 개미의 포식 전략이 메커니즘을 이해하는 데 도움이 될 수 있다. ≪실험생물학 저널≫ 222, jeb205187 (2019).
27 갈리스텔, C.R. 뇌에서 숫자 찾기. ≪왕립학회 B 학회 회보: 생물학≫ 373, 2017.0119, (2018).
28 갈리스텔, C.R.『세일링 마인드: 두뇌와 마음의 연구』(로베르토 카사티 편집) (출간 예정).
29 올코비츠, S 등. 새들은 전두 뇌에 유인원숭이와 유사한 뉴런 수를 가지고 있다. ≪미국국립과학원회보≫ 113, 7255-7260 (2016).
30 오키피, J., 도스트로브스키, J. 해안 안에서 자유롭게 움직이는 쥐의 단위 활동에서 본 공간 지도로서의 해마. ≪브레인리서치≫ 34, 171~175 (1971).
31 워슬린, M 등. 앵무새 유전체 및 높아진 장수와 인지 능력의 진화. ≪커런트 바이올로지≫ 28, 4001~4008.e7(2018).
32 러벌, P.V., 하위징아, N.A., 프리드리히, S.R., 워슬린, M., 멜로, C.V. 발성 학습을 위한 뇌 회로의 기본 차이점을 보이는 전사체. ≪BMC 제노믹스≫ 19, 231 (2018).

7장

1 나우만, R. 등. 파충류 뇌. ≪커런트 바이올로지≫ 25, R317~R321 (2015).
2 노스컷, R.G. 척추동물 뇌 진화 이해하기. ≪통합 및 비교생물학≫ 42, 743~756, (2002).
3 울러, C., 예거, R., 기드리, G., 마틴, C. 붉은등살라만더(*Plethodon cinereus*)은 더 많이 가려고 한다: 양서류에서 숫자의 원시적 개념. ≪동물의 인지능력≫ 6, 105~112 (2003).
4 하우저, M.D., 캐리, S., 하우저, L.B. 반 자유 레서스 원숭이의 자발적인 숫자 표현. ≪왕립학회 B 학회 회보≫ 267, 829~833 (2000).
5 밀레토 페트라지니, M.E 등. 이탈리아장지뱀(*Podarcis sicula*)의 양적 능력. ≪바이올로지 레터스≫ 13, 2016.0899, (2017).
6 클럼프, G.M., 게르하르트, H.C. 회색나무개구리의 암컷 선택에서 임의가 아닌 음향 기준 사용. ≪네이처≫ 326, 286~288 (1987).
7 로즈, G.J. 양서류와 그들의 뉴런 상 관련에서의 수적 능력: 음향 통신의 신경 행동학 연구에서 얻은 통찰력. 왕립학회 B 학회 회보: 생물학≫ 373 (2018).
8 앤지어, N. ≪뉴욕 타임즈≫(2018).
9 게르하르트, H.C., 로버츠, J.D., 비, M.A., 슈와르츠, J.J. 붉은허벅지개구리(*Crinia georgiana*)에서의 호출 일치. ≪행동생태학과 사회생물학≫ 48, 243~251 (2000).
10 발레스트리에리, A., 가졸라, A., 페리테리-로사, D., 발로르티가라, G. 포식 위험 속에서 양서류 올래에서 집단 다수성 구별. ≪동물의 인지능력≫ 22, 223-230, (2019).
11 스탠처, G., 루가니, R., 레골린, L., 발로르티가라, G. 무당개구리(*Bombina orientalis*)에 의한 수적 판별. ≪동물의 인지능력≫ 18, 219~229 (2015).
12 맥클린, P.D.『진화에서의 삼위일체 뇌: 고대 뇌 기능의 역할』(플레넘 출판사, 1990).

13 데이비스, H. & 페뤼세, R. 동물의 숫자 능력: 정의 문제, 현재 증거 및 새로운 연구 일정. ≪행동 및 뇌과학≫ 11, 561~579 (1988).

14 밀레토 페트라지니, M.E., 베르톨루치, C., 포아, A. 훈련된 이탈리아장지뱀(*Podarcis sicula*)의 양적 구별. ≪심리학 프론티어 저널≫ 9, 274 (2018).

15 가졸라, A., 발로르티가라, G., 페리테리-로사, D. 거북의 연속 및 이산 양적 구별. ≪바이올로지 레터스≫ 14, 2018.0649, (2018).

16 다윈, C. 하위 동물들의 인지. ≪네이처≫ 7, 360, (1873).

17 굴드, 제임스 L. 동물의 탐색: 집의 기억. ≪커런트 바이올로지≫ 25, R104~R106 (2015).

18 브라더스, J.R., 로만, 케네스 J. 바다거북의 공명지각과 자기 항해에 대한 증거. ≪커런트 바이올로지≫ 25, 392~396 (2015).

8장

1 아그릴로, C., 비사차, A. 수 의식의 기원을 이해하기: 물고기 연구의 고찰. ≪왕립학회 B 학회 회보: 생물학≫ 373 (2018).

2 소프, W.H.『동물의 학습과 본능』, 2판. (메수엔, 1963).

3 틴베르헌, N. 스티클백의 기묘한 행동. ≪사이언티픽 아메리칸≫ 187, 22~27 (1952).

4 아그릴로, C., 다따, M., 세레나, G.비사차, A. 물고기가 수를 셀까? 암컷 모기고기의 양의 자발적 차별. ≪동물의 인지능력≫ 11, 495~503 (2008).

5 헤이거, M.C. 헬프만, G.S. 수적 안전: 위험에 노출된 작은 물고기들의 떼 크기 선택. ≪행동생태학과 사회생물학≫ 29, 271~276 (1991).

6 프롬멘, J.G., 히어메스, M., 바커, T.C.M. 큰가시고기(*Gasterosteus aculeatus*)의 무리형성 결정에 대한 집단 크기와 밀도의 효과 분리. ≪행동생태학과 사회생물학≫ 63, 1141~1148 (2009).

7 아그릴로, C., 피퍼, L., 비사차, A., 버터워스, B. 인간과 구피의 유사한 두 가지 수 체계의 증거. ≪플로스 원≫ 7, e31923, doi:10.1371/journal.pone.0031923 (2012).

8 베터, P., 버터워스, B., 바흐라미, B. 주의 집중 시 오른쪽 TPJ의 세트 크기별 수정. ≪인지신경과학지≫ 23, 728-736, doi:10.1162/jocn.2010.21472 (2010).

9 다타, M., 피퍼, L., 아그릴로, C., 비사차, A. 모기고기의 자발적 수 표현. ≪인지≫ 112, 343~348 (2009).

10 비사차, A 등. 물고기에서 자질 뛰어난 지도자에 의한 집단적 수치 능력 향상. ≪사이언티픽 리포트≫ 4, doi:10.1038/srep04560 (2014).

11 아그릴로, C., 다타, M., 세레나, G., 비사차, A. 물고기의 수 사용. ≪플로스 원≫ 4, doi:doi:10.1371/journal.pone.0004786 (2009).

12 밀레토 페트라지니, M.E., 아그릴로, C., 아이자드, V., 비사차, A. 물고기에서 상대적 대 절대 수적 표현: 구피가 '4'를 표현할 수 있을까? ≪동물의 인지능력≫ 18, 1007~1017 (2015).

13 바흐라미, B., 디디노, D., 프릿, C., 버터워스, B., 리스, G. 집단적 열거. ≪실험심리학회지: 인간 지각과 수행≫ 39, 338~347, doi:10.1037/a0029717 (2013).

14 버터워스, B.『계산 곤란증: 과학에서 교육까지』(라우틀리지, 2019).

15 워드, A J.W 등. 댐셀피시의 집단 운동에서의 발판, 지도 및 모집 메커니즘. ≪아메리칸 내츄럴리스트≫ 181, 748~760, doi:10.1086/670242 (2013).

16 글라사우어, S.M.K., 노이하우스, S.C.F. 텔레오스트 어류의 전체 유전체 중복 및 진화적 결과. ≪분자유전학과 게놈학≫ 289, 1045~1060, doi:10.1007/s00438-014-0889-2 (2014).

17 왕, S. 등. 진화 및 발현 분석은 척추동물 뇌의 기원을 위해 khdrbs 유전자를 공동 사용함을 보여준다. ≪유전학의 최전선≫ 8, 225 (2018).

18 메시나 A, 포트리치 D, 시오나 I, 소브라노 VA, 프레이저 SE, 브렌넌 CH 등. 조개류 뇌의 Dorso-Central 분리의 뉴런은 시각적 수의 변화에 반응한다. ≪대뇌피질≫ https://doi.org/10.1093/cercor/bhab218 (2021).

19 소프, W. H.『동물의 학습과 본능』. 메수엔. (1963).

9장

1 폴리로프, A.A., 마카로바, A.A. 곤충 소형화와 관련된 장기 크기의 스케일링과 알로메트리: 딱정벌레와 말벌에 대한 사례 연구. ≪사이언티픽 리포트≫ 7 (2017).

2 에버하르트, W.G., 위치슬로, W.T. 아래쪽에 많은 공간이 있다. ≪아메리칸 사이언티스트≫ 100, 226~233, (2012).

3 폰 프리슈, K.『벌의 춤 언어와 방향성』(하버드대학교 출판부, 1967).

4 파피, F. 세기말의 동물 항법: 회고와 미래. ≪이탈리아 동물학회지≫ 68, 171~180 (2001).

5 스톤, T 등. 벌 뇌의 경도로 제한된 경로 통합 모델. ≪커런트 바이올로지≫ 27, 3069-3085. e3011(2017).

6 스코룹스키, P., 마부디, H., 갈파아지 도나, H.S., 치트카, L. 세는 곤충들. ≪왕립학회 B 학회 회보: 생물학≫ 373 (2018).

7 치트카 L, 가이거 K. 꿀벌이 랜드마크를 세어 볼 수 있을까? ≪동물행동학≫. 49, 159-64 (1995).

8 닥크 M, 스리니바산 M. 곤충에서 계수의 증거. ≪동물의 인지능력≫. 2008;11(7):683-9.

9 콜렛, T.S. 경로 통합: 벌의 휘저는 춤과 사막 개미의 포식 전략의 세부 사항을 이해하는 데 도움이 될 수 있다. ≪실험생물학 저널≫ 222, jeb205187 (2019).

10 쿠빌론, M.J., 슈리히, R., 래티닉스, F.L.W. 8자 춤은 계절적인 포식 과제의 통합적인 지표로서 거리를 잰다. ≪플로스 원≫, (2014).

11 시드, M., 시드, M.A., 카스티요, A., 위치슬로, W.T. 개미의 두뇌 소형화의 올로메트리. ≪뇌, 행동 및 진화≫ 77, 5~13 (2011).

12 파피, F. 세기말의 동물 항법: 회고와 미래 전망. ≪이탈리아 동물학회지≫ 68, 171~180 (2001)

13 휴버, R., 나덴, M. 극도로 긴 포식 경로 중 개미의 자중심 및 지중심 항법. ≪비교심리학지≫ A 201, 609~616 (2015).

14 위틀링거, M., 웨너, R., 울프, H. 개미의 거리계: 기둥과 그루터기 밟기. ≪사이언스≫ 312, 1965 (2006).

15 위틀링거, M., 웨너, R., 울프, H. 사막 개미의 거리계: 보폭 길이와 걷는 속도를 고려한 보폭 통합. ≪실험생물학 저널≫ 210, 198 (2007).

16 디토레, P., 뫼니에, P., 시모넬리, P., 콜, J. 목수개미의 양적인 인지. ≪행동생태학과 사회생물학≫ 75, 86 (2021).

17 카마르츠 M-C,. 카마르츠 R. 개미가 요소의 모양, 색상, 크기 및 상대적 위치의 영향을 받아 계산하는 것. ≪국제생물학회지≫ 12, 13~25 (2020).

18 그로스, H 등. 벌에서의 숫자 기반 시각적 일반화. ≪플로스 원≫ 4, e4263 (2009).

19 하워드, S.R., 아바르게스-베버, A., 가르시아, J.E., 그린트리, A.D., 다이어, A.G. 벌에서의 숫자 인식은 덧셈과 뺄셈을 가능하게 한다. ≪사이언스 어드밴시스≫ 5, eaav0961 (2019).

20 보르토, M 등. 벌은 상대적이 아니라 절대적인 수를 사용한다. ≪바이올로지 레터스≫ 15, 2019.0138 (2019).

21 하워드, S.R., 아바르게스-베버, A., 가르시아, J.E., 그린트리, A.D., 다이어, A.G. 벌에서의 숫자 0의 숫자 순서. 사이언스≪≫ 360, 1124, (2018).

22 보르토, M., 스탠처, M., 발로르티가라, G. 크기로부터 숫자로의 전환은 벌에서 규모의 추상적 코딩을 드러낸다. ≪i사이언스≫ (2020).

23 카라조 P, 페르난데스-페레아 R, 폰트 E. 갈색거저리(*Tenebrio molitor*)에서 숫자 단서를 기반으로 한 양의 추정. ≪심리학 프론티어 저널≫. 2012;3.

24 굴드, S. J.『다윈 이후: 자연사에 대한 고찰』. 뉴욕: W W 노튼 & Co (1977).

25 카반, R., 블랙, C.A., 와인바움, S.A. 17년 주기 매미가 시간을 추적하는 방법. ≪에콜로지 레터스≫ 3, 253~256 (2000).

26 자파수, H.F., 랄랜드, K.N. 거미의 인지 확장. ≪동물의 인지능력≫ 20, 375~395, (2017).

27 에버하르트, W.G., 위치슬로, W.T.『곤충 생리학의 발전 40』(제롬 카사스 편집) 155~214 (아카데믹 프레스, 2011).

28 로드리게스, R.L., 브리세뇨, R.D., 브리세뇨-아귈라, E., 회벨, G. 네필라 클라비피스속 거미(Araneae: Nephilidae)는 포획된 먹이 수를 추적한다: 호랑거미의 수적 감각을 테스트한다. ≪동물의 인지능력≫ 18, 307~314, (2015).

29 데이비스, H., 페뤼세, R. 동물의 수적 능력: 정의적 문제, 현재 증거 및 새로운 연구 계획. ≪행동 및 뇌과학≫ 11, 561~579 (1988).

30 폴라드, S.D. 로버트 잭슨의 거미 마음 이해하기. ≪뉴질랜드 동물학회지≫ 43, 4~9 (2016).

31 크로스, F. R., 잭슨, R.R. 거미를 잡아먹는 거미 포르티아 아프리카나(*Portia africana*)에 의한 작

업 기억의 특수한 사용. ≪동물의 인지능력≫ 17, 435-44. (2014)

32 넬슨, X.J., 잭슨, R.R. 매미와 거미의 특화된 포식 전략에서 수적 능력의 역할. ≪동물의 인지능력≫ 15, 699-710 (2012).

33 바사스, V., 치트카, L. 벌레에 영감을 받은 순차적 검사 전략이 4개의 뉴런 인공 네트워크에게 양의 개수를 추정하도록 한다. ≪i사이언스≫ 11, 85~92 (2019).

34 마부디, H 등. 범블비는 시각적 패턴에서 계수 작업을 해결하기 위해 계수 가능한 항목의 순차 검사를 사용한다. ≪통합 및 비교생물학≫ 60, 929~942 (2020).

35 호크너 B. 문어 신경생물학의 구현적 관점. ≪커런트 바이올로지≫. 2012;22(20):R887~R892.

36 양, T.-I., 차오, C.-C. 갑오징어의 수적 감각과 상태 의존 가치 평가. ≪왕립학회 B 학회 회보: 생물학≫ 283, 20161379 (2016).

37 파텔, R.N., 크로닌, T.W. 맨티스 새우는 천체적 및 자체적인 경로 통합을 사용하여 집에 돌아간다. ≪커런트 바이올로지≫ 30, 1981~1987.e1983 (2020). 파텔, R.N., 크로닌, T.W. 갯가재의 랜드마크 내비게이션. ≪왕립학회 B 학회 회보: 생물학≫ 287, 2020.1898 (2020).

38 비사차, A., 가토, E. 복족류(Mollusca: Gastropoda)가 열적 피난처를 찾을 때, 연속 대 이산 양의 차별. ≪사이언티픽 리포트≫ 11, 3757 (2021).

10장

1 갈리스텔, C.R. 동물의 인지능력: 동물 인지: 공간, 시간 및 숫자의 표현. ≪연간 심리학 리뷰≫ 40, 155~189 (1989).

2 지아귄토, M. 『수량 인지에 관한 옥스퍼드 핸드북』(R. 코언 카도시, A. 다우커 편집), 17~31 (옥스포드대학교 출판부, 2015).

3 코엘러, O. 산책과 인간에 대한 비교 연구에서 완두콩까마귀의 '수 테스트'. ≪동물심리학 잡지≫ 5, 575~712, (1943).

4 산텐스, S., 로게만, C., 피아스, W., 베르구츠, T. 인간 두정엽의 수 처리 경로. ≪대뇌피질≫ 20, 77~88 (2010).

5 로이트먼, J.D., 브랜넌, E.M. & 플랫, M.L. 원숭이 측면 두정내 영역에서의 수량의 모노토닉 부호화. ≪플로스 생물학≫, doi:10.1371/journal.pbio.0050208 (2007).

6 톰슨, R.F., 메이어스, K.S., 로버트슨, R.T., 패터슨, C.J. 숫자 코딩과 관련된 고양이의 피질. ≪사이언스≫ 168, 271 (1970).

7 데하네, S., 샹제, J.-P. 기본 숫자 능력의 발달: 뉴런 모델. ≪인지신경과학지≫ 5, 390~407 (1993).

8 초르치, M., 스토이아노프, I., 우밀타, C. 『수학적 인지 핸드북』(J.I.D. 캠벨 편집), 67~84 (심리학 출판부, 2005).

9 니더, A., 프리드먼, D.J., 밀러, E.K. 원숭이 전두 피질에서 시각 항목의 수량 표현. ≪사이언스≫ 297, 1708~1711 (2002).

10 베르구츠, T., 피아스, W. 동물과 인간의 수량 표현: 뉴런 모델. ≪인지신경과학지≫ 16, 1493-1504 (2004).

11 레슬리, A.M., 겔만, R., 갈리스텔, C.R. 자연수 개념의 생성적 기반. ≪인지과학 트렌드 학회지≫ 12, 213~218 (2008).

12 스토이아노프, I., 초르치, M., 우밀타, C. 산술 처리에서 의미론적 및 상징적 표현의 역할: 커넥션 리스트 모델을 통한 계산 곤란증에서 얻은 통찰. ≪피질≫ 40, 194~196 (2004).

13 버터워스, B., 바르마, S., 라우릴라르, D. 계산곤란증:뇌에서 교육까지. ≪사이언스≫ 332, 1049~1053 (2011).

14 비사차, A 등. 물고기에 대한 능력주의적 리더십을 통한 수치적 예리함의 집단적 향상. ≪사이언티픽 리포트≫ 4, (2014).

15 톨만, E.C. 쥐와 인간에서의 인지 지도. ≪심리학 리뷰≫ 55, 189~208 (1948).

16 오키피, J., 나델, L.『인지 지도로서의 해마』. (옥스포드대학교 출판부, 1978).

17 데르딕만, D., 모저, E.I.『뇌 속의 공간, 시간, 숫자』(S. 데하네, E.M. 브랜넌 편집), 41~57 (아카데믹 프레스, 2011).

18 데하네, S., 브랜넌, E.『뇌 속의 공간, 시간, 수: 수학적 사고의 기초 탐색』(옥스포드대학교 출판부, 2011).

19 아우얼, J. M.『동굴의 곰 족보』. (호더 & 스톤튼, 1980).

20 러셀, B.『수리 철학의 이해』(원래 1919년에 발표됨). 런던: 조지 앨런 & 언윈 편집; 1956.

21 코드, S., 겔만, R., 갈리스텔, C.R., 웨일런, J. 큰 숫자와 작은 숫자에 대한 언어 및 비언어적 계수를 구분하는 변동성 서명. ≪심리작용학회보≫ 8, 698~707 (2001).

22 하우저, M.D., 촘스키, N., 피치, W.T. 언어 능력: 이것은 무엇인가, 누가 가지고 있으며 어떻게 진화했는가? ≪사이언스≫ 298, 1569~1579 (2002).

23 허포드, J.R.『수의 언어 이론』(케임브리지대학교 출판부, 1975).

24 화이트헤드 A.N.『수학의 이해』. (원래 1911년에 발표됨) (옥스포드대학교 출판부, 1948).

25 플레그, G.『시대별로 본 수』(맥밀란과 오픈 유니버시티의 협업, 1989).

26 스웨츠, F.J.『자본주의와 산술: 15세기의 새로운 수학』(오픈 코트, 1987).

27 르 귄, U.K.『바람의 12분기』(하퍼 & 로, 1975).

28 마츠자와, T. 침팬지의 수 사용. ≪네이처≫ 315, 57~59 (1985).

29 캔틀론, J.F., 브랜넌, E.M. 원숭이와 대학생의 기본 수학. ≪플로스 생물학≫ 5, e328 (2007).

30 메크너, F. 비율 강화 하에 유지되는 반응 순서 내의 확률 관계. ≪행동실험 분석학회지≫ 1, 109~121 (1958).

31 단치히 T.『수: 과학의 언어』. 네 번째 판. (조지 알렌, 언윈; 1962).

32 키르슈호크, M. E, 디츠, H. M., 니더, A. 까마귀의 숫자성 0의 행동 및 뉴런 표현. ≪신경과학 저널≫ 41, 4889~96 (2021).

33 바이로 D, 마츠자와 T. 동부침팬지(*Pan troglodytes*)에 의한 숫자 기호 사용: 기수, 서수 및 0의 도입. ≪동물의 인지능력≫. 4, 193-9.

34 메릿, D.J., 브랜넌, E.M. 아무것도 없음: 유치원 아동들에게 0 개념의 선행 요소. ≪행동 프로세스≫ 93, 91~97(2013)

35 메릿, D.J., 루가니, R., 브랜넌, E.M. 비어 있는 집합은 숫자 연속체의 일부로: 레서스원숭이의 제로 개념에 대한 개념적 선행 요소. ≪실험심리학회지: 일반≫ 138, 258~269 (2009).

36 하워드, S.R., 아바르게스-베버, A., 가르시아, J.E., 그린트리, A.D., 다이어, A.G. 꿀벌에서 제로의 숫자 순서 지정. ≪사이언스≫ 360, 1124 (2018).

37 시폴로티, L., 버터워스, B., 워링턴, E.K. '천 구백 사십 오'에서 1000,945까지. ≪뉴로사이콜로지아≫ 32, 503~509 (1994)

38 베나비데스-바렐라, S 등. 뇌의 0: 뇌 손상 환자의 오른쪽 반구에 대한 병변 증상 매핑 연구. ≪피질≫ 77, 38~53 (2015).

39 데블린, K.J. 『피보나치를 찾아서』(프린스턴대학교 출판부, 2017).

40 데이비스, H., 페뤼세, R. 동물의 숫자 능력: 정의 문제, 현재 증거 및 새로운 연구 계획. ≪행동 및 뇌과학≫ 11 561-79 (1988).

41 헤드리치, R., 네허, E. 급하게 반응하며 육식 식물인 베누스 플라이트랩은 어떻게 작동하는가? ≪식물과학 동향≫ 23, 220~234 (2018).

42 니더, A. 『수적 본능의 생물학』(MIT 출판부, 2019).

43 휘틀리, M., 디글, S.P., 그린버그, E.P. 세균간 쿼러름 센싱 연구의 진전과 약속. ≪네이처≫ 551, 313~320 (2017).

44 로이트먼, J. D., 브랜넌, E. M., 플랫, M. L. 맥락 후에는 반응하지 않는 원숭이 외측두정내영역에서 수량의 단조적 부호화. ≪플로스 생물학≫ 5, e208 (2007).

45 테스톨린, A., 돌피, S., 로쿠스, M., 초르치, M. 인간과 기계에서 시각적 수 감각 대 크기 감각. ≪사이언티픽 리포트≫ 10, 10045, doi:10.1038/s41598-020-66838-5 (2020).

46 지아권토, M. 『수 철학』. R. 코언 카도시와 A. 다우커 편집. 『수치 인식에 관한 옥스퍼드 핸드북』. (옥스포드대학교 출판부, 2015).

47 테그마크 M. 『우리의 수학적 우주. 현실의 궁극적 본성을 찾아서』. (빈티지, 2014)

48 시니스칼치, M., 디잉거, S., 포르넬리, S., 콰란타, A. 개는 적록색맹인가요? ≪왕립학회 오픈 사이언스 학회지≫ 4, 170869, doi:10.1098/rsos.170869 (2017).

49 틸만, B 등. 선천성 음악 감각에서 음악과 말의 미세한 음고 처리. ≪미국음향학회 저널≫ 130, 4089~4096 (2011).

50 버터워스 B. 『계산 곤란증: 과학에서 교육까지』. (라우틀리지, 2019).

51 릴링, M. 『수량 감각의 개발: 동물과 인간 모델』. (S.T. 보이센, E.J. 카팔디 편집) (LEA, 1993).

52 로크 J. 『인간 이해에 관한 에세이』. 제5판, J. W. 욜튼 편집. (J. M. 덴트; 1690/1961).

- 찾아보기 -

마

바

사

아

자

하

기타